YOURI KEIFENS

DAS COPYWRITING-GEHEIMREZEPT

REDLINE | VERLAG

YOURI KEIFENS

DAS COPYWRITING GEHEIMREZEPT

Die 7 Zutaten für überzeugende und verkaufsstarke Werbetexte

Bibliografische Information der Deutschen Nationalbibliothek
Die Deutsche Nationalbibliothek verzeichnet diese Publikation in der Deutschen Nationalbibliografie. Detaillierte bibliografische Daten sind im Internet über https://dnb.de abrufbar.

Für Fragen und Anregungen
info@m-vg.de

Wichtiger Hinweis
Ausschließlich zum Zweck der besseren Lesbarkeit wurde auf eine genderspezifische Schreibweise sowie eine Mehrfachbezeichnung verzichtet. Alle personenbezogenen Bezeichnungen sind somit geschlechtsneutral zu verstehen.

Originalausgabe
3. Auflage 2026

Türkenstraße 89
80799 München
Tel.: 089 651285-0

Redaktion: Christiane Otto
Umschlaggestaltung: Raffaele Horstmann und Pamela Machleidt
Satz: Carsten Klein
Druck: GGP Media GmbH, Pößneck
Printed in Germany

ISBN Print 978-3-86881-945-8
ISBN E-Book (PDF) 978-3-96267-535-6
ISBN E-Book (EPUB, Mobi) 978-3-96267-536-3

PRODUZIERT MIT VERANTWORTUNG

Weitere Informationen zum Verlag finden Sie unter

www.redline-verlag.de

Beachten Sie auch unsere weiteren Verlage unter www.m-vg.de

Für Raffaele, meine Eltern und meine sechs Geschwister.
Schreiben heißt, Innenwelten nach außen bringen.
Ihr bereichert mein Leben und damit meine Worte.

INHALT

VORSPANN
GRUSS AUS DER KÜCHE

Werbetexte sollten lecker sein. Unwiderstehlich wie eine Tüte Chips, ein Eisbecher von Ben & Jerry's, eine Schale belgischer Fritten oder **bitte hier Lieblingssünde einfügen** – wir fangen einmal an zu naschen und können nicht mehr aufhören. Erst ein Satz, dann noch einer, und plötzlich kribbeln Herz und Hirn. Die Kauflaune steigt, und die Zielgruppe fällt genussvoll über unser Angebot her. Klingt verführerisch, oder? Doch die Realität sieht leider oft anders aus …

Viele Texte schmecken wie fader Einheitsbrei. Sie langweilen, verwirren und beantworten Fragen, die niemand stellt. Sie betreiben Hoffnungsmarketing – irgendein Satz wird schon wirken. Die Folge: viel Blabla, wenig Aha. Die Menschen schalten ab … und hauen ab. Sie gehen zum Wettbewerber, der vielleicht ein viel bescheideneres Angebot hat, dafür aber mit den besseren Texten überzeugen kann. Dieses traurige Schicksal teilen unzählige hervorragende Angebote. Wenn die Zielgruppe den Wert für sich nicht erkennt, versinken Produkte und Dienstleistungen in der Bedeutungslosigkeit.

Starke Texte vermitteln Wert und strahlen Kompetenz aus. Denn die Menschen folgern dabei von der Kraft unserer Worte auf die Qualität unserer Leistung. Wie durchdacht sind wohl die Produkte und Dienstleistungen hinter generischem Geschwafel und ausgelutschten Argumenten?

Unsere Worte tragen also eine gewaltige Verantwortung. Sie sind unsere Botschafter, die Innenwelten nach außen bringen und dabei schon mal mehr verraten, als uns lieb ist. Unsere Worte formen den ersten Eindruck. Unsere Worte kriegen kein Corona, verursachen keine Heizkosten und sind niemals müde. Unsere Worte sind immer motiviert und die Ersten im Büro. Unsere Worte sind Multitasker, die Tausende Menschen gleichzeitig begeistern können. Es zahlt sich aus, diese kleinen Verkaufstalente gut auszubilden. Dann sorgen sie nicht nur für Sichtbarkeit, Vertrauen und Überzeugung, sondern bilden auf Dauer eine gut geölte Gelddruckmaschine.

Wer starke Texte hat, braucht keinen Klimbim. Wir können uns zurücklehnen und unsere Worte wirken lassen. Doch was macht Texte nun lecker? Um die Frage zu beantworten, muss ich kurz etwas weiter ausholen.

Verstehen, was den Menschen im Innersten zusammenhält

Ich bin Youri Keifens. Manche nennen mich auch einfach nur Y. Ich bin Belgier und so richtig klischeehaft ein großer Fan von Fritten, Pralinen und Starkbieren. Als Werbetexter und Trainer für knuspriges Copywriting bin ich seit mehr als 15 Jahren durstiger Schüler des Schreibens. Wäre ich nicht Texter geworden, wäre ich heute vielleicht ein Sternekoch. Doch die Buchstabenerotik hat stärker geknistert. Nach meinem Studium bekam sie allerdings einen gewaltigen Dämpfer. Als ich als Germanist mit Masterdiplom und großer Auszeichnung aus der Uni stolzierte, hielt ich mich für den King of Copy. Immerhin hatte ich jahrelang von den besten Geschichtenerzählern der Welt gelernt und war bis in die Untiefen der deutschen Sprachwissenschaften vorgedrungen. Doch die Werbewelt schnipste mir schnell mein Krönchen vom Kopf.

In meinen ersten Jobs lernte ich, dass meine akademische Schreibe so gut ankam wie ein Furz im Fahrstuhl. Also brach ich auf und sammelte neue Zutaten für meine Textgerichte. Ich kaufte jahrelang alles, wo Copywriting draufstand, und lernte von einem Dutzend Mentoren. In verschiedenen Stationen als Chefredakteur, Werbetexter und Ghostwriter textete ich alles, was mir vor die Tasten sprang. Von Websites über Radiospots bis hin zu Filmskripten und Keynotes. Außerdem nahm ich mein eigenes Verhalten unter die Lupe und fragte mich nach jedem Kauf: Was hat mich überzeugt? Welche Worte hatten die größte Wirkung? Ich studierte die englischsprachigen Copywriting-Legenden wie Eugene Schwartz, Gary Halbert und Gary Bencivenga, schrieb ihre Texte ab und sezierte ihre Beispiele.

Mit der Zeit entwickelte ich auf diesem Weg eine unbewusste Kompetenz. Ich schrieb starke Texte aus dem Gefühl heraus, bis mich einer meiner Mentoren fragte: »Youri, wie gut bist du an deinen schlechtesten Tagen?« Diese Frage löste viel in mir aus. War mein Können nur ein Glücksspiel, abhängig von meinen Launen und meiner Tagesform?

Ich wollte nicht länger nur gute Texte schreiben, sondern bohrte tiefer, um eine bewusste Kompetenz zu kultivieren. Die Copywriting-Welt bietet 1000 kluge Tipps, doch ich suchte nach dem System dahinter, das alles miteinander verbindet. Was tue ich da, wenn meine Worte wirken? Wie funktionieren Aufmerksamkeit, Neugier und Vertrauen? Muss sich Verkauf immer hart und aufdringlich anfühlen? Was macht einen guten Verkaufstext aus? Und was fehlt, wenn er die Menschen kaltlässt?

Ob wir selbst schreiben, andere damit beauftragen oder uns eine künstliche Intelligenz zur Seite nehmen – wer gute Texte will, sollte sie beurteilen können und wissen, worauf es ankommt.

Je mehr Werbung ich schrieb und las, desto sensibler wurde ich für die immer gleichen Muster und Grundprinzipien, die Menschen zum Handeln bewegten, nicht nur im Copywriting, sondern auch in allen anderen Lebensbereichen. Warum ticken wir, wie wir ticken? Was berührt und motiviert uns?

Ich begriff: Je besser wir Menschen verstehen, desto besser können wir sie mit unseren Worten bewegen. Mit dieser Einsicht erkannte ich die Stärke in dem, wofür mich der Arbeitsmarkt lange belächelt hatte: Ich bin Geisteswissenschaftler. Ich erforsche, was den Menschen im Innersten zusammenhält. So führte mich meine Neugier tief in die Welt von Verkaufspsychologie, NLP[1] (Neurolinguistisches Programmieren), Rhetorik, Philosophie, Hypnose und Mentaltraining. Diese Disziplinen bereichern bis heute meine Textarbeit und formen die einzigartige Mischung, aus der auch dieses Copywriting-Kochbuch entstanden ist.

Es enthält die sieben Zutaten, um systematisch zu überzeugen – mit Herz, Hirn und ohne Schleimspur. Dahinter verbergen sich die zeitlosen Grundprinzipien, die Menschen zum Handeln bewegen. Diese gelten in jedem Text, der verkaufen soll, und damit selbst für Medien, die heute noch gar nicht erfunden sind. Es geht also um die Architektur der Überzeugung.

Daher auch mein Motto:

Schreib nicht für Kanäle oder Medien – schreib für Menschen. Denn die ticken seit Tausenden von Jahren auf die gleiche Art und Weise.

Aus diesem Grund geht dieses Buch nicht einzeln auf jedes Medium wie Website, Anzeige oder Werbebrief ein. Denn dann wäre es schlagartig 1000 Seiten lang und würde sich ständig wiederholen, weil die Zutaten nun mal immer die gleichen sind. Außerdem ist Texten ein extrem dynamischer Prozess: denken, aufschieben, schreiben, löschen, schreiben, verwerfen, verzweifeln, hinschmeißen, denken, schreiben, lachen, polieren, glänzen. Um dieses Spiel abzubilden, eigenen sich meine Kurse besser. Doch für die sieben zeitlosen Zutaten ist ein Buch die beste Darreichungsform überhaupt. Der besondere Vorteil dieser Zutaten liegt neben der Zeitlosigkeit auch in ihrer Flexibilität.

Ob wir ein Produkt oder eine Dienstleistung vermarkten, ob wir online oder offline werben, ob wir B2B- oder B2C-Marketing betreiben – überall kommunizieren wir mit Menschen und bieten ihnen immer ein Ergebnis mit einem bestimmten Wert, wie wir in Kürze sehen werden. Die Zutaten bilden dabei einen roten Faden und geben unseren Texten Struktur, ohne sie in ein Korsett zu zwängen. Im Alltag begegnen mir immer wieder fragwürdige Copywriting-Tipps: Standardfloskeln, vergilbte Vorlagen und Malen-nach-Zahlen-Konzepte. Doch vom Malen nach Zahlen lernen wir nicht Malen. Diese Ansätze führen zu mechanischen Texten – leblos, herzlos, seelenlos. Das ist *Zombie*writing statt Copywriting.

Klar, am Anfang starten wir alle damit, dass uns andere inspirieren und wir ihre Art und Weise imitieren. Doch richtig lecker gedeihen die Texte dann, wenn wir unsere eigene Stimme finden und einen Stil, der zu uns passt. Statt unsere Themen in leblose Förmchen zu pressen, entwickeln wir die Botschaften aus dem Thema heraus. Wir gehen gemeinsam an unsere Wurzeln, statt die Früchte anderer zu kopieren. Dann sind unsere Texte nicht nur kraftvoll und einzigartig, sondern auch unkopierbar!

Was dieses Buch kann und was es nicht will

Dieses Buch ist ein intensiver Grundkurs, bei dem sowohl Neulinge als auch alte Hasen auf ihre Kosten kommen. Auf den ersten Blick mag es klein und kompakt wirken, doch es hat es in sich! Ich habe so viel ich konnte zwischen die Zeilen gepackt. Die hohe Informationsdichte sorgt selbst beim mehrmaligen Lesen noch für Hirnkribbeln und neue Aha-Momente.

Für einen optimalen Praxistransfer besteht das Buch aus drei Teilen: *Würzen*, *Denken* und *Schreiben*. Teil I befasst sich damit, wie wir würzige Texte schreiben, die lecker für das Hirn sind – also eine starke Wirkung und eine einzigartige Note hinterlassen. Bringst Du allein schon diese Würze in Deine Texte, übertreffen sie sofort die Qualität von gefühlt 90 Prozent der Texte da draußen. Auch wenn die Würze im Schreibprozess meist erst später ins Spiel kommt, starten wir mit diesem Teil, damit Du sofort umsetzbare Impulse für Deine Praxis bekommst und meine Schreibe hier auf Metaebene analysieren kannst.

In Teil II geht es ums Denken – ein unterschätzter und manchmal ganz vergessener Schritt beim Schreiben. In meinem Alltag begegne ich häufig der romantischen Vorstellung, wir Werbetexter würden bei der Arbeit einfach fünf Minuten an die Decke starren und die brillanten Formulierungen würden auf magische Weise vom Himmel fallen. Das ist ein nettes Bild, das wenig mit der echten Praxis zu tun hat. Wobei … manchmal sieht meine Arbeit wirklich so aus: Eine innere Stimme schlägt mir Sätze vor, die ich dann einfach nur noch aufschreibe. Doch diese Stimme meldet sich erst dann, wenn ich sauber recherchiert und meine Gedanken sortiert habe. Tue ich das nicht, führt das häufig zu Blockaden, Frust und Selbstzweifeln. Viele Male biss ich mir an Projekten die Zähne aus und brachte nur Plattitüden aufs Papier, bis ich begriff, dass ich längst nicht zum Kern meines Themas vorgedrungen war. Wie sollen wir auch Dinge in starke Worte fassen, wenn noch gar nicht klar ist, worum es im Kern überhaupt geht? Und so ein Kern sollte immer da sein, denn wenn wir starke Botschaften formulieren wollen, wo es nichts zu sagen gibt, kann das nur in Wischiwaschi und Larifari enden.

Als Copywriting-Trainer kann ich immer wieder bei mir selbst und anderen beobachten: Wenn die Worte nicht fließen, sind die Gedanken noch nicht klar. Dann fühlt es sich im Kopf klebrig an, alles staut sich, und wir wirken wie von unsichtbaren Fesseln gefangen. Verkrampft das Denken, stottern auch die Worte. Was will ich überhaupt sagen? Worum geht es im Kern? Was ist mein Ziel? Sind die Antworten erst einmal da, fließen auch die Worte deutlich leichter. Kurzum:

Wer denken kann, der kann auch schreiben.

Denken hat keinen guten Ruf. Es ist nicht sexy und riecht nach Arbeit. Vielleicht ist das der Grund, weshalb es so wenige tun? Doch mit Denken meine ich hier nicht das zermürbende Grübeln, sondern entspannte Gedankengänge in Form von Ausflügen in unentdeckte Gebiete. Wer Texte will, die besonders klingen, sollte seine Gedanken dorthin führen, wo sonst niemand hindenkt. Deswegen folgen wir beim Schreiben dem Prinzip der *Mise en Place* aus der französischen Küche. Es geht darum, vor dem Kochen alle Zutaten vorzubereiten und alle Utensilien zurechtzulegen, damit wir später alles schnell miteinander kombinieren können. Erst schnibbeln, dann kochen. Wenn wir belgische Fritten bestellen, geht der Koch ja auch nicht hin und schält erst einmal die Kartoffeln. Nach diesem Vorbild stellen wir auch unsere sieben Zutaten bereit, bevor wir anschließend in Teil III die Texte so anrichten, dass sie einen unwiderstehlichen Sog entwickeln – den Chipstüten-Effekt.

Ob Du also Texte für ein wertvolles Angebot entwickeln oder die Wirkung bestehender Texte optimieren willst, dieses Buch begleitet Dich Schritt für Schritt, Deine Gedanken zu sortieren und zu schärfen, damit Du sie in starke Worte kleiden kannst. Neben all den verführerischen Versprechungen folgt jetzt jedoch noch ein unbequemer Hinweis.

Das Wissen, das Du mit diesem Buch in den Händen hältst, ist das Know-how für mehr Wow im Verkauf und Tausende Euro Wert – allerdings nur, wenn Du es auch anwendest. Ich habe dieses Buch bewusst so geschrieben, dass Du gar nicht vermeiden kannst, dass die Themen an Dir arbeiten und Dein Denken verändern. Doch Texten lernst Du am besten mit Hirn, Herz und Händen. Erst wenn sich Wissen mit Erfahrung und Emotionen verbindet, verankert es sich nachhaltig. Daher lege ich Dir ans Herz, eine Schreibroutine einzurichten, die Dich regelmäßig in die Praxis bringt.

Am Anfang erinnern Dich die Schreibversuche vielleicht an Deine ersten Fahrstunden. Hier blinkt was, da kullert eine Schweißperle über Deine Stirn, und Du hörst ein großes Wirrwarr an Stimmen in Deinem Kopf. Kuppeln, schalten, hupen – irgendwann entwickelt sich alles zur Routine. Dann gleitest Du entspannt über die Straßen, kannst dabei meinem Podcast lauschen und Dein Lieblingsgetränk schlürfen. So ist es auch beim Texten. Am Anfang mag es holpern, doch schon nach den ersten beiden Wochen findest Du Deinen Rhythmus und kommst automatisch in den Flow, wenn Du Dich an den Schreibtisch setzt. Auf Dauer entwickelt sich der Spaß mit Buchstaben zu einem Genuss, den Du nicht mehr missen magst, und damit steigt auch das Vertrauen in Deine Fähigkeiten.

So, nun genug der Worte! Binde Dir Deine Schürze um und lass uns starten in eine kulinarische Reise in die Welt der leckeren Texte.

Guten Appetit!

Youri Keifens
Kerpen bei Köln, August 2023

DU ODER SIE?

»Youri, soll ich meine Zielgruppe duzen oder siezen?« Diese Frage kribbelt den Menschen in meinen Programmen als erstes unter den Fingern. Und meine Antwort ist nie pauschal. *Du* oder *Sie* – die Wirkung sollten wir nicht unterschätzen.

Lange Zeit war das *Sie* im deutschsprachigen Raum der einzige gute Ton. »Wer seriös und kompetent wirken will, sollte seine Zielgruppe auf jeden Fall siezen«, heißt es bis heute in manchen Kreisen. Da ist was dran! Denn stellen wir uns nur mal vor, ein Pilot begrüßt uns mit einer Du-Ansprache an Bord, ein Anwalt klopft uns beim Kennenlernen per Du kumpelhaft auf die Schulter oder ein Chirurg wählt die beiden Buchstaben im Vorgespräch. Das hätte einen seltsamen Beigeschmack, oder? Wir sind es nicht gewohnt, dass man uns in diesen Bereichen duzt. Und wenn da gleich jemand beim ersten Eindruck mit unseren Erwartungen bricht, klingelt in unserem Hirn eine Alarmglocke und unser Bauch brummt: *Vorsicht!* Dass *Sie* ist uns beim Erstkontakt vertraut, und Vertrautes weckt Vertrauen, wie wir im Kapitel zur sechsten Zutat noch sehen werden. Von Kindesbeinen an haben wir gelernt, Menschen mit dieser Anrede zu begegnen. Was so eng mit unserer Lebenserfahrung verflochten ist, verändern wir nicht mal eben mit einem Fingerschnippen.

In Bereichen wie Recht, Medizin und Finanzen wollen wir eine professionelle Distanz wahren. Die gibt uns Sicherheit. Wir wollen spüren, dass man uns ernst nimmt und respektiert. Wertschätzung und Augenhöhe sind also wichtige Zutaten für einen professionellen ersten Eindruck und damit auch für den Vertrauensaufbau. Doch kann der wirklich immer nur mit dem *Sie* gelingen?

Ich habe mal ein Auto *nicht* gekauft, weil mich der Verkäufer geduzt hat. Und ich habe eine Wohnung gekauft, *weil* mich der Verkäufer geduzt hat. Der Autoverkäufer war herablassend. Er sah damals nur einen jungen Bubi, dem er mal flott zeigen wollte, wie die Welt funktioniert. Der Immobilieneigentümer hingegen – er war übrigens Mitte 50 – strahlte allein mit seiner Art und seinem Ton so viel Respekt und Wertschätzung aus, dass das *Du* meinen Eindruck von ihm nicht schmälerte. Im Gegenteil! Gerade aufgrund seiner offenen, warmen Art wirkte er erfrischend anders als die Masse, und ich konnte schnell eine Verbindung zu ihm aufbauen.

Weder das *Du* noch das *Sie* steht an sich für Respekt. Auch ein *Sie* kann herablassend wirken und einen unsympathischen Eindruck hinterlassen. Und auch ein *Du* kann sich wie ein *Sie* anfühlen. Damit sind wir mitten im Thema: Nicht die Worte machen den Unterschied, sondern die Haltung dahinter – auch im Verkauf. Einfache Formulierungen können aus manchem Mund schmierig und schleimig klingen, während sie bei anderen Menschen ganz natürlich wirken. Das *Du* oder *Sie* ist also vielmehr eine Frage der Haltung. Wer seine Zielgruppe duzen will, sollte das aus Überzeugung tun und sicherstellen, dass Respekt, Kompetenz und Wertschätzung dennoch spürbar sind.

In Businessnetzwerken wie LinkedIn ist das *Du* längst der neue Standard. Wenn wir eine persönliche und vertrauensvolle Verbindungen zu anderen Menschen aufbauen wollen, hält uns das *Sie* manchmal wie ein überdimensioniertes Igelkostüm auf Abstand. Der sachliche und kühle Ton kann verhindern, dass wir miteinander warm werden. Wählen wir die falsche Ansprache fühlt es sich an, als hielten wir eine Ansprache.

Die Marke Ikea gehörte zu den Pionieren, die den deutschen Markt mit einer neuen Haltung auffrischte. Und Unternehmen wir Clark und Klarna zeigen, dass sich selbst Versicherungen und finanzielle Themen seriös mit einem *Du* vermarkten lassen. Während ich diese Zeilen schreibe, fährt Klarna zweigleisig und setzt im Privatkundensegment auf das *Du*, bei den Businesskunden noch auf das *Sie*. Wichtiger als die Wortwahl ist auch hier die Haltung dahinter. Ist das *Du* nur Fassade? Ein moderner Anstrich, der ein altbackenes Unternehmen hip wirken lassen soll? Oder lebt ein Unternehmen die Kultur aus vollem Herzen? Auf diese Frage kommt es an. Will ein Unternehmen nach außen duzen, doch auf den eigenen Fluren sind noch alle per Sie, muss sich erst die Unternehmenskultur wandeln. Wie im Innen so im Außen.

Manchmal verlangt das etwas Mut. Damit wären wir bei einem besonderen Copywriting-Schwerpunkt. Ganz egal, wie wir uns entscheiden, wir werden niemals alle Menschen glücklich machen. Umso wichtiger ist, dass wir uns vorab zwei Dinge klarmachen. Erstens: Für wen schreibe ich? Zweitens: Wofür stehe ich?

Es geht also im Kern um die Schnittmenge dieser beiden Fragen:

1. Welche Sprache passt zur Zielgruppe? (Branche, Erwartung et cetera)
2. Welche Tonalität passt authentisch zu meiner Marke und meinem Thema?

Unsere Haltung spiegelt sich in unserer Sprache. Nur mutiges Marketing kann auch magnetisch sein. Genauso wie ein Magnet anzieht und abstößt, kann eine bestimmte Sprache die richtigen Menschen begeistern und die falschen auf Abstand halten.

Verstecken wir uns also nicht hinter Regeln und tun Dinge nur so, wie *man* sie immer tut, weil der Mut fehlt, aus dem Gleichschritt auszubrechen und auf den eigenen inneren Kompass zu vertrauen. Das müssen wir manchmal – insbesondere im Copywriting – weil wir sonst im klebrig-faden Einheitsbrei landen wie der Rest unseres Marktes. Ohne diesen regelmäßigen Mutausbruch wäre ich als Werbetexter niemals dorthin gekommen, wo ich heute stehe.

Der Hauptgrund, warum ich mich sowohl in diesem Buch als auch in all meinen Trainings dem *Du* verpflichtet fühle, liegt in meinem Hintergrund als Hypnosecoach. Hypnose ist der Königsweg der Rhetorik und Sprache in ihrer wirkungsvollsten Form. Wir können die Augen schließen und uns entspannen, während allein die Kraft der Worte eine Veränderung in unserer Innenwelt anstößt. Ist das nicht pure Magie? Um diesen Zugang zu schaffen und die Wirkung zu begünstigen, findet eine Trance selbst im Businesskontext immer per Du statt. Ansonsten kann die kritische Instanz in uns Barrieren gegen die Inhalte von außen aufbauen. Die Worte verlieren ihre Kraft. Ähnliches gilt auch beim Lernen: Wir wollen unser Unterbewusstsein mit ins Boot nehmen und die Wissensaufnahme so effektiv wie möglich gestalten. Ich verwende das *Du* also, damit die Inhalte aus diesem Buch optimal auf Dich wirken können.

Als besonderes Zeichen der Wertschätzung schreibe ich das *Du* in all seinen Formen groß. Du kannst also mal eben durch die nächsten Seiten blättern und erkennen, wie oft Du darin vorkommst. Ich schreibe Respekt und Augenhöhe also groß und verspreche Dir, so viel Mehrwert in dieses Buch zu packen, wie es irgendwie möglich ist, ohne dass Dein Hirn explodiert.

Diese beiden Wörtchen schaffen eine gute Einleitung ins Thema, denn sie zeigen, welche gewaltigen Welten sich hinter wenigen Buchstaben verstecken können. Lass uns nun tiefer eintauchen und das Gleiche für das eine Wort tun, das groß auf dem Cover steht: Copywriting.

COPYWRITING – WAS IS'N DAS?

Copywriting ist eine wertvolle, gefragte und lukrative Fähigkeit, die kaum jemand kennt und nur wenige wirklich beherrschen – das steht auf meiner Website, während ich diese Zeilen schreibe. Diese Fähigkeit ist so lukrativ, weil unsere Worte eine unmittelbar messbare Antwort und Wirkung erzielen. Daher spricht der englischsprachige Raum in diesem Zusammenhang auch vom *Direct Response Copywriting*. Macht eine Website mit mittelmäßigen Texten 100.000 Euro Gewinn, doch nach unserer Überarbeitung plötzlich 250.000 Euro oder mehr, dann wären diese Texte selbst mit einem Preisschild von 50.000 Euro eine Investition, über die wir nicht zweimal nachdenken müssten.

Im Copywriting geht es darum, wie genau diese Wirkung entsteht. Mit dem klaren Ziel eines direkten Ergebnisses unterscheidet sich diese Disziplin deutlich vom Content Writing, das vorwiegend informieren und unterhalten will. Wie wir uns später noch anschauen, kann Content Writing den Verkauf vorbereiten. Beide Disziplinen sind Teamplayer. Der richtige Content spielt elegante Pässe und legt die perfekten Bälle vor, damit die Copy sie im Tor versenken kann.

Damit wir beide auf den nächsten Seiten vom gleichen Thema sprechen, teile ich meine persönliche Definition mit Dir. Sie gibt Dir schon wertvollen Einblick, wie unsere Worte im Verkauf wirken. Die Wörter Werbetexten, Verkaufstexten und Copywriting verwende ich dabei übrigens synonym. Der englische Begriff *Copywriting* ist im deutschsprachigen Raum deutlich weniger bekannt. Er stammt aus den Anfängen des 20. Jahrhunderts. Die damaligen Werbeikonen schrieben Zeitungsannoncen und Werbebriefe, die anschließend auf dem Postweg zu den Zielgruppen wanderten. Dieser Prozess steckt bis heute in den beiden Wortbestandteilen *Copy* und *Writing*: Wir schreiben die Texte, die wir später kopieren – also vervielfältigen. Ähnlich ist auch das Copyright (Urheberrecht) grob gefasst das Recht, vervielfältigen zu dürfen. Der Begriff hat also nichts damit zu tun, von anderen abzuschreiben.

Eine der bekanntesten Definitionen ist die von Ray Edwards: »Copywriting is Salesmanship in Print.«[2] (Gewissermaßen die Kunst des Verkaufens in geschriebener Form.) Klingt schon ganz gut, denn das Verkaufen bildet einen wichtigen Schwerpunkt. Dabei geht es nicht nur um Produkte und Dienstleistungen, denn wir verkaufen so viel mehr! Zum Beispiel Ideen, Meinungen, Visionen oder in einem Bewerbungsschreiben sogar uns selbst. Copywriting steckt also in Webseiten, Werbebriefen, Newslettern, Social-Media-Postings, Claims und Slogans, Blogartikeln, Advertorials und sogar in Medien, in denen es keiner erwartet. So habe ich zum Beispiel Radiospots, Webinare, Keynotes sowie Skripte für Videos und Telefonverkäufe getextet. Auch diese Medien bauen auf starke Argumentations- und Überzeugungsstrategien, die den Gesetzen des Copywritings folgen. Es geht also grundsätzlich um universell einsetzbare Strategien, die Menschen überzeugen. Daher greift die Definition von Edwards aus meiner Sicht zu kurz. Im Laufe der letzten zehn Jahre habe ich für mich folgende Leitidee entwickelt:

Copywriting bedeutet, mit Deinen Worten das Denken, Fühlen und Handeln von Menschen zu gestalten.

Diese Worte haben es in sich! Drei wichtige Aspekte wollen wir kurz genauer unter die Lupe nehmen. Erstens dreht sich im Copywriting alles um den Dreiklang von Denken, Fühlen und Handeln. Lass uns diesen Dreiklang von hinten nach vorne durchgehen.

Beim *Verkaufen* geht es darum, dass Menschen eine Entscheidung treffen und *handeln.* Das ist optimalerweise das Ergebnis. Doch ausschlaggebend dafür, wie wir uns entscheiden, sind unsere Emotionen (das *Fühlen*). Psychologie und Neurowissenschaften sind sich heute einig: Die meisten Entscheidungen haben wir unbewusst auf emotionaler Ebene längst getroffen, bevor wir überhaupt bewusst darüber nachdenken. Unser Verstand hat also nur noch die Rolle, die emotionale Entscheidung rational zu rechtfertigen.

Erinnere Dich an das letzte Mal, wo Du etwas gekauft hast, bei dem Du sofort wusstest: *Du gehörst mir!* Und auch wenn Du nicht direkt zugeschlagen hast, weil gerade vielleicht Zeit oder Geld fehlten, hatte ein Teil von Dir längst gekauft. Du hast unbewusst eine emotionale Entscheidung getroffen und anschließend sind Dir wahrscheinlich jede Menge gute Gründe eingefallen, warum das auch eine absolut vernünftige Investition wäre. Auch Menschen, die sich selbst als sehr rational, besonnen und diszipliniert einschätzen, bilden hier keine Ausnahme.

Ein guter Freund von mir agiert jederzeit sehr durchdacht. Frage ich ihn jedoch, warum er die zehn Kilometer zur Arbeit täglich in seinem Porsche fährt, gibt er mir ausschließlich emotionale Antworten wie Fahrspaß, Sicherheit, Komfort et cetera. Die Idee des stets rational denkenden Menschen taugt heute nur noch als Gutenachtgeschichte. Die Emotionen sind die heimlichen Herrscherinnen unserer Innenwelt. Sie können das rationale Denken unterdrücken, für bestimmte Zeit ausschalten und komplett die Kontrolle übernehmen. Ihnen gilt unsere Aufmerksamkeit.

Im Copywriting geht es also darum, die Menschen auf emotionaler Ebene zu bewegen und Ihnen anschließend kluge Gründe mitzugeben, warum ihre emotionale Entscheidung gut und richtig ist. Wir emotionalisieren und rationalisieren. Und das tun wir, indem wir ihr *Denken* lenken. Damit sind wir beim dritten Punkt. Unsere Gefühle haben ihren Ursprung in unserem Denken. Damit meine ich nicht nur das langsame Denken mit unserem bewussten Verstand, sondern auch das unbewusste, schnelle Denken, das unter der Oberfläche abläuft. Ich nenne es auch gerne das gedankenlose Denken.

Wenn wir zu einem Thema oder einer Entscheidung schon ein Grundgefühl haben, ohne vorher bewusst darüber nachgedacht zu haben, dann ist das schnelle Denken im Spiel. Zum Beispiel dann, wenn Du bei einer Person mit Doktortitel oder weißem Kittel auf Anhieb ein gutes Gefühl hast, genauso wie bei einem Angebot, das 1000 Fünf-Sterne-Bewertungen hat. Das schnelle Denken greift auf feste Regeln zurück, um ohne energieintensive, langsame Umwege über den bewussten Verstand Entscheidungen treffen zu können. Dazu arbeitet es mit unbewussten Denkstrukturen und Entscheidungsmustern, mit Abkürzungen im Denken (Heuristiken) wie zum Beispiel *Hoher Preis = hohe Qualität* oder umgekehrt: *Was nichts kostet, ist auch nichts wert.*

Das schnelle Denken beruht auf eigenen Erfahrungen und Prägungen unseres Umfelds, die uns manchmal schon vor unserem ersten Atemzug programmiert haben. Der Nobelpreisträger Daniel Kahneman illustriert in seinem Buch *Schnelles Denken, langsames Denken* wunderbar, wie beide Denksysteme funktionieren.

Denken, fühlen, handeln. Du kennst diesen Dreiklang aus allen Bereichen Deines Lebens: Wenn Du denkst, dass Du nicht schreiben kannst, sitzt Du gelähmt wie ein Häufchen Elend vor dem weißen Blatt und bringst wahrscheinlich unter Qualen auch nur Häufchen aufs Papier. Erkennst Du jedoch das Textgenie in Dir, lässt Du mit Spaß und Selbstvertrauen die Buchstaben tanzen und erhöhst Deine Chancen mit dieser Haltung gewaltig, brillante Botschaften zu zaubern.

Als Copywriter liegt unser Fokus darauf, das Denken zu lenken – und zwar so, dass sich die Menschen in Bezug auf unser Angebot gut fühlen und aus diesem Gefühl heraus eine Kaufentscheidung treffen.

Ein zweiter wichtiger Aspekt meiner Definition: Ich begrenze unsere Arbeit nicht auf das *geschriebene* Wort. Ja, das klingt etwas verrückt, weil es doch hier ganz klar ums Texten geht. Doch Du kennst die Basis meiner Philosophie: Wer denken kann, der kann auch schreiben. Mit den sieben Zutaten aus diesem Buch strukturierst Du Deine Gedanken so, dass sie überzeugen – nicht nur in geschriebener Form, sondern auch am Telefon oder im Videocall. Einer meiner Kursteilnehmer merkte einmal so schön an, dass er bei mir nicht nur Copywriting, sondern genauso viel *Copythinking* gelernt habe.

Meine dritte Anmerkung bezieht sich auf das letzte Wort meiner Definition: *gestalten*. Das habe ich bewusst gewählt, um das Thema Copywriting vom zu lauten Uga-Uga der Verkaufswelt zu befreien. Gewiss kennst Du selbst Menschen, die Berührungsängste mit dem Thema Verkaufen haben und Formen der direkten Beeinflussung kritisch gegenüberstehen. Mit einer anderen Wortwahl kannst Du diese Vorurteile umgehen und die Menschen auf eine neue Art abholen. Unsere Arbeit verliert dadurch nichts von ihrer Wirkung. Stell Dir einfach vor, wir malen mit unseren Worten Gedanken- und Gefühlskulissen in die Innenwelt der Menschen. Ist das immer noch manipulativ? Aber hallo! Doch dieses Thema verdient ein eigenes Kapitel.

IST COPYWRITING MANIPULATION?

Ja! Und zwar heftig deftig. Ist das schlimm? Nein! Denn Du und ich haben die Kunst der Beeinflussung schon gemeistert, bevor wir überhaupt schreiben konnten. Wir wussten doch genau, welche Knöpfe wir bei Mama, Papa und unserem engsten Umfeld drücken durften, damit wir bekamen, was wir wollten. Und darum geht es doch in der Kommunikation: Wir nutzen unsere Worte, um etwas zu bewirken. Selbst wenn wir mit einer Zimmerpflanze sprechen, verfolgen wir ein Ziel. Ich habe mit meiner Monstera zum Beispiel weite Teile dieses Buches besprochen, und sie hat mich dabei auf wertvolle Gedanken gebracht.

Wir beeinflussen, sobald wir den Mund aufmachen – und mit unserer nonverbalen Kommunikation tun wir das sogar, ohne ein Wort zu verlieren. Woran liegt es also, wenn wir bei diesem Thema ein mulmiges Gefühl im Bauch haben? Aus meiner Sicht ist das weniger eine Frage der Strategien und Werkzeuge, sondern vielmehr der Haltung derer, die sie benutzen. Ein Messer kann in den Händen eines Verbrechers Leben *nehmen* und in den Händen eines Chirurgen Leben *retten*. Wie Du das Wissen der kommenden 200 Seiten einsetzt, liegt also in Deiner Verantwortung. Grundsätzlich gibt es vier Wege, wie Du kommunizieren kannst:

1. **Die Person *tut nicht*, was Du sagst, und fühlt sich *schlecht* dabei.**
   Das ist Buchstabenverschwendung. Du investierst viel Energie, um Menschen zu unterstützen, bist jedoch nicht überzeugend genug. Letzten Endes bleiben andere mit ihrem Problem zurück, und niemandem ist geholfen. Dann doch lieber mit Pflanzen sprechen!

2. **Die Person *tut nicht*, was Du sagst, und fühlt sich *gut* dabei.**
   Diese Reaktion kennen wir aus der Pubertät. Wir rebellieren gegen etablierte Autoritäten, loten unsere Grenzen aus und fühlen uns so richtig lebendig, wenn wir Verbote missachten und unsere eigenen Regeln schaffen.
   Und auch im Erwachsenenalter können wir dieser Reaktion bei einem Phänomen begegnen, das die Psychologie als Reaktanz bezeichnet. Dahinter steckt eine Gegenreaktion, um unser Selbstbild zu verteidigen, wenn uns jemand bevormundet, uns die Kontrolle entziehen oder unsere Freiheitsspielräume be-

schränken will. Stell Dir vor, jemand provoziert Dich mit einer Behauptung wie: »Ich glaube nicht, dass Du wirklich texten kannst.« Je nachdem, wie Deine Persönlichkeit gestrickt ist, kannst Du das lächelnd abtun mit dem Gedanken: »Mir doch egal, was Du denkst.« Gleichzeitig kannst Du Dir jedoch vorstellen, dass andere in diesem Fall aus der Haut fahren und der Person hochmotiviert das Gegenteil beweisen würden.
Diese Form der Provokation und die damit verbundene Trotzreaktion kann uns in manchen Fällen zum Durchbruch verhelfen, doch sie entspricht nicht der Haltung, die ich Dir ans Herz legen möchte. Genauso wenig wie die nächste.

3. **Die Person *tut*, was Du sagst, und fühlt sich *schlecht* dabei.**
Das ist die Form der Manipulation, die vielen Bauchschmerzen bereitet: überreden statt überzeugen. Hier geht es um Beeinflussung mit häufig kompromisslosem Fokus auf den eigenen Vorteil, auch wenn das Nachteile für andere bedeutet. Jemand schwatzt uns etwas auf, was wir weder brauchen noch wollen. Erinnere Dich an eine Situation, in der Dich jemand zu einer Entscheidung gedrängt hat, die nicht in Deinem Interesse war. In solchen Momenten fühlen wir uns kurzfristig überrumpelt, doch manchmal ignorieren wir das deutliche Nein-Gefühl, weil wir freundlich und höflich sein wollen. Ehe wir uns versehen, haben wir eine Entscheidung getroffen, die wir später bereuen. Dieser üble Beigeschmack verdirbt uns nicht nur die Kauffreude, er ist auch dauerhaft geschäftsschädigend. Die Menschen nehmen ihr Widerrufsrecht in Anspruch und nutzen zurecht jede Möglichkeit, ihre Erfahrung mit der Welt zu teilen. Hier wollen wir definitiv nicht landen!
Diese Art von Kommunikation arbeitet gerne mit Druck (der kleinen Schwester der Angst), mit Halbwahrheiten und Psychospielchen. Sie verfolgt nur eigene Ziele und verliert dabei bewusst oder unbewusst die Interessen des Gegenübers aus dem Blick. Da fehlen Augenhöhe, Respekt und Wertschätzung. Lass uns dieses schleimige Gefühl abschütteln, bevor wir in die schöne Welt des nächsten Absatzes eintauchen.

4. **Die Person *tut*, was Du sagst, und fühlt sich *gut* dabei.**
Ahhh, das fühlt sich schon viel besser an! Genau diese Art der Kommunikation ist unser Ziel: Wir setzen unsere Überzeugungskunst ein, um Menschen zu dem Ergebnis zu führen, das gut und richtig für sie ist. Ob uns das nun nach

Gefühl gelingt, auf gut Glück oder mit einem ausgefeilten Plan sollte dabei keinen Unterschied machen, solange Haltung sowie Intention stimmen und das Ergebnis für beide Seiten gewinnbringend ist.
Das kann sogar ganz ohne Druck gelingen. Für mich bedeutet verkaufen, den Menschen alles mitzugeben, was sie brauchen, um sich mein Angebot selbst zu verkaufen. So entsteht eine nachhaltige Kaufentscheidung aus einem tiefen eigenen Wunsch heraus. Verkaufen heißt also, *mit* den Menschen zu arbeiten und niemals *gegen* sie.

Wirkung und Beeinflussung gehören ganz natürlich zu unserer menschlichen Kommunikation. Daher können wir auch gleich so sprechen und in die Tasten hauen, dass wir damit im Sinne beider Seiten maximal erfolgreich sind, starke Beziehungen aufbauen und Gutes bewirken. Im weiteren Verlauf des Buchs werde ich Dir immer wieder mitteilen, wo ich Grenzen sehe und wie ich mich dabei von meinem ethisch-moralischen Kompass leiten lasse. Zwei Prinzipien haben sich in meinem Business als sehr wertvoll erwiesen: Ich verspreche nur, was ich auch halten kann, und ich lege mich ins Zeug, die Erwartungen an mich noch zu übertreffen. Das führt dazu, dass mich die Menschen nach meinen Programmen immer wieder fragen: »Youri, das war so fantastisch! Was kann ich jetzt bei Dir kaufen?« Gelingt Dir diese Art der tiefen Verbindung, brauchst Du im Verkauf keine Trickkiste mehr.

KLEINE COPYWRITING-PHILOSOPHIE

Das Leben ist zu wichtig,
als dass man es ernst nehmen sollte.
– Oscar Wilde

Du könntest dieses kleine Kapitel auch Copywriting-Mindset nennen. Es beleuchtet, mit welcher Einstellung wir bei der Arbeit nicht nur jede Menge Freude haben, sondern auch möglichst entspannt große Resultate erzielen.

»Erwarte, dass es leicht geht« – diesen Satz hatte ein früherer Kollege von mir über seinem Schreibtisch hängen, und er bringt wunderbar die Grundhaltung auf den Punkt, die ich zum Texten empfehle. Gehen wir davon aus, dass ein Thema schwierig ist und der Weg zu guten Texten mühsam wird, verkrampfen wir nur allzu leicht, und die Gedanken münden in eine selbsterfüllende Prophezeiung. Erwarten wir hingegen, dass die guten Zeilen sich schon zeigen, wenn wir unsere Arbeit machen, verändert sich das ganze Spiel. Deswegen rate ich allen, die meine Programme besuchen:

Schreib heiter und gelassen,
dann gelingt Dir so viel mehr.

Im Zustand der heiteren Gelassenheit vermeidest Du Scheuklappen, hältst Deinen Geist offen und erhöhst damit die Chancen, originelle Ideen und einzigartige Formulierungen zu finden. Außerdem unterstützen Dich diese weiteren beiden Dos und drei Don'ts bei Deiner Arbeit:

Erst verstehen, dann verstanden werden

Viele Menschen machen es umgekehrt: Sie senden, senden, senden auf ihrer immer gleichen Frequenz und ärgern sich dann, wenn der Empfang auf der anderen Seite nicht stimmt. Je besser Du verstehst, warum Menschen denken, fühlen und handeln, wie sie es nun mal tun, desto leichter kannst Du sie mit Deinen Worten erreichen und bewegen.

Fürs Verstehen brauchst Du nichts weiter als Herz und Hirn. Auf der einen Seite also Deine Empathie, um Dich in die Welt der Zielgruppe einzufühlen. Wer schreiben will, muss fühlen. Und auf der anderen Seite zählt eine gute Analysefähigkeit, um schnell zu erfassen, was für die Kommunikation wichtig und wertvoll ist. Dabei ist Hinhören schon die halbe Miete!

Wenn ich im Auftrag für andere texte, löchere ich die Menschen erst einmal mit einer Liste von Fragen, um ihre Welt besser kennenzulernen. Mein Ziel ist es, die sieben Zutaten herauszuarbeiten, um später damit kochen zu können. So ein Interview-Workshop kann zwischen ein und vier Stunden dauern und ist für viele bereits so wertvoll, dass sich die Investition in mich ausgezahlt hat, bevor ich überhaupt ein Wort geschrieben habe. Ich nehme bei diesen Sessions die Rolle eines Coaches ein, der das Denken mit Fragen in bestimmte Richtungen lenkt. Fragen, hinhören und notieren – das ist alles, was ich in diesem Rahmen tue. Wenn so ein Termin fruchtbar ist, habe ich danach schon eine Handvoll starker Botschaften, die ich für die Texte nutzen kann. Und die kommen häufig nicht von mir, sondern ich habe lediglich notiert, was mein Gegenüber manchmal nur scherzhaft in einem Nebensatz erwähnt hat, ohne sich der Brillanz der Worte bewusst zu sein. Es macht also Sinn, das Senden einzustellen und mit allen Sinnen auf Empfang zu gehen.

Steht mir niemand für ein Interview zur Verfügung oder reichen die Infos nicht aus, steige ich tiefer in die Recherche, bis ich meine sieben Zutaten beisammen habe. Diese Arbeit macht mehr als die Hälfte des gesamten Prozesses aus. Je besser mein Gefühl und Verständnis für Angebot und Zielgruppe, desto leichter finde ich die richtigen Worte. Um es etwas hochtrabender zu sagen: Nuancierte Observation ist der Schlüssel zu sprachlicher Präzision.

Texten heißt experimentieren

Jeder Text ist ein Experiment. Umarmst Du diese Haltung, vermeidest Du zwei der größten Produktivitäts- und Kreativitätskiller: den **Zwang des Müssens** und die **Angst vor dem Scheitern.**

»Ich muss jetzt in einer Stunde den perfekten Slogan finden.« »Diese Anzeige muss besser performen als alles andere.« »In diesem Text muss ich jetzt besonders witzig sein.« Du ahnst wahrscheinlich, dass die Arbeit aus diesem Zwang heraus weder viel Spaß macht noch gute Ergebnisse bringt. Ein bisschen Druck kann durchaus bei manchen Menschen förderlich sein. Sie stellen dann das Grübeln ein und trauen sich, mutig zu machen und auszuprobieren. Andere geraten besser zu Ergebnissen, wenn sie sich in einen Zustand der kindlichen Neugier versetzen und in heiterer Gelassenheit drauflostexten. Was auch immer besser für Dich funktioniert, nimm das Müssen raus und betrachte Deine Arbeit als Experiment. Denn bei einem Experiment gibt es weder Leistungsdruck noch Fehler. Du kannst also gar nicht scheitern, sondern lediglich Lösungen entdecken, die nicht funktionieren. Natürlich wollen wir schließlich zum veröffentlichungsreifen Text gelangen, doch der Weg dorthin führt deutlich schneller übers Ausprobieren und Optimieren als übers Zögern, Zaudern und »Zerdenken«.

Wir machen unseren Frieden mit dem Unperfekten und nehmen in Kauf, dass die Worte nicht vom ersten Tastenanschlag an brillant sind. Alles andere führt schnell zu Frust und Blockaden, denn unsere Hirne haben nur eine gewisse Kapazität an Arbeitsspeicher. Je mehr Gedanken sich in unseren Köpfen stauen, desto weniger Bandbreite haben wir, um in neue Richtungen zu denken. Bringst Du jedoch alles zu Papier, was durch Deine Hirnwindungen kreist, schaffst Du Raum für frische Gedanken. Daher kommt auch mein Motto:

Trau Dich, Scheiße zu schreiben!

Klingt ein bisschen wild? Darf es ausnahmsweise auch sein, weil Du es dann nicht nur kognitiv verstehst und mit einem »Ja, ja, klingt logisch!« abtust, sondern weil sich die Idee auch emotional festigt.

Wann immer sich Deine Gedanken das nächste Mal im Kreis drehen, bring sie raus aus Deinem Kopf. Steht die Scheiße (das ist das letzte Mal, dass dieses Wort in diesem Kapitel auftaucht, versprochen!) erst einmal auf dem Papier, können wir sie zu Gold machen. Ob Du die Biografien großer Autoren liest oder brillanten Textgenies bei der Arbeit über die Schulter schaust, alle überwinden sich, erste Entwürfe und Gedanken zu Papier zu bringen, denn sie wissen, dass alles bescheiden anfängt. Starke Texte fallen nicht vom Himmel. Kein Fehler ist dumm – es sei denn, Du wiederholst immer wieder das gleiche Experiment und erwartest ein anderes Ergebnis …

Gib Dir also selbst den Freifahrtschein, Fehler zu machen und selbst richtig blöde Ideen nach außen zu bringen. Dann kannst Du daran feilen und polieren, bis sie strahlen und funkeln. Selbst große Ideen sind durch Fehler und Unachtsamkeit entstanden. Manchmal entstehen auf diesem Weg auch neue Worte, Slogans oder pfiffige Ideen, weil ein paar Buchstaben oder Worte an eine Stelle hüpfen, an der sie nicht vorgesehen waren. Wie es der Autor Seth Godin auf den Punkt bringt: »Kreativität bedeutet, Dinge zu tun, die nicht funktionieren könnten.«[3]

Die drei Feinde starker Texte

Ist es nicht herrlich, wenn sich drei Schlüsselthemen auf drei Worte mit dem gleichen Anfangsbuchstaben reduzieren lassen? So sind die 3F entstanden, die Feinde starker Texte.

1. **Feigheit.** Es verlangt Mut, den Einheitsbrei vom Tisch zu stoßen und aus der Masse hervorzustechen. Es verlangt Mut, nach starken Ideen und knackigen Formulierungen zu suchen, ohne eine Garantie zu haben, was am Ende dabei herauskommt. Es verlangt Mut, mit ungewöhnlichen Gedanken zu spielen, statt sie schon im Kopf zu zensieren. Es verlangt Mut, unverblümt in Worte zu kleiden, was alle spüren, doch niemand sich zu sagen traut. Es verlangt Mut, zu einer Botschaft zu stehen, die nicht jedem gefällt. Erinnere Dich an das letzte Mal, als Du Gänsehaut hattest von einer Botschaft, die frech war und doch Saiten in Dir zum Klingen gebracht hat? Mut lohnt sich.

2. **Faulheit.** Hacks. Shortcuts. Schnelle Wege zum großen Erfolg. Diese Themen sind der Dauerrenner im Marketing, denn Menschen lieben das Versprechen von schnellen Resultaten ohne große Anstrengung. Doch hinter jedem dieser Versprechen steht ein kleingedruckter Sternchentext, den nur wenige lesen wollen. Während Amateure nach Abkürzungen suchen oder auf die Muse warten, setzen sich die Profis einfach hin und schreiben. Faulheit führt nicht weit – Denken, Schreiben und Würzen hingegen schon. Doch das brauche ich Dir nicht zu sagen, sonst würdest Du dieses Buch nicht in den Händen halten.

3. **Frustration.** Das langweilige Geheimnis vieler Genies ist, dass sie einfach länger dranbleiben als alle anderen. Das mache ich mir immer wieder klar, wenn sich Frust breitmacht. Ja, den gibt's auch bei mir. Manchmal läuft es nicht.

> Manchmal nervt alles. Manchmal drehen sich die Gedanken im Kreis, und der Motor läuft heiß. Dann bewahrt mich eine gesunde Frustrationstoleranz davor, zu früh aufzugeben. Ich sage mir dann gerne: »Okay Youri, Du bist jetzt da angekommen, wo die meisten aufgeben oder sich mit halbgaren Ergebnissen zufriedengeben. Wenn Du nun noch einen Schritt weitergehst, kann richtig Großartiges entstehen.« Manchmal braucht es die dicken, dunklen Wolken am Himmel, damit der Geistesblitz einschlagen kann. Oder hast Du schon mal einen Blitz am blauen Himmel gesehen? Ich nicht.

Schreib mit Mut, Feuer und Gelassenheit – das ist ein exotischer Cocktail, der Superkräfte in Dir wecken kann. Als Nächstes packen wir in Teil I die Gewürzkiste aus. Sie garantiert leckere Texte mit einzigartiger Note.

TEIL I

WÜRZEN

DIE GEWÜRZKISTE

Ich kenne nichts auf der Welt, das eine solche Macht hat, wie das Wort. Manchmal schreibe ich eines auf und sehe es an, bis es zu leuchten beginnt.
– Emily Dickinson

Unsere Texte sollten lecker sein – so sehr, dass die Menschen davon nicht genug kriegen können, Satz für Satz weiter genießen und dabei immer mehr Appetit auf unser Angebot bekommen. Bei diesem Ziel unterstützt Dich diese Gewürzkiste. Sie bietet Dir besondere Zutaten, die Du wohldosiert in Deine Texte mischen kannst, um Dir drei wertvolle Vorteile zu sichern:

1. **Aktivierung:** Die Gewürze veredeln Deine Texte und machen Sie lecker fürs Hirn. Damit stechen Deine Worte aus der Masse hervor. Sie wecken Aufmerksamkeit, unterhalten und sorgen beim Lesen für jede Menge Aha- und Oho-Momente.

2. **Einzigartigkeit:** Die Wahl Deiner Würze macht Deinen Stil aus. Du verleihst Deinen Texten Persönlichkeit, einen eigenen Sound, eine eigene Farbe, einen ganz eigenen Geschmack. Auch wenn Deine gesamte Branche inhaltlich über die gleichen Themen spricht, hebst Du Dich stilistisch von der grauen Masse ab. So faseln in meiner Welt zum Beispiel viele von *conversionstarken Texten, die Kaufinteresse wecken und Kunden generieren.* Meine *knusprig-leckeren Texte, die im Hirn kribbeln und Appetit auf mehr machen* heben sich davon ganz klar ab. Inhaltlich sage ich fast das Gleiche, doch ich lade die Sprache mit meinem Stil auf. Haltung, Werte und Persönlichkeit stehen zwischen den Zeilen und verleihen den Worten eine unverkennbare Note. Unser Ziel: Wenn fünf Texte aus unserer Branche nebeneinanderliegen, sollten unsere sofort ins Auge fallen.

3. **Erinnerbarkeit:** Dieser Vorteil ist die logische Konsequenz aus den ersten beiden. Du legst Dein Handtuch auf einen besonderen Logenplatz im Kopf der Zielgruppe. Das besondere Erlebnis, das die Menschen von Deinen Worten kennen, verbinden sie zukünftig mit Dir und Deiner Marke. So bleibst Du

nicht nur kognitiv in Erinnerung, sondern vor allem auf deutlich stärkere, emotionale Art und Weise.

Eine Warnung noch, bevor wir die Gewürzkiste öffnen. Wenn Du schon mal ein Gericht versalzen hast, weißt Du: Gewürze sind zwar lecker, doch wenn wir es mit ihnen übertreiben, können sie uns auch den Appetit verderben. In meinen Programmen erlebe ich immer wieder, dass manche von den neuen Aromen so begeistert sind, dass sie sie in jeden ihrer Sätze kippen. Ist der erste Bissen noch neuartig, wirkt der Text beim dritten Happen schon schwer, überladen und einfach nur noch anstrengend. Finde also Deine ideale Dosierung und entwickle Deine persönliche Rezeptur. Denn nicht jede Würze muss auch zu Deinem Stil passen.

GEWÜRZ 1:
PRÄZISION – ZOOM REIN

Larifari, Wischiwaschi und generisches Geschwafel – so nennen wir Texte, wenn sie nur an der Oberfläche kratzen und ausgelutschte Phrasen einspannen. Das sind all die Buchstabenkombinationen, die wir schon Hunderte Male gehört haben, die jedoch kaum noch im Hirn kribbeln: *Kompetenz aus Leidenschaft*, *Wir schreiben Service groß*, *Ihr Anliegen in besten Händen*, *nachhaltige Lösungen* oder *fundiertes Know-how*. Niemand hat Appetit auf Einheitsbrei. Darum schauen wir genauer hin. Grundsätzlich gilt für dieses und alle folgenden Gewürze:

Je nuancierter Du die Welt wahrnimmst, desto facettenreicher kannst Du Dich ausdrücken.

Bring Dein Business aufs nächste Level! Was bedeutet zum Beispiel diese leblose Worthülse, die uns gefühlt auf jeder zweiten Website angähnt? Sollen wir mit unseren Büroräumen vom vierten ins fünfte Stockwerk ziehen?

Wenn wir unsere Hirne anstrengen, können wir erahnen, was wohl dahintersteckt. Vielleicht geht es um Skalierung oder Umsatzsteigerung? Vielleicht ist aber auch gemeint, verborgene Geschäftsfelder am Markt aufzuspüren? Oder es geht um Recruiting und Innovationskraft, also mehr Talente für neue Patente? Unser Hirn muss mutmaßen, und es bleibt schwammig-nebelig. Diese Denkschritte fordern viel von uns. Warum sollten wir die Energie investieren, wenn noch nicht mal klar ist, was wir davon haben und ob es uns überhaupt betrifft?

Das Gehirn ist faul und am liebstem im Energiesparmodus. Es macht nicht bei jedem *nächsten Level* Halt, um wohlwollend nach dem tieferen Sinn zu suchen. Warum auch sollte die Zielgruppe die Denkarbeit leisten, wenn wir etwas verkaufen wollen? Es liegt an uns, die Gedanken vorzukauen, greifbar zu machen und in möglichst konkreten Worten auf den Punkt zu bringen.

Texte sind erbarmungslos. Sie bringen unsere Innenwelt nach außen. Denkfaulheit, Mittelmaß und Ideenlosigkeit brechen dabei zwischen den Zeilen und Phrasen durch, so wie sich der geronnene Schweiß von sieben Tagen ohne Dusche seinen Weg durch die Deohülle bahnt. Die Zielgruppe kann es riechen, wenn wir unseren Gedanken nicht genug auf den Grund gehen. Machen wir's uns zu leicht, machen wir's der Zielgruppe schwer.

»Aber das schreiben doch alle, und das sagt man doch so …«, kommt jetzt vielleicht der Einwand aus den hinteren Reihen. Und gerade *deswegen* sollten wir diese Floskeln nicht mehr verwenden. Sie sind austauschbar und generisch. Das *nächste Level* könnte sowohl auf der Seite eines Coaches (Next-Level-Leben), eines Zahnarztes (Next-Level-Zahngesundheit) oder eines Umzugsunternehmens stehen (wobei letzteres tatsächlich noch der spezifischste Einsatz wäre). Daher mein Motto:

**Wenn's überall passt,
gehört's in den Knast!**

Bestimmt war in den frühen Stunden der modernen Coaching-Welt auch das *nächste Level* mal cool und ansprechend. Doch dann hat es jeder Zweite verwendet, und die Worte haben ihr Aktivierungspotenzial verloren. Jetzt bewirken sie das Gegenteil: Sie schläfern ein. Da kribbelt nichts mehr im Hirn. In einer meiner Podcastfolgen habe ich mal ein Best-of abgedroschener Floskeln zusammengetragen und daraus ein entspannendes Mixtape gemacht, das Dich in schlaflosen Nächten so anödet, dass Dein Gehirn innerhalb weniger Augenblicke freiwillig abschaltet.

Ähnlich generisch wirken die Wörter *authentisch, aus Leidenschaft* oder ganz besonders *Erfolg*. Jede zweite Webseite verspricht ihn, und anscheinend jeder rennt ihm hinterher. Doch was verbirgt sich wirklich hinter dieser Hülle? Was bedeutet *Erfolg* für Dich? Manche verbinden damit Geld, Status und Anerkennung, andere die perfekte Work-Life-Balance oder ein harmonisches Familienglück. Und für manche beutetet Erfolg einfach schon, ein hämorrhoidenfreies Leben zu führen. Ja, ich spitze bewusst zu, um zu verdeutlichen: Jeder verbindet etwas anderes mit diesem Wort (und die größte Tragik besteht wahrscheinlich darin, dass Menschen diesem Begriff hinterherjagen, ohne so recht zu wissen, was er für *sie* bedeutet). Wenn jemand auf seiner Webseite *die Strategien für Deinen Erfolg* verspricht, kann das nur unglaubwürdig wirken, denn wer hat schon die eine Antwort auf Tausende verschiedene Fragen?

Zoomen wir also hinein: Der Mentaltrainer und Hypnosecoach in mir definiert Erfolg so, dass Du Deinen ureigenen Wünschen folgst und dabei Deine Werte leben kannst, ohne Dich verbiegen zu müssen. Schluss mit Maskerade und Versteckspielchen, her mit großen Zielen und der inspirierenden Persönlichkeit. Wenn Du Dich immer wieder verstellst und verbiegst, fühlt sich auch Dein Leben irgendwann krumm und schief an. Folgst Du jedoch Deinem inneren Kompass, kannst Du Energie mobilisieren, von der Du bisher noch keine Ahnung hattest.

Mit diesen Aussagen können wir arbeiten und sie im nächsten Schritt zuspitzen. Erkennst Du, wie viel lebendiger und greifbarer diese Gedanken sind? Auf diese Sinnsuche gehe ich auch mit meinen Kundinnen und Kunden, wenn ich auf solche Alles-und-nichts-Worte stoße. Wir zoomen rein und fragen uns: Was heißt das denn konkret? Wir kauen vor, damit die Zielgruppe genießen kann. Das braucht ein bisschen Denkenergie, doch die zahlt sich in jedem Fall in Einzigartigkeit, Kreativität und Tiefgang aus.

Zu den Komplizen des *Erfolgs* und des *nächsten Levels* gehören zum Beispiel auch *entfalte Dein volles Potenzial*, *Qualität aus Leidenschaft* oder die *fundierten Lösungen für nachhaltigen Fortschritt.* Bei manchen Politikern könntest Du auch Formulierungen antreffen wie: *Eine solide Grundlage ist die essenzielle Voraussetzung für eine starke Basis.*

Hallo? Noch wach? Das ist nicht nur Buchstabenverschwendung, sondern auch Hirnzellenverletzung, die unser Publikum zurecht mit Gleichgültigkeit abstraft. In diese Rubrik fallen übrigens auch die *kompetenten und zuverlässigen Partner*, die *innovativen Lösungen* und die *serviceorientierten Dienstleister*. Denn das alles sind »Eh-klar-Botschaften«. Wir erwähnen damit Aspekte, die sowieso jeder als vorausgesetzt betrachtet. Oder würdest Du von inkompetenten und unzuverlässigen Langweilern mit Servicewüste kaufen?

Natürlich können wir diese Eigenschaften immer noch betonen, doch dabei sollten wir tiefer hineinzoomen und die Dinge konkreter benennen. Damit sind wir bei der Essenz dieses Gewürzes: Ich stelle mir Sprache und Gedanken gerne als eine Erdkruste aus mehreren Schichten vor. Die meisten kratzen lediglich an der Oberfläche, wirbeln dabei viel Staub auf und finden Formulierungen, auf die auch alle anderen stoßen. Wenn wir jedoch nach Gold suchen, dürfen wir tiefer bohren und uns durch das uninteressante Gerümpel graben. Dabei leitet uns die Frage: *Was heißt das denn konkret?* Statt zu behaupten, dass wir zuverlässig und serviceorientiert sind, könnten wir zum Beispiel schreiben:

> *Unseren Support erreichen Sie auch am Wochenende und an Feiertagen bis 22 Uhr. Ist gerade besetzt? Hinterlassen Sie uns einfach eine kurze Nachricht. Rufen wir Sie nicht innerhalb von 30 Minuten zurück, erhalten Sie einen 50-Euro-Gutschein für Ihre nächste Bestellung.*

Erkennst Du die Magie? Wir nehmen die Worte *Service* und *Zuverlässigkeit* nicht einmal in den Mund, und doch entsteht bei der Zielgruppe ein Wow-Gefühl, sodass sie denkt: *Die sind ja richtig zuverlässig und bieten einen erstklassigen Service!* Hier gilt das Prinzip des *Show, don't tell* oder auch:

Zeigen statt labern.

Wir stellen also nicht einfach allgemeine Behauptungen in den Raum, sondern lassen die Menschen erleben, was hinter den Worten steckt. So entsteht das Urteil im Kopf der Zielgruppe. Damit ist es deutlich glaubwürdiger und nachhaltiger. Außerdem sind diese Aussagen so spezifisch und einzigartig, dass sie fester in Erinnerung bleiben.

In manchen Fällen kommt nun noch aus der allerletzten Reihe der Zuruf: »Aber das ist schon ein ganz schön dick aufgetragenes Versprechen. Sowas können sich in der Realität doch nur die wenigsten leisten!« Guter Punkt! Unsere Werbetexte sollten nur Versprechen machen, die unser Angebot beziehungsweise unser Unternehmen auch halten kann. Daher gehen Copywriting und Angebotsentwicklung Hand in Hand. Wenn ich mir denke, es wäre cool, wenn ich meiner Zielgruppe dieses und jenes Versprechen machen könnte, dann kann ich mich fragen: »Wie könnte ich mein Angebot so verändern, dass ich so ein Versprechen auch einlösen kann?« So inspirieren und motivieren sich Text und Angebot gegenseitig immer wieder zu neuen Höchstleistungen.

Zu Beginn liegt jedoch mein Fokus auf dem, was schon da ist. Damit komme ich gar nicht erst in Versuchung, mich mit Eh-klar-Botschaften zu befassen. Ich suche lieber nach dem, was das Unternehmen oder das Angebot einzigartig macht, blicke unter die Oberfläche und fasse das Gold in Worte. Wie das abläuft, schauen wir uns in den späteren Kapiteln genauer an.

Oh, und ganz wichtig: Es ist völlig okay, im Schreibprozess erst einmal auch farblose Floskeln aufzuschreiben. Wir lassen alles raus. Trau Dich, Scheiße zu schreiben! Stehen die Worte erstmal auf dem Papier, haben wir mehr Bandbreite frei für die Frage: *Was heißt das denn konkret?* Wir zoomen mit unserem Mikroskop hinein, wir bohren tiefer ins Thema, bis wir auf konkretere und damit einzigartige Formulierungen stoßen. Wann immer Dir Texte noch zu floskelhaft vorkommen, zoome hinein. Sie gewinnen automatisch an Brillanz, Aktivierungskraft und Glaubwürdigkeit.

GEWÜRZ 2:
MULTISENSORIK – SPRICH DIE FÜNF SINNE AN

Mach Deine Texte zu multisensorischen Meisterwerken, die möglichst viele unserer Sinne stimulieren. Die digitale Welt verwöhnt uns visuell und auditiv mit allen Reizen, die wir uns vorstellen können. Doch was ist mit unseren anderen drei Sinnen? Dem Schmecken, dem Riechen und dem Tasten? Zwar gibt es bereits erste Ansätze, Düfte auch auf Knopfdruck erlebbar zu machen, und auch virtuelle Welten zeigen sich immer realer, doch bis uns künstliche Erlebnisse täuschend echt anmuten, mag noch ein Weilchen vergehen.

Die Marketingwelt hat den Wert der multisensorischen Stimulation längst erkannt und verwandelt unsere Shoppingerlebnisse in sinnliche Abenteuerreisen. Parfümierte Räume, appetitliche Probierhäppchen oder echte Stoffe zum Probefühlen – je mehr Sinne involviert sind, desto intensiver ist das Erlebnis und desto stärker erinnern wir uns später noch daran. Schön und gut, doch wie betrifft das unsere Texte? Da haben wir doch nur Buchstaben, die wir sehen und unter Umständen auch hören können.

Ganz einfach: Dein Gehirn hat keine Augen. Es macht keinen Unterschied, ob Du eine Sache wirklich erlebst oder sie Dir nur intensiv genug vorstellst. Kratze bitte jetzt einmal gedanklich fest mit Deinen Fingernägeln über die Tafel Deines früheren Klassenzimmers. So riiichtig schöööön laaaangsam. Und? Wie fühlt sich das an? Dein Gehirn startet sofort einen Film, der auf Deine Innenwelt extrem realistisch wirkt. Stell Dir nun vor, Du schneidest eine saftig-spritzige Limette in vier Teile. Die Duftmoleküle tanzen Tango in Deiner Nase und dann … beißt Du beherzt in eines der Stücke und lutschst den gesamten Saft heraus. Lecker? Drehen wir mal ein paar gute Gefühle ein: Du steigst in eine Badewanne, die randvoll ist mit … Vanillepudding (oder Du nimmst die Geschmacksrichtung Deiner Wahl). Auch wenn ich das noch nie gemacht habe, gibt mir mein Gehirn sofort eine Idee, wie sich dieses etwas andere Aromabad anfühlen könnte, wie es riecht, wie es schmeckt und wie es sich anhört, wenn ich mich in den wabbligen Spaß fallen lasse.

Unterschätze die Kraft Deiner Worte nicht! Du kannst mit ihnen einzigartige Erlebnisse inszenieren. Hier ein bisschen Inspiration für sinnliche Stimulation:

- **Sehen:** trüb, klar, einleuchten, ausmalen, anschauen, Bild, Vision, Horizont, Illusion
- **Hören:** laut, schrill, knistern, stottern, poltern, Stimme, Lärm, Ruhe, Töne, Stille
- **Riechen:** muffig, frisch, faulig, rosig, räuchern, schnuppern, müffeln, Duft, Gestank
- **Schmecken:** lecker, knusprig, saftig, süßlich, sabbern, knabbern, Lippe, Geschmack
- **Fühlen:** griffig, sanft, hart, gleiten, streichen, kribbeln, zerren, Wunde, Druck, Panik

Allein über diesen Ansatz kannst Du Deinen Texten eine besondere Note und viel Emotion verleihen. Frage Dich bei Deinen Beschreibungen: Was kann ich oder meine Zielgruppe hören, sehen, riechen, schmecken und fühlen? Das ist auch ein hilfreicher Denkweg, um in Kombination mit dem ersten Gewürz tiefer hineinzuzoomen. Greife einige dieser Aspekte auf, um die Hirne der Menschen zu stimulieren und das Lesen zu einem runden Genuss zu machen. Einen dieser Sinne darfst Du dabei besonders ins Auge fassen.

Bildhaft hat mehr Kraft

Für viele Menschen sind der auditive und der visuelle Kanal von besonderer Bedeutung, wenn sie Informationen verarbeiten. Die meisten hören beim Lesen eine kleine Vorlesestimme im Kopf. Die versorgen wir mit dem nächsten Gewürz. Erst fokussieren wir uns darauf, neben dem Sound auch die notwendigen Bilder zu liefern. Eine bildgewaltige Sprache aktiviert die Sinne stärker als abstrakte und hochtrabende Begrifflichkeiten. Nicht umsonst heißt es: Bilder sagen mehr als tausend Worte. Meine Antwort darauf:

**Bilder sagen mehr als tausend Worte?
Dann mal doch einfach Bilder
mit Deinen Worten!**

Am besten machen wir aus den Bildern sogar einen Film, denn Bewegtbilder bewegen noch mehr. Wir Menschen drehen von morgens bis abends Filme in unserem Kopf. Übernimm die Regie: Wir bringen großes Kino in kleine Köpfe. Denn die Kapazität vieler Hirne ist heute alles andere als groß. Geringen Aufmerksamkeitsspannen, schnellen Schnitten und modernen Sehgewohnheiten begegnen wir am besten mit Texten, die ebenso bildgewaltig sind. Wenn Du textest, schreibst Du also immer auch Drehbücher für lebendiges Kopfkino.

Dieses Gewürz ist besonders dann sehr willkommen, wenn Du über abstrakte oder komplexe Themen schreibst, die trocken, fade und schwer zu greifen sind. Bilder und Metaphern sorgen in diesen Fällen nicht nur für besseres und schnelleres Verständnis, sondern auch für kürzere Texte.

Bilder machen Abstraktes greifbar und Komplexes einfach.

Damit ermöglichst Du den Menschen, eine Brücke zu ihrem Erfahrungsschatz zu bauen und schnell ein Gefühl dafür zu entwickeln, worum es im Kern Deiner Texte geht. Statt *Ich fühle mich in meinen Entwicklungspotenzialen gehemmt* zu sagen, schreiben wir: *Ich fühle mich wie eine prächtige Pflanze in einem winzigen Blumentopf.* Für ein Coaching zum Thema Gedankenschleifen und Bewusstseinsentwicklung textete ich:

> *Ähnelt Dein Kopfkino einem Horrorfilm? Ängste, Sorgen, fiese Gedanken schubsen Dich herum und stehlen Dir auch die letzten Glücksgefühle? Stopp! Halt! Schnitt! Mach Dir klar: Auch Kopfkino ist nur ein Film – und Du führst Regie! Bereit für ein neues Drehbuch?*

Noch ein paar Beispiele:

› *Mit diesem Sparplan säen Sie die Samen für den Wohlstand Ihres Kindes.*
› *Dieses Hörbuchabo ist die Getränkeflatrate für Deinen Wissensdurst.*
› *Diese Yogamatte ist der Zauberteppich in die Welt der Gelassenheit.*
› *Diese Duftkerze ist eine warme Decke für Geist und Seele.*
› *Dieses Parfum ist eine wilde Sommerparty im Flakon.*

Hast Du einmal ein starkes Bild zum Beispiel rund um die Welt der Pflanzen etabliert, dann bleibe diesem Bild auch im weiteren Text treu. Bringst Du in der nächsten Zeile Metaphern aus dem Bereich der Architektur oder aus der Tierwelt, kann das die Menschen verwirren.

Verben schmeißen das Kopfkino an

Das Verb ist der Muskel des Satzes, heißt es in vielen Schreibratgebern. Ohne kraftvolles Tun-Wort passiert nichts im Text. Der Satz bleibt schlaff, und wir haben ein Standbild im Kopf. Ein Beispiel: *An einem heißen Sommertag zog sich Maria im Rahmen ihres Sonnenbades stärkere Verbrennungen der Hautoberfläche zu.* Ganz schön zum Gähnen, oder? Das kleine Verb *zog* hat kaum Energie und ist mit seiner Aufgabe komplett überfordert. Ähnlich ist es mit Hilfs- und Modalverben wie *haben*, *sein*, *können*, *müssen*, *wollen*, *sollen* und *dürfen*. Sie haben nur wenig Kraft, wirken farblos und öde.

Bringen wir hingegen ein paar stärkere Player ins Spiel, ändert sich alles: *Die Sonne knallte erbarmungslos vom Himmel und brutzelte Marias Haut, während die Schweißperlen über ihren Körper kullerten.* Verstanden?

Wann immer sich Deine Texte fahl und leblos anfühlen, prüfe Deine Verben. Sie sind größte Hebel, um Emotion und Kopfkino in Deine Texte zu bringen.

Vorsicht bei der Wahl der Bilder

Die Beispiele von Tafel, Limette und Vanillepudding zeigen: Sprache aktiviert unsere Vorstellungskraft, die wiederum Bild- und Gefühlswelten zum Leben erweckt. Worte schaffen Wirklichkeiten. Und hin und wieder lohnt es sich, diese genauer unter die Lupe zu nehmen, denn nicht jedes Bild passt auch immer zu Marke und Haltung.

Gerade im Marketing begegnen wir häufig einer martialischen Sprache: *Die Werbung ist eingeschlagen wie eine Bombe. Wir stehen mit Unternehmen XYZ auf Kriegsfuß. Wir müssen noch härtere Geschütze auffahren. Unser Team steht Gewehr bei Fuß. Unsere Kriegskasse ist prall gefüllt* (damit war das üppige Marketingbudget gemeint). In unserer Alltagssprache geraten wir *zwischen die Fronten*, haben ein *Attentat* aufeinander vor oder wollen uns selbst nicht *ins Knie schießen*. Und die Vertriebswelt kennt Bilder, bei denen die Verkäufer *auf die Jagd gehen*, um *fette Beute* zu machen.

Ohne Frage, in dieser Sprache steckt viel Kraft! Sie ist plakativ, hat Wucht, und diese Tonalität kann je nach Marke und Zielgruppe durchaus eine Option sein. Grundsätzlich sollten wir unsere Bilder jedoch sorgsam wählen und uns der Implikationen bewusst sein, die damit einhergehen. Denn ob die Marketingwelt ein Ort der Gewalt und Bedrohung ist, an dem die Zielgruppe zum Opfer oder zur Beute wird – all das liegt in unserer Hand, in unseren Worten und zwischen den Zeilen. Übrigens verstehe ich die *Zielgruppe* nicht als die Menschen, die wir ins Visier nehmen, sondern die wir gemeinsam an ein Ziel bringen wollen.

Unsere Sprache offenbart unsere Haltung, und die Menschen behalten in Erinnerung, wie sie sich in Verbindung mit uns und unserer Marke gefühlt haben. Eine aggressive Grundstimmung kann zum Handeln bewegen, doch gleichzeitig einen beklemmenden Beigeschmack hinterlassen.

Dann benutzen wir doch lieber originelle Metaphern aus Sport, Natur oder Gastronomie. Buchstabenbuffets, leckere Texte und knusprige Copy sind nicht nur friedlicher (solange Du keine Unverträglichkeiten hast), sondern auch deutlich kreativer! Mit der Wahl Deiner Sprachbilder kannst Du aus dem generischen Jargon Deiner Branche ausbrechen, Persönlichkeit zeigen und deutlich besser in Erinnerung bleiben.

GEWÜRZ 3:
RHYTHMUS – DER PULS DEINER SÄTZE

Als Schlagzeuger liegt mir dieses Gewürz besonders am Herzen, denn es ist raffiniert und entfacht seine Wirkung auf subtile Weise unter der Oberfläche. Ob Du es nun Pulsschlag, Singsang oder einen dynamischen Rhythmus nennst, im Kern geht es darum, Deiner Sprache Leben einzuhauchen.

Lass uns folgendes Beispiel betrachten:

> *Bestimmt hast Du auch schon mal erlebt, dass einige Texte nicht wirklich aktivierend klingen, sondern aufgrund ihres Satzbaus und der Wortwahl sogar eine einschläfernde Wirkung haben können, die insbesondere im Marketingkontext durchaus verheerend sein kann, weil sich die Menschen gelangweilt von Dir ab- und dem Mitbewerber zuwenden, obwohl dessen Angebot eine deutlich geringere Qualität aufweist.*

Kribbelt da was bei Dir? Die meisten Hirne ergreifen bei solchen Konstrukten die Flucht. Manchmal gibt es sogar Sätze, die wir fünfmal lesen, und doch schalten wir dabei immer wieder ab. Das Problem: Der Text hat keinen Flow. Er wirkt bieder, blass, behäbig und bürokratisch.

Wenn die Menschen ausreichend motiviert sind, kämpfen sie sich auch durch so einen Satz. Doch häufig begegnen uns diese Ungetüme gleich zu Beginn eines Textes und bremsen uns ordentlich aus. Mir geht es hierbei nicht nur um die Satzlänge. Denn auch, wenn wir mittendrin einen Punkt setzen, sorgt das nicht für mehr Pepp. Was Satz- und Textlänge angeht, gilt grundsätzlich: Gerne lang, aber niemals langweilig!

Du weißt: In der Werbung wollen wir es den Menschen so leicht und unterhaltsam wie möglich machen, in unsere Texte einzutauchen. Sie sollen es genießen, von einem Wort zum nächsten zu gleiten. Hier kommt der Rhythmus ins Spiel. Nimm folgenden Text als Vergleich:

Blass, bieder und behäbig – die meisten Werbetexte langweilen! Sie beantworten Fragen, die niemand stellt. Die Menschen schalten ab – und hauen ab. Wohin? Meist direkt in die Arme des Mitbewerbers. Der bietet vielleicht nicht annähernd die gleiche Qualität, doch allein seine Sprache fühlt sich anders an – leicht, frisch und aufregend. Dieses Gefühl färbt auch auf Marke und Angebot ab.

Spürst Du den Unterschied? Wir portionieren die Botschaft und starten mit knackigen Appetithappen. Erinnere Dich an diese Songs, bei denen Du schon nach den ersten Sekunden mit dem Fuß zur Musik wippst. Unser Ziel ist ähnlich: Die Worte sollen mit dem Hirn der Menschen Tango tanzen. Einige kurze Sätze stimmen uns erstmal ein. Meine Faustregel für einen effektvollen Einstieg: zweimal kurz, einmal lang. Wir liefern zwei kurze Sätze, die das Gehirn leicht snacken kann. Es ist, als würde es Anlauf nehmen, um anschließend leichter und motivierter durch einen längeren Satz zu gleiten. Diese Variation sorgt für Dynamik. Denn auch kurze Sätze sind nicht immer besser. Übertreiben wir es mit ihnen, entsteht ein wildes Stakkato. Die Sprache wirkt abgehakt und monoton – fast so, als würde sie stottern. Wenn Du diesen Effekt bewusst erzielen willst, dann ist das natürlich willkommen. Ich nutze ihn zum Einstieg, weil er Tempo erzeugt und die Botschaft kraftvoll, selbstbewusst und aufmerksamkeitsstark wirken lässt.

Neben der Länge kannst Du übrigens auch die Art der Aussage variieren. Lockere zum Beispiel den Trott des Textes mit einer Frage oder einer starken Behauptung auf. Ausrufe- und Fragezeichen bereichern den Text nicht nur visuell, sondern insbesondere die Fragen spielen den Ball auch unserem Gegenüber zu. Die Menschen fühlen sich beim Lesen deutlich stärker aktiviert, weil Du ihre Gehirne immer wieder mitdenken lässt.

Eine letzte – fast nerdige Feinheit – liegt in knackigen Aufzählungen. Wie wäre es, wenn ich die Reihenfolgen der drei Worte zu Beginn des Beispiels oben ändern würde? Statt *blass, bieder und behäbig* könnte ich auch *bieder, behäbig und blass* schreiben. Insbesondere, wenn Du das laut liest (und das tun die meisten Menschen in ihrem Kopf), holpert die Sprache und fließt längst nicht so geschmeidig wie zu Beginn. Hast Du erkannt, woran es liegt? Genau! Die Silbenzahl der Worte ist der Schlüssel. *Blass* ist einsilbig, *bieder* hat zwei Silben und *behäbig* drei. Ähnlich wie bei der Satzlänge sortieren wir die Worte so, dass wir leicht starten und das Komplexere nach hinten verschieben, damit es möglichst leicht verdaulich ist. Ich starte mit den kleinen Happen und ende mit dem Hauptgang. Übrigens rate ich bei Aufzählungen,

Dich entweder für drei oder fünf Punkte zu entscheiden. In unseren Kulturkreisen sorgt vor allem der Dreiklang für ein Gefühl der Vollständigkeit und Stimmigkeit.

Ein starker Rhythmus fesselt vom ersten Wort an und saugt die Menschen tiefer in Deinen Text hinein. Und auch hier gilt: Deine Kochkunst, Deine Würze. Wenn Du magst, kannst Du einen besonderen Singsang sogar zu einem unverkennbaren Stilmittel machen.

Hier nochmal kurz und knackig, wie Du Deiner Sprache einen lebendigen Puls verleihst:

› Starte locker mit der Faustformel: **zweimal kurz, einmal lang**.
› Variiere in der Satzlänge, **unterbrich mit Fragen** und starken Statements.
› Setze **längere Worte ans Ende** Deiner Aufzählungen.
› Nutze den **Dreiklang** für ein Gefühl der Vollständigkeit.

GEWÜRZ 4:
STILMITTEL – REIME UND ALLITERATIONEN

Wenn Du in Deiner Schulzeit auch Gedichte pauken durftest oder schon mal einen Songtext auswendig gelernt hast, dann sind diese Stilmittel Deine Freunde. Denn Reime und Alliterationen sorgen dafür, dass Deine Texte ein Lächeln im Hirn hinterlassen. Die Menschen haben mehr Spaß beim Lesen und können sich die zentralen Gedanken leichter merken.

Insbesondere gelernte Reime unterstützten unser Gehirn dabei, wichtige Worte fast automatisch zu ergänzen. Die folgenden Slogans erschließen sich Dir wahrscheinlich intuitiv:

› *Bonduelle, Bonduelle, der famose Frischequell.*
› *3, 2, 1 – meins!* (Ebay)
› *Haribo macht Kinder froh und Erwachsene ebenso.*
› *Jederzeit griffbereit* (Nutella)
› *Almighurt von Ehrmann. Keiner macht mich mehr an.*

Ich reime wahnsinnig gerne in meinen Texten – zum Beispiel mit meinen Perlen: *Copywriting ist das Know-how für mehr Wow, Bildhaft hat mehr Kraft.* Oder wenn ich im Bereich meiner Kundenstimmen einlade: *Werde Teil der Crème de la Bähm!* Noch markanter ist in meinem Stil hingegen die zweite Variante dieses Gewürzes: die Alliteration. Du kannst gleich gerne einmal zurückblättern und all die Fälle aufspüren, in denen ich dieses Mittel eingesetzt habe.

Während sich der Reim am Ende des Wortes zeigt, bezieht sich die Alliteration auf seinen Anfang. Es geht darum, dass mindestens zwei Wörter innerhalb einer Wortgruppe den gleichen Silbenanlaut haben oder auch schon mit dem gleichen Buchstaben beginnen.

Ein paar bekannte Beispiele:

- *Gelb. Gut. Günstig.* (Yello Strom)
- *Lidl lohnt sich.*
- *Boss Bottled* (Hugo Boss)
- *Geiz ist geil.* (Saturn)
- *Wir lieben Lebensmittel.* (Edeka)

Du kennst dieses Stilmittel auch aus anderen Bereichen Deines Lebens – zum Bespiel vom Zungenbrecher »Fischers Fritz fischt frische Fische« oder von Figuren wie Bibi Blocksberg, Benjamin Blümchen, Willy Wonka oder Peter Parker.

Locker, leicht und lebendig – die Alliteration erzeugt einen Rhythmus, der sich stimmig anfühlt und sich einprägt. Die Worte gehören klanglich zusammen, erzeugen eine harmonische Einheit und hinterlassen auf gewisse Weise ein Gefühl der Zufriedenheit. Außerdem kann Dir die Suche nach Alliterationen einen gewaltigen Kreativitätsschub geben, weil die Worte Deine Gedanken in originelle Richtungen lenken und Dich empfänglich machen für Kombinationen, die ansonsten nicht so naheliegen.

Dieses Gewürz eignet sich daher hervorragend, um Kernbotschaften, Claims und Slogans zu zieren oder sogar Produkt- oder Markennamen zu entwickeln, wie es etwa PayPal, TikTok und Gustavo Gusto vormachen.

Zum Abschluss jedoch eine WARNUNG: Alliterationen und Reime können Deinen Text auflockern und ihm eine spielerische Note verleihen. Übertreibst Du es hingegen damit, können Deine Worte unseriös, künstlich und anstrengend wirken.

GEWÜRZ 5: **POWERWÖRTER MIT SUPERKRÄFTEN**

Die Idee der sogenannten Powerwörter ist so alt wie das Copywriting selbst. Nicht alle Wörter sind gleich. So pflegten viele Werbeikonen Listen von Wörtern, die nach ihrer Erfahrung besondere Superkräfte hatten. Dazu zählen zum Beispiel *neu*, *jetzt*, *plötzlich* und *kostenlos*. Verdrehst Du gerade die Augen und kannst die besondere Wirkung kaum glauben? Mir ging es ähnlich. Doch auch wenn diese Wörter unseren bewussten Verstand vielleicht nicht mehr kitzeln, zeigen A-B-Tests immer wieder, dass sie dennoch auf unterschwelliger Ebene eine besondere Magie entfachen können. Das liegt unter anderem daran, dass die meisten Powerwörter sehr emotionsgeladen sind.

In der Copywritingwelt findest Du eine Liste nach der anderen von vermeintlichen Powerwörtern. Ich lege Dir jedoch ans Herz, erst zu prüfen, ob diese auch zum Angebot und zur Marke passen. Wenn Du nur eine Sache aus diesem Kapitel mitnimmst, dann lass es diese sein: Synonyme gibt es nicht. Jedes Wort hat eigene Assoziationswelten im Gepäck und kann Deinem Text eine andere Farbe verleihen.

Wenn Du diese verblüffende Wirkung am eigenen Leib spüren willst, lies gerne nacheinander die folgenden Wörter und lass jedes einzelne ein paar Sekunden in Deiner Innenwelt widerhallen: *Freiheit*, *Unabhängigkeit*, *Autonomie*, *Selbstbestimmung*. Auch wenn diese Wörter in gewissen Kontexten austauschbar wären, bedeuten sie doch niemals exakt das Gleiche. Schärfst Du Dein Feingefühl für das Leben der Worte, kannst Du gezielt die Kandidaten mit Superpower für Deinen Kontext casten und Fehlbesetzungen vermeiden.

Die Powerwörter *außergewöhnlich*, *dramatisch* und *bombastisch* können zum Beispiel hervorragend auf eine abenteuerlustige Zielgruppe im Freizeitpark wirken, doch sie passen weniger zur seriösen Markteinführung eines neuen Medikaments. Ähnlich wie bei den anderen Gewürzen gilt also auch hier: Setze sie bewusst und dosiert ein. Übertreibst Du es mit ihnen oder vergreifst Du Dich im Wort, bekommt Dein Text einen faden Beigeschmack.

Hier eine feine Auswahl an kraftvollen Worten aus meinem Repertoire. Ich habe sie für Dich in Themenblöcke zusammengefasst. Genieße insbesondere die erste Kategorie mit Vorsicht. Denn starke Emotionen können zwar Neugier wecken, doch mit einem sensationellen bis reißerischen Beigeschmack gleichzeitig auch das Niveau senken.

- **Neugier:** absurd, affig, außergewöhnlich, begehrt, bemerkenswert, bescheuert, berühmt, dreist, gefürchtet, geizig, genial, Geständnis, gewaltig, gierig, jähzornig, kurios, lächerlich, launisch, legendär, mitreißend, mysteriös, neuartig, peinlich, rätselhaft, schockiert, seltsam, sensationell, skandalös, Trick, überraschend, überlegen, übertrieben, überwältigend, unfassbar, verabscheuend, verblüffend, verlockend, verrückt, verpönt, verdorben, widerlich, wütend, zornig.

- **Sicherheit:** anerkannt, Anleitung, ausführlich, beliebt, Beweis, bewährt, definitiv, durchdacht, Erfahrung, empfehlenswert, Experte, Fakten, Forscher, Garantie, getestet, gewissenhaft, Gewährleistung, glaubwürdig, Grund, handfest, idiotensicher, intelligent, kontrolliert, Methode, Plan, Prinzip, risikofrei, Schutz, Siegel, stabil, Strategie, Studie, System, Testsieger, Verantwortung, verifiziert, verlässlich, Versprechen, zertifiziert, zuverlässig.

- **Wirkung:** ausgezeichnet, boomen, effektiv, explodieren, fesselnd, hundertprozentig, imposant, kraftvoll, meistern, preisgekrönt, profitabel, progressiv, renommiert, revolutionär, rührend, sensationell, sofort, ultimativ, überdurchschnittlich, überlegen, unvergesslich, unvergleichlich, unwiderstehlich, verführerisch, verkaufsstark, visionär.

- **Prestige:** außergewöhnlich, begehrt, bedeutsam, beispiellos, brillant, edel, elegant, erlesen, erstrahlen, exklusiv, exquisit, exzellent, feierlich, fein, gefragt, gehoben, geistreich, geschmackvoll, grandios, kunstvoll, limitiert, luxuriös, makellos, nobel, prachtvoll, premium, rar, sagenhaft, schön, schillernd, selten, stilvoll, unübertroffen, wertvoll.

- **Gefahr:** Abzocke, Albtraum, Blamage, Depp, Drama, dumm, Fehler, Falle, fatal, Folter, Frust, gefährlich, grausam, hässlich, hinterlistig, katastrophal,

Lüge, No-Go, Panik, Reinfall, Risiko, schlimm, schmutzig, skandalös, skrupellos, Tabu, Warnung.

Du hast bestimmt längst erkannt, dass einige dieser Wörter für Dich nicht infrage kommen, weil sie Deinem Stil, Deiner Reputation und Deiner Glaubwürdigkeit schaden würden. Daher betone ich gerne nochmal, wie wichtig es ist, dass die Tonalität zu Zielgruppe, Thema und Marke passt.

Für den Fall, dass Du einen frischen und verspielten Stil wie ich pflegen willst, teile ich noch meine persönlichen Leckerbissen mit Dir. Es sind Powerwörter der besonderen Art, die auffallen und Akzente setzen können.

› **(Umgangssprachliche) Seltenheiten:** Brimborium; Chichi; dalli, dalli, Dingsbums; etepetete; Firlefanz; Flitzpiepe; Gedöns; Hackerzacker; heiapopeia; Heidewitzka, heiopei; Hickhack; Hokuspokus; Holla, die Waldfee; hoppala; Kakofonie; Kappes; Kauderwelsch; Kinkerlitzchen; Klimbim; Kladderadatsch; Krickelkrakel; Krawall; Kuddelmuddel; Kokolores; Larifari; Manometer; Mumpitz; papperlapapp; Pillepalle; Potpourri; Rambazamba; Remmidemmi; Schnickschnack; Schabernack; schwuppdiwupp; Tohuwabohu; Trallafitti; Trallala; tschakka; Tuttifrutti; winke winke; Wischiwaschi.

› **Lautmalerei:** aua, autsch, boom, boing, doing, eurk, hmpf, huiiiii, ka-ching, keuch, kikeriki, knack, knirsch, kuckuck, määh, oh, peng, ping, platsch, plopp, psst, puh, seufz, ticktack, uff, uga-uga, wow, wrumm, wuff, wumms, zack, zack, zisch, zzz.

Mit ihrer amüsanten Schreibweise und dem eingängigen Sound sorgen diese Wörter für ein Lächeln im Hirn. Viele von ihnen kennen wir aus unserer Kindheit, haben sie jedoch länger nicht mehr gehört. Ihre besondere Kraft liegt außerdem darin, dass wir sie im Kontext eines Verkaufstextes nicht erwarten würden. Damit eignen sie sich hervorragend als Musterunterbrecher, die die Aufmerksamkeit auf sich ziehen.

Die Kraft dieser Kandidaten liegt zudem darin, dass sie Werte, Haltung und Persönlichkeit zwischen den Zeilen durchscheinen lassen können. Sie sind ein Zeichen für frischen Wind und machen deutlich: Hier spricht und denkt jemand sehr unkonventionell. Statt einfach zu behaupten, wir würden anders denken und aus dem Einheitsbrei ausbrechen, können wir diesen Anspruch mit gut gewählten Worten unmittelbar erlebbar machen, sodass die Menschen denken: »Wow! Die sind in ihrer Sprache so frisch und kreativ – die werden mich gewiss auch in der Zusammenarbeit mit ihrer unkonventionellen Art begeistern.«

Wenn Deine Haltung und Dein Branding bereits etabliert sind, kannst Du noch mit einer weiteren Kategorie von Powerwörtern experimentieren: Eigenkreationen. Du erschaffst also eigene Wörter, die Deine Sprachwelt bereichern. Die Wörter wirken wie ein Wasserzeichen für Deine Texte. Ein solcher Brandingwortschatz zeigt Haltung, hebt Dich von der Masse ab und verbindet Dich auf einzigartige Weise mit Deiner Community. Denn nur der enge Kreis kennt die Wörter, und dieser Wissensvorsprung schweißt zusammen. Hier ein paar Perlen aus meiner Welt, von denen Du der ein oder anderen gewiss schon begegnet bist. Ich nutze bei meinen Eigenkreationen gerne die Binnenversalie, also Großbuchstaben im Wort, weil sie noch rebellischer wirken.

- **LarifariFaktor:** der Grad an inhaltsleeren und ausgelutschten Phrasen eines Textes (gemessen durch das LariFariFaktometer)
- **WischiwaschiWorte:** ein Ausdruck, der herumeiert und nicht zum Punkt kommt
- **EtepeteteTexter:** Kolleginnen und Kollegen, die kleinkariert, unentspannt und zuweilen sehr bieder ans Texten herangehen
- **Yummtastisch:** Adjektiv für besonders leckere Wort- und Buchstabenkombinationen
- **GedankenSafari:** einfach drauflostexten und ein Thema schreibend erkunden
- **GehirnGassi:** der Spaziergang nach intensiver Textarbeit, um das Unterbewusstsein zu stimulieren, damit es seine kleinen Wunder vollbringen kann.
- **GehirnGaren:** die Saunavariante des GehirnGassis
- **Stock-im-Po-Marketing:** öde, biedere und verklemmte Werbung ohne Seele und Persönlichkeit

Wie Du auf solche Wörter und Ideen kommst? Ganz einfach: texten. Ich rate davon ab, sich darauf zu verkrampfen, einen eignen Wortschatz entwickeln zu wollen. Das führt nach meiner Erfahrung häufig dazu, dass die Sprache künstlich wirkt und nicht so richtig klick macht. Sämtliche meiner Ideen kommen mir während des Schreibens, wenn ich aus der starken Haltung einer Marke heraus arbeite und mich frage: Wie würde diese (Marken-)Persönlichkeit das Thema kompromisslos und unverfälscht in

Worte fassen? Ich nehme mich dabei selbst nicht zu ernst, sondern denke gelassen aus einer verschmitzten und leicht provokativen Grundstimmung heraus. Wie klingst Du, wenn Du unverfälscht Du bist?

Mein GehirnGassi war zum Beispiel lange vor dem Wort schon eine feste Routine in meinem Tagesablauf. Nachdem ich morgens von 6 bis 8 Uhr in die Tasten gehauen habe, löse ich mich von der Arbeit und gehe raus an die frische Luft. Dabei meinte mal einer meiner Nachbarn: »Youri, Du brauchst einen Hund!« Worauf ich konterte: »Ich habe doch schon Begleitung! Ich gehe mit meinem Gehirn Gassi!« Du merkst also: Die großen Ideen liegen draußen auf der Straße. Und jetzt, da Du weißt, wonach Du suchst, springen sie Dich von allein an.

TEIL II

DENKEN

DIE GEDANKEN SORTIEREN

Schreiben ist veredeltes Denken.
– Stephen King

Schreiben heißt, Innenwelten nach außen bringen. Je geordneter unsere Gedanken sind, desto schärfer und facettenreicher können unsere Worte den Kern eines Themas treffen.

Die Copywriting-Legende Eugene Schwartz soll mal in einem Interview gesagt haben: »Verkaufstexte werden nicht geschrieben, sie werden zusammengesetzt«[4] (meine Übersetzung). Für ihn bestanden Texte aus Bausteinen, die wir zu bestimmten Strukturen kombinieren, um damit Kauflaune, Vertrauen und Verlangen zu wecken. Exakt nach diesem Prinzip kochen wir auch mit den folgenden sieben Zutaten. Wir legen sie uns erst gedanklich zurecht, um sie anschließend zu Texten zu kombinieren, die nicht nur lecker, sondern auch überzeugend sind.

Die Reihenfolge der Zutaten ist dabei nicht zufällig gewählt. Eine baut auf der anderen auf, und in genau dieser Reihenfolge steige ich als Texter ein, wenn ich mich mit einem neuen Thema vertraut mache. Auch wenn ich aus Platzgründen nicht seitenweise Werbetexte einbringen kann, habe ich ein Beispiel skizziert, das erlebbar macht, wie ich die sieben Zutaten in die Praxis übertrage. Ich lade Dich ein, diesen zweiten Teil des Buches mit einem Deiner Projekte im Hinterkopf zu lesen, Deine Gedanken dazu zu sortieren und mit ersten Texten zu experimentieren. Meine Strategie der sieben Zutaten befasst sich nicht mit Produktentwicklung und Zielgruppendefinition, sondern setzt voraus, dass Du bereits ein wertvolles Angebot hast und damit idealerweise schon sauber positioniert bist. Ist das noch nicht 100-prozentig der Fall, ist das auch kein Problem. Du wirst feststellen, dass Copywriting, Positionierung und Produktoptimierung in enger Wechselwirkung stehen und sich gegenseitig befruchten. Beim Schreiben stellst Du Dir Fragen, deren Antworten auch Dein Markenprofil schärfen und Dich zu neuen Angeboten inspirieren können.

Übrigens: Wenn Teil II den Titel *Denken* trägt, ist damit nicht nur die kognitive Analyse gemeint, sondern auch sehr viel Hineindenken und Einfühlen. Herz, Hirn und Bauch sind bei dieser Arbeit unsere wichtigsten Werkzeuge.

ZUTAT 1: **TRANSFORMATION**

Schreibe entweder etwas Lesenswertes oder tue etwas Schreibenswertes.
– Benjamin Franklin
(Meine Übersetzung)

Bei allem, was wir im Verkauf texten, steht im Kern eine Transformation – eine Veränderung in Richtung eines besseren Lebens. Genauso ist es bei diesem Buch: Du investierst Geld, Zeit und Vertrauen, um zu einem bestimmten Ergebnis zu gelangen. Jede Transformation besteht aus vier Elementen:

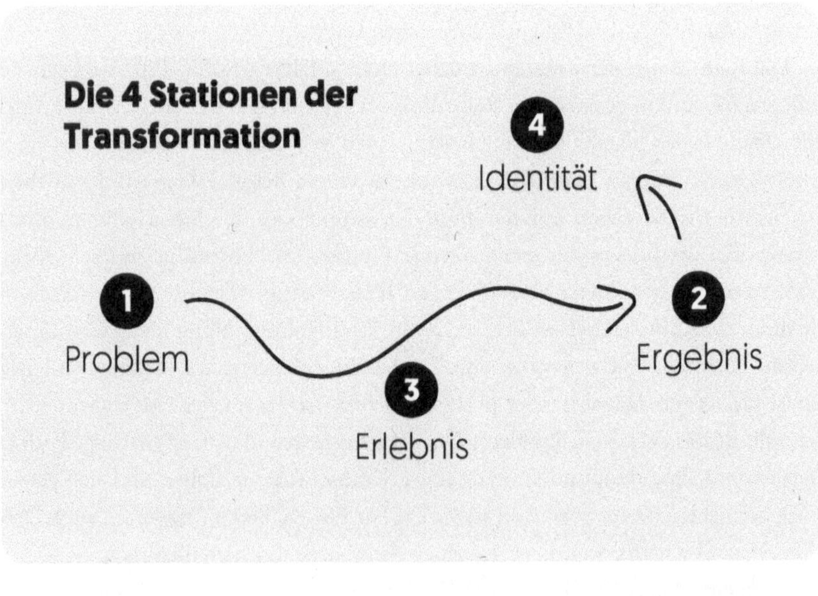

1. Das **Problem:** Wir holen die Menschen dort ab, wo sie stehen. Das kann auch ein Wunsch sein oder ein Schmerz, der sie gerade plagt.
2. Das **Ergebnis:** Wir bringen die Menschen an ein erwünschtes Ziel.

3. Das **Erlebnis:** Wir begleiten die Reise vom einen Punkt zum anderen.
4. Die **Identität:** Die Menschen durchlaufen auf der Reise eine Verwandlung.

Wenn wir texten, veranstalten und begleiten wir also Transformationsreisen. Diese Metapher unterstützt uns, unsere Gedanken zu sortieren und schnell zum Kern eines Themas vorzudringen. Lass uns diese vier Aspekte genauer betrachten.

Wir wollen ein *Problem* lösen.

Alles beginnt mit einem Problem. Kein Held der Welt ist jemals ohne Grund ins Abenteuer gestartet. Ein Problem, ein Schmerz oder eine Sehnsucht treibt die Figur aus dem gewohnten Trott auf die Reise zu neuen Zielen. Aus ähnlichen Gründen kommt auch unsere Zielgruppe zu uns.

Frage Dich also zum Start: Was ist das eine zentrale Problem, das Du mit Deinem Angebot löst? Je wichtiger und dringender dieses Problem für die Menschen ist, desto motivierter sind sie, es zu lösen, und desto mehr sind sie auch bereit zu investieren.

Der Copywriter Joseph Sugarman erläutert das am Beispiel von Prävention und Heilung.[5] Wenn es darum geht, körperlichen Problemen vorzubeugen, können sich viele Menschen nur schwer aufraffen, überhaupt Zeit und Geld zu investieren. Stecken sie jedoch mitten in einem akuten Schmerz, sind sie bereit, fast jeden Preis für eine Heilung zu zahlen, um so schnell wie möglich dort herauszukommen. Denn je dringender das Problem ist, desto wertvoller wirkt die Lösung auf uns. Und je intensiver der Schmerz ist, desto wohltuender ist die Linderung.

Wir werden diesen Aspekt in Zutat 2 noch vertiefen.

Wir kaufen immer ein *Ergebnis.*

»Was schreibe ich in meine Texte, wenn ich nur wenige Worte zur Verfügung habe?« Diese Frage brennt vielen Menschen in meinen Kursen unter den Fingern. Die Antwort: Fokussiere Dich auf das Endergebnis. Das ist der Schlüssel, um präzise und wirkungsvoll zu texten, auch wenn Du nur sehr wenig Raum zur Verfügung hast. Denn das Endergebnis ist der Grund, warum Menschen die Transformationsreise angehen. Sie kaufen keine Termine, Produkte oder Dienstleistungen, und sie bezahlen auch nicht für Stunden- oder Tagessätze, sondern sie investieren immer in ein Ergebnis, das ihr Leben auf eine ganz bestimmte Weise bereichert. An diesem Ergebnis bemisst sich der Wert. Der ist eine subjektive Sache. Je mehr das Ergebnis für die Menschen bedeutet, desto mehr sind sie bereit zu investieren.

Wir kaufen zum Beispiel kein Sofa, sondern Komfort, Lebensgefühl und entspannte Momente. Wir kaufen keine Luxusbekleidung, sondern Status, Geltung oder Schönheit. Wir kaufen keinen Staubsauger, sondern eine saubere Wohnung. Wir kaufen nicht die Gesichtscreme, sondern eine gesunde Ausstrahlung.

Einige Marken tragen dieses Ergebnis sogar im Claim, zum Beispiel die Freude. Coca-Cola warb einige Jahre mit dem Claim *Mach Dir Freude auf*, BMW verkauft *Freude am Fahren* und die Marke *Haribo macht Kinder froh und Erwachsene ebenso.*

Hinter jedem Kauf steht der Wunsch nach einem Ergebnis. Dieses Resultat wollen wir in Worte kleiden – und zwar so, dass die Menschen sagen: »Ja, genau das will ich! Du hast mich verstanden!«

Aus diesem Grund lautet unsere zweite Frage zu Beginn eines Textes oder eines neuen Projekts: Wie macht unser Angebot das Leben der Menschen besser oder anders? Was ist das Endergebnis für die Zielgruppe? Die Frage mag banal wirken, doch sie hat es in sich! Ohne eine klare Antwort kann sich das Texten anfühlen, als würden wir durch ein Labyrinth irren. Haben wir diese Essenz jedoch erst einmal destilliert, können wir sie deutlich leichter mit unseren Worten aufgreifen.

Gerade wenn wir uns schon länger mit einem Angebot oder Thema beschäftigen, verzetteln wir uns gerne in Feinheiten und verlieren das Ergebnis aus dem Blick. Daher lohnt es sich, regelmäßig herauszuzoomen und die Ergebnisperspektive einzunehmen. Sie ist der beste Weg, um Komplexität zu reduzieren und greifbar zu machen, worum es überhaupt geht. Ein starkes **Ergebnisversprechen** bringt unsere gesamte Angebotswelt auf den Punkt und saugt die Menschen tiefer in den Text hinein.

Das lohnt sich übrigens nicht nur auf konzeptioneller Ebene, sondern auch bei jedem einzelnen Text, den wir im Alltag schreiben. Denn wenn uns die Muse küsst und die Worte fließen, können die Gedanken schon mal mit uns durchbrennen. Eine Idee jagt die andere, und der Text wächst, bis wir uns plötzlich im Buchstabenwirrwarr verlaufen und aus den Augen verlieren, was überhaupt unser Ziel ist. Sollen die Menschen sich ein Video anschauen, einen Kommentar hinterlassen, einen Termin buchen oder direkt etwas kaufen? Wollen wir zu viel auf einmal, endet das meist in Überforderung und Verwirrung. In dieser Situation erdet uns die Frage: Was will ich eigentlich sagen? Was soll mein Text erreichen? Was ist das Ziel?

Kein Ergebnis ohne *Erlebnis*

Auf dem Weg zwischen Start- und Zielpunkt unserer Transformation erwartet uns immer auch ein Erlebnis. Das können wir betonen, um uns vom Markt abzuheben und einen einzigartigen Platz im Kopf der Zielgruppe zu belegen. Große Marken und Premiumanbieter haben den Wert längst erkannt, besondere Erlebnisse zu inszenieren und uns eine Transformationsreise anzubieten, die ihresgleichen sucht.

Wenn ich zu Starbucks gehe, trinke ich dort nicht nur einen Kaffee, sondern erlebe einen kleinen, sehr persönlichen Kurzurlaub vom Alltag. Bei meinem Lieblingsitaliener habe ich das Gefühl, ich wäre für ein paar Stunden in den Süden geflogen. Ich nutze manche Softwarelösungen und Onlineshops lieber als andere, weil ich die Benutzeroberfläche schöner finde und mehr Spaß beim Stöbern habe. Und der Kult rund um Unboxing-Momente, also das Auspacken eines Produkts, ist ein Paradebeispiel dafür, bis in welche Detailtiefen wir Erlebnisse inszenieren können.

Frage Dich also: Wie könntest Du das Erlebnis bei Deinem Angebot inszenieren, um es in Deinem Marketing auch besonders hervorheben zu können? Was macht das Erlebnis bei Dir so besonders, dass Dein Angebot im direkten Vergleich mit anderen klar hervorsticht?

Wir kaufen eine *Identität*

Bei einer Transformationsreise winkt am Ziel nicht nur ein wertvolles Endergebnis, sondern auch eine neue Identität. Alles, woran Du arbeitest, arbeitet auch an Dir. Hollywood liefert uns beste Beispiele: Ob Frodo Beutlin aus *Der Herr der Ringe*, Harry Potter oder Katniss Everdeen aus *Die Tribute von Panem* – all diese Figuren verändern sich im Laufe ihrer Reise und sind am Ziel nicht mehr die, die sie noch am Anfang waren.

Auf ähnliche Weise können wir die Entwicklung unserer Zielgruppe im Marketing auf heldenhafte Weise darstellen, indem wir die ersehnte Identität in Worte kleiden.

Wir kaufen nicht nur, was wir haben wollen, sondern vor allem, wer wir sein wollen.

Eine Identitätsbezeichnung ist viel stärker, als lediglich die Veränderung oder das Verhalten zu betonen, doch sie ist für unsere Texte nicht zwingend, sondern ein Nice-to-have. Ich spreche zum Beispiel gerne davon, dass Du mit diesem Buch und meinen Programmen nicht nur besser *textest*, sondern zum *Textgenie* wirst. Unsere Worte entwickeln eine ganz andere Kraft, wenn wir die Identitätsebene adressieren. Das gilt übrigens auch im Negativfall: Ob ich ein Spiel *verliere*, oder ein *Verlierer* bin, macht einen gewaltigen Unterschied. Ähnlich ist es, wenn ich Dir jemanden als *kreativ* oder als *kreative Urgewalt* vorstelle. Genauso arbeiten wir in der Hypnose: Es geht nicht darum, mit dem Rauchen *aufzuhören*, sondern zum *Nichtraucher* zu werden. Können sich die Menschen mit dem Zielbild identifizieren, gelingt auch die Veränderung auf der Verhaltensebene leichter und nachhaltiger.

Dieser Denkschritt fällt in der Praxis häufig unter den Tisch, obwohl er gewaltiges Potenzial für unser Marketing birgt: Wir wecken damit Begehrlichkeiten, schaffen ein Gefühl der Zugehörigkeit und sichern uns obendrein noch eine einzigartige Zielgruppenansprache.

Die Identitätsbezeichnung katapultiert uns mit einem Wort in die Zukunft und verändert damit unsere Perspektive. Wir können erkennen und bewerten, was die Veränderung oder ein Verhalten langfristig mit uns macht. Gefällt uns das, empfinden wir die Bezeichnung als stimmig und anziehend.

Weil dieser Denkschritt so erhellend ist, lohnt es sich übrigens grundsätzlich, bei wichtigen Entscheidungen im Leben nicht nur zu fragen: »Will ich das?« Viel wertvoller kann die Frage sein: »Zu wem würde mich das machen?« Und: »Gefällt mir diese Identität?«

Dieses Spiel mit den Identitäten ist außerdem so kraftvoll, weil es unsere instinktive Sehnsucht nach Teilhabe aufgreift. Wir Menschen sind von Natur aus Herdentiere und wollen zu einer Gruppe dazugehören. Diese verspricht uns Schutz, Stabilität und jede Menge weitere Vorteile. Die Angst, zum Außenseiter zu werden, ist tief in uns verwurzelt, denn der Ausschluss aus der Gruppe bedeutete lange Zeit den sicheren Tod. Familien- und Freundeskreise können auch heute noch das Gefühl einer Herdenzugehörigkeit in uns auslösen. Und selbst in Zeiten wachsender Individualität kann eine Marke oder ein Angebot einen eigenen Kosmos schaffen, der ein starkes Gefühl der Zugehörigkeit weckt. In der Identität steckt also auch Brandingpotenzial.

Im Umgang mit Identitätsbezeichnung und Zugehörigkeitsgefühlen bieten sich uns in der Praxis drei verschiedene Möglichkeiten:

1. Die **Zielidentität** (aufstrebend): Zu wem werden die Menschen, wenn sie auf unser Angebot vertrauen? Oder noch direkter: Wer/Wie wollen sie sein? Diese Identität kann schmeicheln, weil sie – wie zum Bespiel das *Textgenie* – den Status der Zielgruppe erhöht und ihr Selbstbild bereichert. Der Gartenratgeber Wurzelwerk spricht seine Community schon mal mit *Gemüse-* oder *Gartengurus*[6] an und die Künstlerin und Storytelling-Expertin Miriam Risse nennt ihre Community *Business Buddhas.*[7] Die Alliterationen machen diese beiden Beispiele besonders lecker. Die *Frankfurter Allgemeine Zeitung* arbeitete in ihren Werbekampagnen mit der Leitidee *Dahinter steckt immer ein kluger Kopf.*[8] Die Aussicht auf eine solche Identität und Zugehörigkeit kann Begehrlichkeiten wecken. Einige Marken laden uns dazu ein, zu *Insidern* zu werden und damit besondere Privilegien zu genießen. In manchen Fällen brauchen wir diese Identität nicht einmal in Worte zu fassen, sondern sie wirkt auf elegante Weise unterschwellig. Die legendäre Think-different-Kampagne von Apple richtete sich mit der Botschaft *Here's to the crazy ones. The misfits. The rebels. The troublemakers*[9] an alle, die auf kreativ-verrückte Weise anders denken und aus den gewohnten Bahnen ausbrechen. Indem wir Apple-Produkte kaufen, reihen wir uns ein in eine lange Tradition großer Genies.

2. Die **Erlebnisidentität** (assoziativ): Hierbei fokussieren wir uns auf die Reise zwischen Start und Ziel. Welche Eigenschaften, Werte und Ideale teilen die Menschen, die sich auf der Reise befinden? Wie fühlt sich diese Welt an? Die Verkaufspsychologie kennt diese Art der Zugehörigkeit auch als Bandwagon-Effekt – ein schöner Name für das Groupiegefühl, so sein zu wollen wie die anderen. Wir wollen Teil dieser Gruppe sein, mit der wir uns stark identifizieren, und im Bandwagen mitfahren. Wo wir schon in der Musikwelt sind: Gerade bei der Kunstvermarktung spielt Identifikation eine besondere Rolle. So investieren wir zum Beispiel in Kunst, weil wir uns mit der Person, Haltung und Geschichte dahinter identifizieren. Viele Kunstschaffende nutzen Identitätsbezeichnungen, um ein Communitygefühl zu schaffen. So richtet sich Lady Gaga zum Beispiel an ihre *Little Monsters*, Taylor Swift adressiert ihre *Swifties* und Fans von Justin Bieber bezeichnen sich selbst als *Beliebers*. Anhänger der Serie *Star Trek* sind auch als *Trekkies* bekannt. Ähnliches gilt auch für Fans von Sportmannschaften. Wir fühlen uns mit einer Gruppe auf besondere Weise verbunden, weil sie unsere Werte, Ziele, Leidenschaften und so vieles mehr teilt. Damit geht übrigens

auch ein gewisser Wissensvorsprung einher, denn diese Community teilt zum Beispiel Rituale oder eine Sprache, die sich Außenstehenden nicht erschließt.

3. Die **Anti-Identität** (dissoziativ): Wir legen den Fokus darauf, was die Menschen *nicht* (mehr) sein oder mit wem sie auf gar keinen Fall in Verbindung gebracht werden wollen. Wir stellen einen Antagonisten in den Raum, von dem sich unsere Zielgruppe klar distanzieren will. Ein gemeinsames Feindbild zu schaffen, ist ein uralter Trick, um Menschen zusammenzubringen. Niemand will zum Beispiel *Billigheimer* sein oder zu den *Steinzeitmarketern* gehören. Ich nutze diese Form der Identitätsbezeichnung sehr gerne mit einem Augenzwinkern, wenn ich zum Beispiel von *Stock-im-Po-Marketern* spreche, die verklemmt und bieder nach außen kommunizieren. *Kopierwriter* sind in meinem Universum all jene, die ihre Inhalte zusammenklauen, nachplappern und keinerlei Originalität mitbringen. Ähnlich ist es bei den *Zombiewritern*, die mechanisch und steif schreiben. Hirnlos, herzlos und seelenlos fühlen sich ihre Texte an – eben kalt wie Zombiehaut. (Ich habe noch nie welche berührt, aber ich stelle sie mir ziemlich kühl vor.)

Wir kaufen also neben dem Endergebnis auch ein Gefühl der Zugehörigkeit. Die Magie offenbart sich im Wort: Identität sorgt für Identifikation. Außerdem können wir mit Vergleichen nach oben, unten oder horizontal das Selbstwertgefühl der Zielgruppe stärken.

Arbeite Deine *Unique Value Proposition* (UVP) heraus

Unsere erste Zutat für leckere Texte ist also eine Transformation. Sie bringt genau das auf den Punkt, wonach die Menschen suchen. Je schneller und besser diese Essenz für die Zielgruppe erkennbar ist, desto kraftvoller ist das Marketing. Im Anschluss an Zutat 2 widmen wir uns einem einfachen Weg, wie wir diese Transformation in Worte kleiden. Dabei muss übrigens nicht jeder der vier Punkte ein Feuerwerk der Originalität sein. Vielmehr suchen wir parallel nach *dem* Alleinstellungsmerkmal, das Dich und Dein Angebot vom übrigen Markt unterscheidet, nach Deiner *Unique Value Proposition* – Deinem einzigartigen Wertversprechen.

Dieses versteckt sich da, wo die Stärken Deines Angebots auf das zentrale Bedürfnis der Zielgruppe stoßen. Was hast Du, was andere nicht haben? Was unterscheidet Dich von allen anderen in Deiner Branche? Was ist *der* Grund, warum Du das Bedürfnis besser erfüllen kannst als jeder andere?

Klar, die brillanten Antworten fallen nicht immer einfach so von der Zimmerdecke, doch das Denken in Transformationen führt Dich auf vielversprechende Fährten:

- Welches **Problem** löst Du, das sonst niemand auf dem Schirm hat?
- Was macht das **Ergebnis** bei Dir einzigartig?
- Inwiefern ist das **Erlebnis** mit Dir eine besondere Erfahrung?
- Was macht die Reise mit der **Identität** der Menschen?

Deine Werbetexte können Dein Angebot veredeln. Es muss also nicht komplett bahnbrechend sein, um aus dem Einheitsbrei hervorzustechen, sondern es braucht nur ein einzigartiges, emotionales Wertversprechen. So hat die Marke Yello dem Strom eine Farbe gegeben, Red Bull verleiht uns Flügel, EthikBank hebt sich mit einer einzigartigen Haltung hervor und bei Zalando haben wir eine Zeit lang vor Glück geschrien oder die Bestellung zurückgeschickt. So ein Versprechen wollen wir entwickeln und zum Ohrwurm für die Zielgruppe machen. Bist Du noch nicht fündig geworden, steckt in den Zutaten 2 und 4 noch weiteres Potenzial für Deine UVP.

Noch ein Wort zur Haltung: Wer textet, *führt*

Texten ist eine Führungsaufgabe. Nicht im Sinne von »Ich sage Dir jetzt, was Du zu tun hast.«, sondern »Ich begleite Dich auf Deiner Reise und bringe einen Plan mit, wie Du auf optimalem Weg zu Deinem Ergebnis gelangst.« Überhaupt ist Führung in meinen Augen heute nicht länger ein Statusthema, sondern ein besonderer Service für andere Menschen: Wir unterstützen sie mit aufbauenden Worten, kreativem Sparring und frischem Blick von außen dabei, auch hoch gesetzte Ziele zu erreichen. Wie die Führungskraft im Job sind wir im Copywriting Coach und Berater für unsere Zielgruppe.

Ähnlich wie wir ein Gespräch *führen*, wollen wir auch in unserem Text eine klare Richtung angeben. Denn immerhin kommen die Menschen zu uns, weil es ihnen bisher nicht gelungen ist, ihr Ziel zu erreichen. Manche stecken tief in einem Problem und wissen aus eigner Kraft nicht weiter. Sie wünschen sich von uns Inspiration, Sicherheit und Orientierung. Wer führt, sollte also eine klare Vision sowie einen starken Plan mitbringen und sowohl Zuversicht als auch Entschlossenheit in seinen Worten ausstrahlen. Glaubwürdigkeit und Überzeugungskraft sind nicht nur eine Frage der richtigen Argumente, sondern auch des Stils und der Tonalität.

Diesen Aspekt dürfen wir tief verinnerlichen, wenn es später darum geht, die Menschen mit unseren Worten aktiv zum Handeln zu bewegen. Wir schreiben, wie wir sind. Wenn wir intuitiv schreiben, wie uns der Schnabel gewachsen ist, offenbart unsere Sprache unsere Persönlichkeit. Menschen, die grundsätzlich eher zurückhaltend und bescheiden sind, tun sich zum Beispiel manchmal schwer, ein klares Kommando zu formulieren und damit den entscheidenden Impuls zum Handeln zu geben. Dadurch können ihre Texte viel Aktivierungspotenzial verlieren. Verinnerlichen sie jedoch die Haltung, Menschen erfolgreich durch die einzelnen Stationen einer Reise zu führen, gelingt es ihnen deutlich leichter, ihren Texten Führungsqualität zu verleihen. Und wie wir uns ausdrücken, kann im Umkehrschluss auch auf unsere Persönlichkeit abfärben. Damit steckt im Copywriting auch immer ein gewisser Anteil Persönlichkeitsentwicklung.

Manchmal aktiveren die Texte zwar, doch sie drucksen herum. Sie verstricken sich in allerlei Kleinigkeiten, überfordern mit einer Infoflut und verwirren die Menschen, weil sie nicht zum Punkt kommen. Und im Marketing gilt bekanntlich: Wer verwirrt, verliert. Wenn die Menschen sich verloren fühlen, brechen sie die Reise ab. Genauso gefährlich sind übrigens auch Texte, die zu schnell zu viel wollen. Sie rasen durch das Thema, streifen wichtige Punkte nur kurz und hängen die Zielgruppe damit ab. In diese Situationen geraten wir, wenn unsere Gedanken noch nicht klar genug sind, um die Reise zu meistern.

Stell Dir nur vor, Du reist mit ein paar Freunden in ein fernes Land, in dem Du nie zuvor gewesen bist. Da Du möglichst viel sehen und erleben willst, suchst Du Dir einen Guide, der die optimale Reise organisiert. Er legt die Route mit den jeweiligen Meilensteinen fest, damit Du Dich gut aufgehoben fühlst und Dich entspannt auf den Weg einlassen kannst. Wie wäre es in dieser Situation, wenn der Guide weder Ziel noch Zwischenstationen kennen würde? Wenn er reaktiv darauf wartet, dass Du loslegst und Dich auf den Weg machst? Dieser Vergleich zeigt, wie wichtig und wertvoll es ist, dass wir einen klaren Plan von dem haben, was wir tun, damit wir andere mit unserer Sprache anleiten können.

Also bitte keine falsche Bescheidenheit, denn die hat häufig Zweifel im Gepäck, der wie kleine Flöhe auf Deine Zielgruppe überspringen kann. Wer sich hingegen traut, eine klare Aussage zu machen, strahlt Sicherheit und Kompetenz aus.

PRAXISTRANSFER

Auch wenn ich selbst mehrfach zertifizierter Hypnosecoach bin, arbeite ich derzeit nicht als solcher. Das folgende Angebot ist also fiktiv, und ich entwickle die Texte dazu eigens für dieses Buch. Solltest Du Dich für so ein Programm interessieren, schreib mir gerne an *hallo@keifens.com*.
Ob Rauchentwöhnung, Gewichtsreduktion oder Steigerung des Selbstvertrauens – als Hypnosecoach gibt es eine breite Palette an Problemen, die ich lösen könnte. Da ich bevorzugt im B2B-Bereich arbeite, suche ich hier nach einem eng umgrenzten, dringenden Problem, auf das ich mich spezialisieren kann. Im Laufe der letzten Jahre bin ich vermehrt auf folgende Situation gestoßen: Viele Selbstständige tun sich schwer damit, angemessene Preise durchzusetzen und den Wert ihres Angebots souverän zu kommunizieren. Genau hier will ich mit meinem hypnosegestützten Programm ansetzen.
Ich bin mir bewusst, dass das Problem nur die Spitze des Eisbergs ist. Unter der Oberfläche tummeln sich weitere Themen wie die Angst vor Ablehnung, Selbstwertgefühl, Money Mindset, limitierende Überzeugungen rund um Verkauf und Marketing et cetera. Diese Themen sind zwar alle wichtig, doch vielen Menschen sind die Zusammenhänge nicht bewusst. Um mein Thema nicht zu verwässern, lege ich den Fokus auf das dringendste und wichtigste Problem. Wofür sind die Menschen bereit zu investieren? Was macht für sie einen spürbaren Unterschied? Diese Gedanken halte ich erst einmal lose fest, um später bei Bedarf noch an ihnen zu feilen:

- **Problem:** Hemmungen rund um Verkauf, Selbstwert und Preiskommunikation, Entwicklung mit angezogener Handbremse, Business stagniert und hyperventiliert.
- **Ergebnis:** Den Wert des eigenen Angebots erkennen, glauben und souverän kommunizieren. Von dieser Basis aus andere begeistern und inspirieren.
- **Erlebnis:** Wir gestalten die Reise mithilfe von Hypnosesitzungen, die online stattfinden. Im Vergleich zu anderen Formen des Coachings steckt hier schon in der Methode jede Menge Abenteuercharakter, den ich nutzen kann, um ein einzigartiges Erlebnis zu schaffen.
- **Identität:** Wie nennt man Menschen, die gelassen und voller Vertrauen ihre Botschaft verbreiten? Hier hat sich noch nichts Griffiges ergeben. Da die Identitätsbezeichnung eher ein

Nice-to-have ist, lasse ich das erstmal offen. Ich bin gespannt, was mir im weiteren Prozess noch einfällt.

Meine Formulierungen sind längst nicht perfekt, sondern teilweise sehr eigen. Ich lasse sie jedoch bewusst so stehen, damit Du siehst, dass am Anfang nicht alles brillant ist. *Angezogene Handbremse, hyperventiliert* und *glauben* sind Wörter, die Bilder malen und Emotionen transportieren. Die haben Potenzial und vielleicht inspirieren sie mich später zu neuen Gedanken.
Aus den ersten drei Punkten kann ich nun für mich schon ein **Transformationsversprechen** an meine Zielgruppe formulieren:

– Schluss mit Niedrigpreisen und Selbstsabotage! Nutze die Kraft der Hypnose, um den wahren Wert Deines Angebots souverän zu kommunizieren und Deine Zielgruppe zu inspirieren –

ZUTAT 2: MOTIVATION

Wenn Du das Problem besser definieren kannst als deine Zielgruppe, wird sie automatisch annehmen, dass Du auch die Lösung hast.
– Jay Abraham
(Meine Übersetzung)

Wie kommst Du ins Handeln? Was treibt Dich an? Was entfacht Deine Motivation? Manche Menschen rennen mit viel Energie drauflos, wenn sie ein verlockendes Ziel vor Augen haben. Einmalige Chancen, wunderbare Möglichkeiten und verlockende Zielbilder ziehen sie magnetisch an und setzen eine Energie in ihnen frei, die sie zu Höchstleistungen motiviert. Sie streben nach Großem, lassen sich von kühnen Träumen hinreißen und wachsen dabei über sich hinaus. Treffen diese Worte genau auf Dich zu? Oder brauchst Du ein Problem, das Dir Feuer unterm Hintern macht?

Denn so sieht die andere Seite aus: Steht ein neues Projekt an, warten manche Menschen zunächst entspannt ab. Erst wenn die Deadline näher rückt, sprühen bei ihnen die ersten Funken. Doch manchmal reichen selbst die nicht aus, um ihren Antrieb zu zünden. Es ist ja noch Zeit … Sie lehnen sich zurück und verschnaufen noch eine Runde, bis sie plötzlich aufschrecken und ein Gefühl in ihnen sagt: »Wenn Du jetzt nicht loslegst, geht das übel aus!« Probleme, Gefahren und Sorgen sind jetzt so präsent, dass sie sie auf den letzten Drücker zu Höchstleistungen anspornen. Es ist, als wäre in ihnen ein Motor angesprungen, der nun auch Nächte durchlaufen kann, bis das Problem gelöst ist.

Was Du gerade kennengelernt hast, bezeichnen wir als die beiden Richtungen der Motivation – ein Meta-Programm, das ich in meinem Buch *Der Persönlichkeits-Code. Die 10 Programme, die jeden Menschen steuern* mit meinem Co-Autor Ulrich Oldehaver näher beleuchte. Wir unterscheiden grundsätzlich zwischen der Hin-zu- (Annäherungsmotivation) und der Weg-von-Motivation (Vermeidungsmotivation). Der Volksmund spricht auch gerne von Zuckerbrot und Peitsche. Wir Menschen lassen uns in diese beiden Richtungen motivieren – ob im Beruf, beim Sport oder wenn es in unserem Fall darum geht, uns auf eine Transformationsreise zu begeben. Verkaufen beutetet also auch motivieren. Wenn Du schon mal versucht hast, eine Gewohnheit loszuwerden oder eine größere Veränderung in Deinem Leben vorzunehmen, dann kennst Du das innere Spiel von Ausreden und Bequemlichkeit.

Es reicht nicht, ein Transformationsangebot in den Raum zu stellen, sondern wir dürfen die Menschen auch mit unseren Worten dazu motivieren, sich am besten noch heute auf den Weg zu machen. Mit Zutat 2 mischen wir in großem Stil Emotionen in unsere Texte. Denn im Verkauf gilt:

Keine Transformation ohne Motivation.
Keine Motivation ohne Emotion.

Wie wir schon in der Definition von Copywriting besprochen haben, wollen wir mit unseren Worten das Denken, Fühlen und Handeln gestalten. Wir lenken das Denken der Menschen mit unserer Sprache also so, dass wir sie emotional aktivieren und für die Reise motivieren.

Kennst Du die Metapher von der Energie in Bewegung? Zerlegen wir das englische Wort *Emotion* in *E-Motion*, geben uns die beiden Teile *E* (Energie) und *Motion* (Bewegung) einen wunderbaren Einblick in die Macht der Emotionen. Sie sind Energie, die uns in Bewegung bringt, wie ein Kraftstoff, der durch unseren Körper strömt und uns ins Handeln versetzt. Diesen Strom von Energie wollen wir mit unseren Worten fokussieren und kanalisieren, um die Menschen in Richtung der Transformation zu bewegen. Dabei gibt es keine guten oder schlechten Emotionen, und es geht auch nicht um positives Denken oder Schwarzmalerei.

Ob Frust oder Freude, Hass oder Hoffnung, Wut oder Mut – jede Emotion hat eine funktionale Kraft, die wir konstruktiv nutzen können. Bist Du zum Beispiel wütend, weil Dein Angebot zum Marktstart hinter den Erwartungen zurückgeblieben ist? Dann kannst Du Dich in Selbstmitleid suhlen, Dich als Opfer darstellen und die Zukunft schlechtreden. Oder Du kannst die pochende Energie in Deinem Körper nutzen und in ein »Jetzt erst recht!« verwandeln, um mit alten Denkmustern zu brechen und neue Maßnahmen auf den Weg zu bringen.

Als Mentaltrainer bin ich davon überzeugt: Es gibt keine schlechten Gefühle, sondern nur einen weniger hilfreichen Umgang mit ihnen. Die entscheidende Frage ist: Was machen wir aus dieser Energie? Wenn wir im Verkauf mit Emotionen arbeiten, dann wollen wir diese so kanalisieren, dass die Menschen an ihr Ziel gelangen. Dazu bespielen wir beide Richtungen der Motivation mit unseren Worten und vertiefen so die beiden Pole unserer Transformationsreise.

Weg-von (Das Problem)

Damit die Weg-von-Motivation greift, brauchen wir ein ausgewachsenes Problem*empfinden*. Es reicht also nicht aus, Hindernisse, Gefahren und Risiken kognitiv auf dem Schirm zu haben – die Menschen müssen das Problem auch spüren.

Lass uns das Thema »Sport und Abnehmen« als Beispiel nehmen. Vielleicht weiß die Person, dass die Tüte Chips am Abend direkt auf die Hüften wandern kann, und ihr Fitnessabo ist eher ein Sponsoring an das Studio als eine erstzunehmende Dienstleistung. Solange im Spiegel alles halbwegs passabel aussieht, wird sie die Dinge entspannt weiterlaufen lassen. Doch sobald die Waage eine gewisse Schwelle überschreitet oder die Gesetze der Physik die Lieblingshose offen halten, zündet die Person ihren Turbo. Die Konsequenzen sind jetzt spür- und sichtbar, das Problemempfinden ist da, und die Person explodiert vor Ehrgeiz und Tatendrang.

Diese Weg-von-Motivation bewegt uns weg von Schwierigkeiten, Problemen, Ängsten, Sorgen, Frust, Gefahren, Bedrohungen, Risiken und jeder sonstigen Form unangenehmer Situationen. Wir wollen Missstände auflösen, Schmerzen ein Ende setzen und negative Auswirkungen vermeiden.

Unser Gehirn ist seit jeher darauf programmiert, unser Überleben zu sichern. Der Weg-von-Reflex ist ein tief in uns verwurzelter Überlebensinstinkt, der uns bei Gefahren in Alarmbereitschaft versetzt und damit handlungsfähig macht. Kurzum:

Probleme aktivieren Hirne.

Wenn es brenzlig wird und wir Angst haben, läuft der primitivere Teil unseres Gehirns auf Autopilot und übernimmt die Kontrolle, um uns in Sicherheit zu bringen.

Stell Dir vor, unsere Vorfahren hätten sich in kritischen Situationen erst nochmal zurückgelehnt – ganz nach dem Motto: »Ohhh, den süßen Tiger würde ich gerne mal streicheln. Der tut schon nichts. Bestimmt ist er noch satt von gestern!« Die Evolution unserer Spezies hätte mit Sicherheit einen anderen Lauf genommen.

Wie sehr das Weg-von uns auch heute noch beherrscht, erkennst Du an typischen Alltagssituationen: Schuld, Scham, Schock und Schande, Skandale und Randale, Geschimpfe und Gefahren fesseln uns in den Medien mehr als die guten Neuigkeiten. Viele Menschen machen lieber einen Bogen um den Zahnarzt, wenn es um Vorsorgeuntersuchungen geht. Durchzieht jedoch ein beißender Schmerz ihren Kiefer, können sie das Date mit dem Bohrer gar nicht schnell genug bekommen. Und wenn wir eine negative Erfahrung gemacht haben, sind wir eher motiviert, in einer Rezension davon zu berichten, als wenn alles glattgelaufen ist.

Sorge ist ansteckender als Begeisterung. Unser Antrieb, Schmerzen zu vermeiden und Probleme zu lösen ist um ein Vielfaches kraftvoller als die Anziehungskraft der Ziele. Das unterstreicht auch ein Effekt, der in der Psychologie den Namen *Verlustaversion* oder auch *Verlustangst* trägt. Nehmen wir an, ich werfe eine Münze. Bei Kopf würde ich Dir 100 Euro schenken und bei Zahl müsstest Du mir 100 Euro geben. Würdest Du unter diesen Bedingungen mit mir spielen? Die meisten Menschen schrecken erst einmal davor zurück. Denn der Schmerz, 100 Euro des eigenen Geldes zu verlieren, wirkt sehr viel stärker als die Freude, 100 Euro gewinnen zu können.

Um die Weg-von-Energie im Copywriting zu nutzen, richten wir unseren sprachlichen Scheinwerfer auf all das, wovon sich die Zielgruppe verabschieden will. Wenn wir das Problem der Menschen treffend in Worte fassen, entsteht eine Verbindung. Sie fühlen sich nicht länger auf sich allein gestellt, sondern sehen in uns einen Verbündeten, der sie auf tiefe Art und Weise versteht. Je genauer wir identifizieren, wo der Schuh am stärksten drückt, desto mehr Kraft gewinnt unsere Argumentation.

Hier ist Dein ethisch-moralischer Kompass gefragt. Denn immer wieder begegnet mir der »Tipp«, man solle den Menschen verbal ordentlich vors Schienbein treten und ihre Innenwelt in Flammen setzen, um eine gehörige Portion Schmerz zu verursachen. Je schlimmer der Schmerz, desto schneller würden die Menschen handeln. Ich sehe das anders.

Ja, die Weg-von-Motivation ist unentbehrlich für unsere Arbeit. Doch es ist ein Unterschied, ob wir ein Problem mit unseren Worten anerkennen und untersuchen oder ob wir den Menschen künstlich Angst einjagen.

Es ist die plumpe Masche der Populisten: Versetze die Menschen in Angst und Panik, überfordere sie mit Komplexität, präsentiere ihnen einen Sündenbock und eine einfache Lösung raus aus dem Schmerz – viele greifen sofort zu. Doch es dauert nicht lange, bis die einfache Lösung wie ein Boomerang zurückkommt und für böses Erwachen sorgt. Die Verantwortlichen ducken sich weg, und die Menschen kriegen die volle Breitseite ab.

Schockmomente, Angstmacherei und andere eher brachiale Strategien können den Verkaufsprozess zwar durchaus abkürzen, doch zu welchem Preis? Je intensiver die Emotionen sind, die wir wecken, desto mehr Fingerspitzengefühl braucht es, um diese Energien konstruktiv zu kanalisieren. Die Gefahr ist groß, dass unser Text durch einen solchen Ansatz einen üblen Beigeschmack bekommt, der den Menschen den Appetit auf unser Angebot oder sogar jedes unserer zukünftigen Gerichte raubt. Immer mehr Menschen reagieren genervt auf ständigen Alarmismus und dauerhafte Angstmacherei, weil sie erkannt haben, dass daraus selten eine positive und nachhaltige Veränderung entsteht. Denn mit der Stimmung sinkt meist auch das Niveau. Diese zwielichtigen Tümpel sind kein Fahrwasser für starke Marken.

Ich bin selbst ein Fan der direkten Worte und habe mit der ein oder anderen provokativen Aussage schon gute Erfahrungen im Marketing gesammelt. Denn je stärker sich die Botschaft vom allgemeinen Wischiwaschi und Larifari des Marktes abhebt, desto leichter gewinnen wir die Aufmerksamkeit unserer Zielgruppe. Und wir bleiben in Erinnerung. Doch ähnlich wie beim *Du* oder *Sie* kommt es auch hier nicht nur darauf an, *was* wir sagen, sondern auch *wie* wir es sagen. Ich persönlich liebe es, originelle, provokative und zuweilen sogar freche Sprüche mit Charme und Witz aufzuwiegen. Gerade Humor ist ein hervorragendes Mittel, für einen geschmeidigen Übergang vom Problem zur Lösung, denn er erlaubt es uns, Schwere, Traurigkeit und Beklommenheit aufzulösen und die Grundstimmung zu verändern.

Empathie bedeutet also nicht nur, bei der Recherche durch die Augen der Menschen zu blicken, sondern sich auch beim Texten immer wieder zu fragen: Welche Wirkung lösen meine Worte aus? Ist diese angemessen, oder mute ich den Menschen unnötig viel zu? Bei all meinen Ansätzen achte ich mit viel Kalkül und Feingefühl darauf, die Balance zu halten, um nicht ins Geschmacklose abzudriften oder Aufmerksamkeitshascherei zu betreiben. Denn selbst wenn meine Sprache noch so verlockend ist, kann sie die Menschen enttäuscht zurücklassen, wenn ich anschließend nicht auch genauso verführerisch liefern kann.

Wir wollen die Menschen also nicht mit unrealistischen Horrorszenarien in Angst und Schrecken versetzen. Vielmehr geht es darum, dass sie sich in ihrer Situation gesehen fühlen. Wir wollen das Thema anerkennen und die emotionale Energie, die wir damit entfachen, anschließend in Richtung unserer Lösung kanalisieren.

Frage Dich also mit Blick auf Dein zentrales Problem: Was sind die Weg-von-Punkte mit dem stärksten Problemempfinden? Was raubt den Menschen gerade Lebensqualität? Welche Befürchtungen beherrschen ihre Gedankenwelt? Wo sitzen sie auf glühenden Kohlen?

Erstelle eine Problem- und Schmerzliste

Erstelle eine Liste aller Schmerzpunkte (Weg-von-Elemente), die Deine Zielgruppe bewegen. Sammle dabei gerne zehn Punkte oder mehr. Hier geht es erst einmal um Masse. Du darfst sie also auch über die nächsten 20 Minuten hinaus pflegen und kannst sie immer wieder ergänzen, wenn Du im Alltag und im Austausch mit Deiner Zielgruppe neuen Punkten begegnest.

Und keine Sorge, nicht alle dieser Punkte müssen und sollten in Deinen Verkaufstexten landen. Das erste Ziel dieser Liste liegt darin, Dir einen Überblick der Themen zu verschaffen, die Deine Zielgruppe umtreiben. Damit ist sie zukünftig eine wertvolle Inspirationsquelle, um Dich auf Ideen für Deine tägliche Contentarbeit zu bringen.

Das zweite Ziel der Liste: Sie hält Deine Gedanken in Stichworten fest, damit Du mit mehr Klarheit Prioritäten setzen kannst. Denn das ist unser nächster Schritt: Wir gewichten die einzelnen Punkte nach ihrer Relevanz und Dringlichkeit. Anschließend bringen wir sie in eine Hierarchie, um die fünf Topthemen zu identifizieren, die die größte Motivation entfachen.

Die Weg-von-Punkte in Worte kleiden

Haben wir die brennendsten Probleme identifiziert, greifen wir sie mit unseren Worten auf und bringen möglichst lebendige und einzigartige Bilder in die Köpfe der Menschen. Du weißt, wie Dir das gelingt: Sorge für sinnliche Aktivierung und führe die Menschen dorthin, wo der Schmerz liegt. Einige typische Verben aus der Weg-von-Sprache sind zum Beispiel: vermeiden, sparen, sicherstellen, verhindern, verlassen, schützen, senken, bewahren, entkommen, ausweichen, umgehen. Außerdem gehören dazu Formulierungen wie:

- Halt Dich lieber fern von …
- Mach Schluss mit …
- Lass nicht zu, dass …
- Mach einen Bogen um …
- So senkst Du das Risiko, dass …
- Entkomme der XXX-Falle …

Hin-zu (die Lösung)

Nachdem wir uns mit den Schattenseiten beschäftigt haben, halten wir unser Gesicht jetzt in die Sonne. Bezaubernde Zielbilder, verlockende Visionen und einzigartige Gelegenheiten – das sind die Zutaten, die die Sogwirkung der Hin-zu-Motivation entfachen.

Bei unserem Beispiel rund um Abnehmen und Bewegung können solche Hin-zu-Motivatoren zum Beispiel Bilder von definierten Traumkörpern sein, eine Siegesmedaille im Lieblingssport oder besondere Outfits, in denen die Menschen ihre Figur endlich von ihrer besten Seite präsentieren können.

Wir betonen mit unseren Worten also das, was die Menschen mit uns gewinnen und erreichen können. In möglichst vielen Facetten malen wir aus, was alles möglich wird, wenn sie die Gelegenheit ergreifen. Das Zielbild soll so lebendig sein, dass sie sich darin verlieben. So haben sie es emotional längst gekauft, bevor sie ihren Geldbeutel zücken.

Wertvolle Verben dafür sind zum Beispiel steigern, erhöhen, erzielen, meistern, schaffen, erlangen, maximieren, ermöglichen, erhalten sowie folgende Hin-zu-Sprachmuster:

- So verbesserst Du …
- Das bringt Dir …
- So gelingt es Dir …
- Damit stärkst Du …
- Das erlaubt es Dir …

Die Motivation im Text dosieren

Während wir im direkten persönlichen Gespräch durch Fragen herausfinden können, ob unser Gegenüber eher auf Weg-von- oder auf Hin-zu-Argumente anspricht, sind wir im Text gezwungen, uns vorab festzulegen. Wir könnten dazu nun in die Tiefen des Neuromarketings einsteigen und ein Persönlichkeitsprofil der Zielgruppe anlegen, doch das würde den Rahmen dieses Buches sprengen. Grundsätzlich bespielen wir in unseren Texten beide Richtungen, denn sie sind Teil unserer Transformationsreise: Das Weg-von ist der Startpunkt, während das Hin-zu das Endergebnis auf den

Punkt bringt. Meine Faustformel liegt bei etwa 25 Prozent Weg-von- und 75 Prozent Hin-zu-Argumenten. Je nach Projekt oder Zielgruppe kann der Weg-von-Anteil auch höher liegen.

Wir texten dabei jeweils vom Problem hin zur Lösung. Das sorgt für spannende Kontraste. Beginne also damit, die Probleme, Ängste und Schmerzpunkte Deiner Zielgruppe anzuerkennen. Ist das Problemempfinden intensiv genug, wechselst Du in die Lösungsorientierung und bleibst auch für den übrigen Text bei dieser Perspektive – bis auf wenige Ausnahmen, die wir uns später bei Zutat 7 genauer anschauen. Sind die Menschen erst einmal motiviert und folgen sie unseren Worten in Richtung Lösung und Angebot, wollen wir diesen Flow nicht stören, indem wir wieder in die Problemenergie zurückkehren.

Immerhin kommen die Menschen ja (hoffentlich) nicht zu uns, um sich in Schmerz und Elend zu suhlen, sondern weil sie sich eine Transformation mit Erlebnis und Ergebnis wünschen. Das Ziel von gutem Marketing sollte also sein, wichtige Themen anzusprechen, Ängste aus dem Weg zu räumen und Vertrauen in eine Lösung zu schaffen.

Vielleicht hast Du auch schon mal gehört, wir sollten negative Begriffe um jeden Preis vermeiden, weil wir die Menschen nicht in einen schlechten Zustand versetzen wollen. Mit dem, was Du bis hierhin erfahren hast, verstehst Du nun, warum das nur eine halbe Wahrheit ist. Natürlich sollten Dein Texte die Zielgruppe aufbauen, hoffnungsvoll stimmen und schließlich mit einem guten Gefühl zurücklassen. Denn die Menschen werden in Erinnerung behalten, wie sie sich in Verbindung mit Deinem Angebot und Deiner Marke gefühlt haben. Und als Miesepeter will nun wirklich niemand im Gedächtnis bleiben (es sei denn, es ist Teil Deines Brandings). Doch trotz aller Lösungsorientierung braucht es gleichzeitig die Weg-von-Kommunikation, um ein Problemempfinden zu schaffen und den Menschen vor Augen zu führen, warum es gut und richtig ist, an einer bestimmten Stelle Zeit und Energie zu investieren.

Auch wenn es manchen Menschen unangenehm sein kann, von Problemen zu sprechen, rate ich dennoch entschieden davon ab, die Weg-von-Motivation ganz auszulassen. Mit entsprechenden Ansätzen habe ich selbst mit großer Neugier experimentiert, um eine Art »Marketing aus der Fülle« zu entwickeln, das ganz ohne Weg-von-Zutaten funktionieren sollte. Dabei hat sich immer wieder gezeigt, dass ohne geschärftes Problemempfinden Aufmerksamkeit sowie Relevanz fehlen und damit auch das Aktivierungspotenzial der Texte leidet.

PRAXISTRANSFER

Für mein Angebotsbeispiel als Hypnosecoach nehme ich nun also die beiden Pole meines Transformationsversprechens genauer unter die Lupe. Welche **Weg-von-Motivatoren** stecken im Thema Selbstsabotage? Welche Probleme, Sorgen und Ängste schlummern hier, die meiner Zielgruppe zu schaffen machen? Ich beginne zu sammeln:

- Angst vor Ablehnung, konfliktscheu
- Unsicherheit und Unklarheit in Bezug auf die Stärken des eigenen Angebots
- Zusammenarbeit mit »falschen«, unverschämten Kunden, keine Wertschätzung
- Perfektionismus und ständige Selbstzweifel
- Zehrender Vergleich mit anderen, **Orientierung am Außen**, Angepasstheit
- Niedriges **Selbstwertgefühl**, zehrende Selbstkritik
- Wirtschaftlicher Druck, **Existenzängste**
- Offenherzigkeit und Großzügigkeit, die an **Selbstausbeutung** grenzen, Erschöpfung
- Fehlende Selbstfürsorge, geringes Bewusstsein eigener Grenzen und Bedürfnisse
- Limitierende Überzeugungen rund um Themen wie Geld und Verkauf
- **Überforderung** mit Verkaufsprozessen
- **Ohnmacht** und Opferhaltung in Bezug auf das Business, keine Kontrolle

Da steckt schon ordentlich Zunder drin. Natürlich hilft mir meine Fachkenntnis dabei, diese Themen gezielt aufzuspüren. Wenn ich mich im Thema nicht auskenne, starte ich mit Interviews und Recherchen. Nachdem ich das Gefühl hatte, dass meine Liste die wichtigsten Themen abdeckt, bin ich hingegangen und habe die aus meiner Sicht stärksten Faktoren gefettet. Das bedeutet nicht, dass andere Punkte weniger wichtig sind, sondern dass ich Prioritäten setze und einige kleinere Themen unter größeren zusammenfassen kann.

Welche **Hin-zu-Motivatoren** stecken im Thema? Was bringt die Augen der Zielgruppe zum Funkeln? Hier denke ich erst einmal frei nach und checke anschließend, was das Gegenteil meiner Weg-von-Argumente wäre.

- Faire Preise, **wirtschaftlicher Erfolg,** finanzielle Gelassenheit
- Bewusstere **Wahl der Kunden,** erfüllende Zusammenarbeit für beide Seiten
- Eigene Grenzen kennen und klar kommunizieren.
- Ausreichend Zeit und Geld für **Selbstfürsorge**

- **Freude** an Verkauf und Kundengesprächen
- Den eigenen Wert kennen, **stolz** und **selbstbewusst** präsentieren
- Kontrolle über das eigene Business, **gestalten** statt verwalten
- **Vertrauen** in die eigenen Fähigkeiten und in den eigenen Wert
- Blick schärfen für Chancen, Möglichkeiten und Wachstumsgelegenheiten
- **Mut** zu Originalität und Integrität (Dein Business, Deine Regeln)

Schon verrückt, was alles in einem Thema stecken kann, oder? Nun haben wir genug Futter, um schon richtig knackige Texte zu schreiben.

Übung: Transformationen texten mit der BAB-Formel

Die drei Buchstaben BAB stehen für **B**efore – **A**fter – **B**ridge (Vorher – Nachher – Brücke). Diese Formel unterstützt Dich dabei, Deine Kernbotschaft mithilfe der ersten beiden Zutaten in knusprige Worte zu fassen und damit Dein Transformationsversprechen auf den Punkt zu bringen.

- **Before:** Fühle Dich ein in die Ausgangssituation (Probleme, Weg-von).
- **After:** Male das Wunschbild der Zielsituation aus (Ergebnis, Identität, Hin-zu).
- **Bridge:** Beschreibe, wie Dein Angebot die Brücke zwischen beiden Polen baut.

Die BAB-Formel zeichnet aus, dass sie auf extrem wenig Raum sowohl Weg-von- als auch Hin-zu-Motivation bespielt und dabei auch noch entspannt Dein Angebot ins Spiel bringt. Du kannst sie sowohl in wenige Worte oder Sätze kleiden als auch über einige Absätze strecken – und: Gewürzkiste nicht vergessen!

Beispiele Kurzversion

- *Schluss mit Phrasenfrust, her mit dem Textgenuss – schreib lebendige Verkaufstexte mit Charakter und Charisma. Lerne jetzt Copywriting auf textedieverkaufen.de.*
- *Tschüss Chaos, Stress und Alltagslärm – hallo Ruhepol! Mit diesem Kopfhörer schaffst Du Dir überall eine Oase von Fokus und Konzentration.*
- *Keine Lust mehr, wie ein Aschenbecher zu schmecken? Hypnose ist der entspannte Weg raus aus dem Kippenknast, rein in ein neues Körpergefühl und eine Welt voller Genuss.*
- *Lassen Sie nicht zu, dass billige Bilder Ihre Marke schädigen. Machen Sie Ihre Qualität mit brillanten Fotos sichtbar und sichern Sie sich einen Logenplatz im Kopf Ihrer Zielgruppe.*
- *Missverständnisse, Konflikte und Begegnungen der dritten Art – manchmal wirken Menschen um uns herum irrational, kompliziert und unberechenbar. Doch sie sind es nicht! Sie sind einfach anders »programmiert«. Wer die zehn menschlichen Programme kennt, sieht nicht nur sich selbst in neuem Licht, sondern versteht auch besser, wie andere ticken und kann sie mit den eigenen Worten besser motivieren, inspirieren und führen. Welche Programme steuern Sie? Bestellen Sie jetzt das Buch* Der Persönlichkeits-Code *und finden Sie es heraus!*

Bestimmt ist Deinem scharfen Blick nicht entgangen, dass die Beispiele drei bis fünf genau betrachtet ein BBA-Muster (Before – Bridge – After) sind. Du kannst auch in der Reihenfolge variieren, doch ich rate Dir in jedem Fall, mit dem *Before* zu beginnen, damit Dein Text lösungsorientiert bleibt und die Menschen nicht mit dem Problemgeschmack zurücklässt.

Lass uns die Formel konkret auf mein Hypnosecoaching anwenden. Die Kurzversion dazu hatte ich am Ende von Zutat 1 schon formuliert.

Beispiel Langversion

Before:

Preisdrückerei, endloser Stress und unverschämte Forderungen – sieht Dein Alltag manchmal auch so aus? Du gibst ständig 110 Prozent und willst es allen recht machen, doch statt einem Danke wartet nur Gezanke? Damit bist Du nicht alleine! Viele Selbstständige fühlen sich überfordert, ausgebrannt und ausgenutzt. Am Ende des Tages sind zwar die Kunden ruhig, doch sie selbst stehen vor einem Trümmerhaufen und manchmal sogar am Rande ihrer Existenz.

After:

Wie kann es sein, dass die Welt bei anderen so viel rosiger aussieht? Die rufen ganz selbstverständlich stolze Preise auf, die Kunden stehen Schlange und obendrein haben sie nicht nur Freude bei ihrer Arbeit, sondern auch noch Zeit für die schönen Dinge im Leben ... Der Schlüssel liegt nicht nur im Marketing, sondern auch unter der Oberfläche: in ihrem Unterbewusstsein.

Bridge:

Wirtschaftlicher Erfolg ist ein Zusammenspiel aus einer starken Strategie und einer Persönlichkeit, die diese auch umsetzen kann. Mein Hypnosecoaching bietet Dir die optimale Mischung aus beidem: Du erfährst, wie Du den wahren Wert Deines Angebots ermittelst und souverän nach außen kommunizierst.

In verschiedenen Hypnosesitzungen ziehen wir außerdem Dein Unterbewusstsein auf Deine Seite, damit es Dich nicht länger durch Zögern, Zweifeln und Zerdenken lähmt, sondern Dir stattdessen Rückendeckung gibt und Dich aufbaut. Nach diesem Programm präsentierst Du Dich und Deine Arbeit mit gesundem Selbstvertrauen und charismatischer Ausstrahlung.

Klingt das nach einem Abenteuer nach Deinem Geschmack? Dann buche jetzt Dein Kennenlerngespräch, indem Du Antworten auf alle offenen Fragen bekommst.

ZUTAT 3:
BEWUSSTSEIN

Das Ziel des Schreibens ist es,
andere sehen zu machen.
– Joseph Conrad

Der Leitgedanke zu dieser Zutat: Wenn wir nicht wissen, dass wir überhaupt ein Problem haben, werden wir auch nichts unternehmen, um es zu lösen. Dann bringen uns selbst starke BAB-Statements und große Transformationsversprechen nicht weiter. Unsere Zielgruppe macht es sich lieber gemütlich oder kümmert sich um andere Themen, statt sich mit uns auf eine Reise zu begeben. Fehlt das Problembewusstsein, lassen selbst atemberaubende Angebote und satte Rabatte die Zielgruppe kalt. Umgekehrt haben wir bei einer Person, die schon heiß auf eine Lösung ist, deutlich leichteres Spiel. Wir brauchen ihr nur noch wenige Details zu erläutern.

Nehmen wir an, jemand hat schon viel recherchiert, Angebote verglichen und weiß genau, worauf es ankommt. Bei dieser Person können wir mit unseren Texten wunderbar ansetzen und sie in deutlich kürzerer Zeit davon überzeugen, dass wir das richtige Angebot für sie haben. Weiß jemand hingegen noch kaum etwas über das Thema, müssen wir weiter ausholen und deutlich mehr erklären, bevor wir überhaupt an den Verkauf denken können.

Der Idee der Temperatur folgend unterscheiden wir im Verkauf zwischen kalten und warmen Leads – also zwischen Interessenten, die schon ein erhöhtes Bewusstsein haben und solchen, bei denen wir bei Null anfangen müssen.

In unserer Welt der Verkaufstexte können wir noch differenzierter unterscheiden. Der US-amerikanische Copywriter Eugene Schwartz beschreibt in seinem Klassiker *Breakthrough Advertising*[10] fünf Stufen des Problembewusstseins. Diese Stufen geben uns wertvolle Orientierung beim Schreiben, denn je nachdem, auf welcher Stufe sich unsere Zielgruppe befindet, dürfen wir sie mit anderen Argumenten ansprechen, um ihr Bewusstsein zu schärfen und damit den Verkauf vorzubereiten.

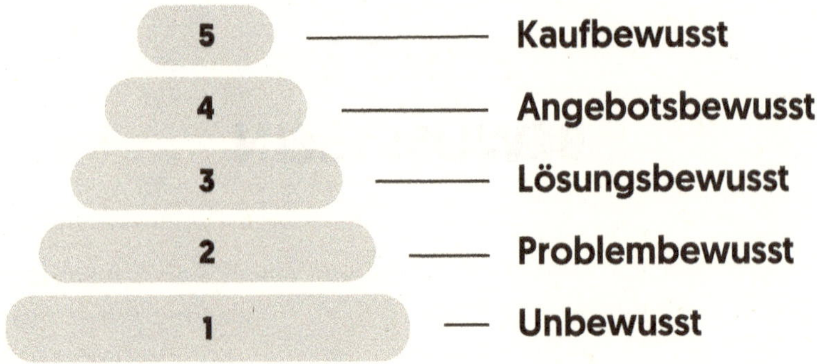

Fehlendes Bewusstsein ist einer der häufigsten Gründe, warum Texte ihr Ziel verfehlen, Werbung nicht wirkt und Menschen nicht kaufen. Hast Du ein brillantes Angebot entwickelt, das weggehen sollte wie belgische Fritten, doch keiner kauft es? Dann muss das nicht am Angebot liegen. Vielleicht hat die Zielgruppe einfach noch gar nicht verstanden, dass sie überhaupt ein Problem hat und kann den Wert folglich gar nicht erkennen.

Behalten wir im Blick, wo sich unsere Zielgruppe auf ihrer Reise befindet, wissen wir auch, wie wir sie mit unseren Worten abholen und systematisch qualifizieren.

Stufe 1: Unbewusst

An diesem Punkt sind die Menschen sich noch gar nicht bewusst, dass sie überhaupt ein Problem haben und können es auch nicht benennen. Während meines Studiums stieß ich bei der Recherche für eine Hausarbeit auf einen Artikel, der erläuterte, dass weite Teile der chinesischen Bevölkerung wenig bis gar nicht über die Folgen des Rauchens informiert waren. Viele Leute wussten also gar nicht, dass Rauchen der Gesundheit schadet. Stell Dir vor, wir würden dieser Zielgruppe Nikotinkaugummis, entsprechende Pflaster oder sogar eine Rauchentwöhnung mittels Hypnose anbieten wollen. Wir würden neben einem Schulterzucken wahrscheinlich auch einige ungläubige Blicke ernten und einen Spruch wie etwa: »Warum sollte ich damit aufhören wollen? Ich liebe das Rauchen! Wo ist das Problem?«

An diesem Beispiel mag das total einleuchten, doch in der Praxis kannst Du immer wieder beobachten, wie aufgeheizte Marketingbotschaften auf eiskalte Zielgruppen einprasseln. Sie sind für die Menschen schlichtweg irrelevant. Im besten Fall mündet so eine Strategie in Gleichgültigkeit, doch häufig reagieren die Menschen genervt und verbinden dieses Gefühl in Zukunft mit dem Absender der Botschaft. Das ist Geld-, Zeit- und Buchstabenverschwendung.

Eine Zielgruppe, die noch nichts von ihrem Problem weiß, müssen wir erst einmal sensibilisieren, also ihre Antennen auf Empfang für unsere Botschaften stellen. Im modernen Marketing-Mix übernimmt der Content genau diese Rolle. Wir veröffentlichen Inhalte, die informieren, unterhalten und berühren. Damit düngen wir erstmal den Boden, in dem später der Samen unserer Argumente gedeihen kann.

Im Fall unseres Tabakbeispiels könnten wir zum Beispiel medizinische Studienergebnisse liefern, Ärzte direkt zu Wort kommen lassen oder Symptome aufgreifen, die Betroffene aus ihrem Alltag kennen wie Luftnot, Husten oder fahle Haut. Wir knüpfen an die Erfahrung an, die Menschen gerade machen, und finden damit Zugang zu ihrer Welt. Wir sind plötzlich relevant. Der erste Schritt ist getan. Nun folgen die nächsten.

Stufe 2: Problembewusst

Wir haben mit unserem Content verdeutlicht: Da ist ein Thema, bei dem es sich lohnt, genauer hinzuschauen. Damit haben wir die Menschen auf die zweite Stufe gebracht. Sie kennen jetzt das Problem, wissen jedoch noch nicht, dass es lösbar ist – ganz zu schweigen davon, wie eine Lösung aussehen könnte. Wir haben nun die Aufgabe, Lösungsmöglichkeiten und entsprechende -wege vorzustellen.

In unserem Tabakbeispiel könnte man uns erwidern: »Ich weiß ja, dass Rauchen nicht gesund ist, doch ich qualme schon seit zehn Jahren zwei Päckchen am Tag. Das ist ein Teil von mir, und ich kann damit nicht mehr aufhören.«

Auch auf dieser Stufe befinden wir uns in der Welt des Content-Marketings. In Blog-Artikeln, Social-Media-Beiträgen oder E-Mail-Sequenzen können wir jetzt verschiedene Lösungen vorstellen, von denen dann natürlich eine oder mehrere in unsere Angebotswelt führen.

Stufe 3: Lösungsbewusst

Die Person kennt das Problem, sie weiß, dass es lösbar ist und ist jetzt offen für Angebote, die sie an ihr Ziel bringen. Hier macht es klick! Denn ab dieser Stufe haben wir einen Ausgangspunkt (Problem) und ein Ziel (Lösung) und damit die Basis für eine Transformationsreise. Genau genommen beginnt ab dieser Stufe die Verkaufsargumentation und damit die Welt des Copywritings. Da Verkaufen jedoch ohne die ersten beiden vorbereitenden Stufen gar nicht möglich wäre, betrachte ich sie ebenfalls als wichtigen Teil der Copywriting-Welt.

Wer die Gefahren des Rauchens kennt und weiß, dass es möglich ist, ein Leben ohne Glimmstängel zu beginnen, freut sich über unseren Artikel »Fünf bewährte Wege, für immer mit dem Rauchen aufzuhören«. Darin präsentieren wir Angebote wie etwa Pflaster und Kaugummis, bevor wir zum Schluss eröffnen, dass es noch den Königsweg Hypnose gibt. Jetzt stellen wir die Vorteile der Rauchentwöhnung vor, ziehen alle Register, um Lust auf mehr zu machen, und führen die Menschen anschließend auf unsere Website mit dem konkreten Angebot. Damit gehen wir gemeinsam den Schritt auf die nächste Stufe.

Stufe 4: Angebotsbewusst

An dieser Stelle kennt die Person die Lösungsmöglichkeiten für ihr Problem und vergleicht nun konkrete Produkte oder Dienstleistungen miteinander. Jetzt dürfen unsere Verkaufskanäle zeigen, was sie können. Ob Website, Werbebrief, Broschüre oder im persönlichen Beratungsgespräch – wir kommunizieren die Vorteile unseres Angebots und erläutern, warum es allen anderen auf dem Markt überlegen ist. Dabei setzen wir die geballte Copykunst ein, die in den folgenden Zutaten schon aufgeregt auf Dich wartet. An dieser Stelle gilt: Je besser Dein Copywriting und je überzeugender Deine Argumentation, desto größer sind die Chancen, dass Du die Menschen auf dieser Stufe für Dich gewinnst.

Auf unserer Website zur Rauchentwöhnung zeigen wir, wie jeder schon in 24 Stunden zum Nichtraucher werden kann – ohne Nebenwirkungen und lästige Selbstdisziplin. Wir geben Einblick, wie Hypnose funktioniert. Wir erläutern, warum wir genau die richtige Wahl sind, und versüßen das Ganze am Ende noch mit den Erfolgsgeschichten zahlreicher Nichtraucher, die diese überlegene Methode für sich genutzt haben. Sind wir überzeugend genug, steht die Person auf Stufe 5, sobald sie bis zum Ende der Seite gescrollt hat.

Stufe 5: Kaufbewusst

Gratulation! Die Zielgruppe ist jetzt kaufbereit. Heißt das, der Verkauf ist schon in trockenen Tüchern? Nicht ganz … Ohne Frage, manche überschreiten diese letzte Schwelle sehr schnell. Sie landen auf Deiner Website, verlieben sich in Dein Angebot und zücken ihre Kreditkarte. Doch das ist nicht immer so. Während der eine oder die andere auf dieser Stufe kurz innehält und eine Nacht drüber schläft, verfallen andere in einen Tiefschlaf. Sie zögern, zaudern und überdenken ihre Entscheidung mehrmals. Grundsätzlich sind sie vom Angebot überzeugt, doch sie brauchen noch einen Anstoß, um den letzten Schritt zu gehen und ins Handeln zu kommen.

An dieser Stelle kommen Kaufanreize wie Rabatte, Boni und Verknappungen ins Spiel – unsere Zutat Nr. 7. Diese Elemente entwickeln ein Gefühl der Dringlichkeit, das die Aufschieberitis beendet und die Kauflaune anfacht.

Wir könnten auf unserer Website eine begrenzte Anzahl von Terminen anbieten, sodass die Menschen mit längeren Wartezeiten rechnen müssen, wenn sie ihre Entscheidung weiter aufschieben. Oder wir entwickeln ein befristetes Angebot, bei dem es zu jeder vereinbarten Hypnosesitzung für einen begrenzten Zeitraum ein Set aus professionellen Trancen für zuhause gibt – zum Beispiel, um das Traumgewicht zu erreichen, das eigene Selbstbewusstsein zu stärken oder schneller einzuschlafen. Diese und weitere Möglichkeiten bieten sich an, um einer kaufbewussten Zielgruppe einen sanften Schubser ins Handeln zu geben.

Zusammenfassung

Grundsätzlich gilt: Je weiter das Bewusstsein der Menschen fortgeschritten ist, desto schneller sind sie auch bereit, eine Kaufentscheidung zu treffen. Dabei können wir beobachten, wie die Anzahl der qualifizierten Leads mit jeder Stufe zurückgeht. Von 1000 potenziellen Interessenten auf Stufe 1 erreichen je nach Angebot vielleicht nur 50 die Stufe 5. Manche Menschen setzen andere Prioritäten, manche entscheiden sich für eine andere Lösung, und wiederum anderen fehlt gerade vielleicht das Kleingeld, um den

Weg bis zum Schluss mit uns zu gehen. Die sinkenden Zahlen müssen uns nicht wehtun, denn die fünf Stufen wirken wie ein Filter, der dafür sorgt, dass unsere Worte im Verkauf schließlich genau die Menschen erreichen, für die unser Angebot optimal passt.

Auf welcher Stufe sich die Person gerade auf ihrer Reise befindet, zeigt sich hervorragend an ihrem Wortschatz. Wer zum Beispiel auf Stufe 2 steht und mit dem Rauchen aufhören will, kennt das doch recht spezielle Wort *Rauchentwöhnung* noch gar nicht. Schalten wir jedoch bei einer Suchmaschine gezielt Werbung für dieses Keyword, erreichen wir Menschen, die danach suchen, weil sie bereits auf Stufe 3 oder 4 stehen. Im Investmentbereich kennen nur fortgeschrittenere Zielgruppen die Worte *Fundamentalanalyse* oder *Charttechnik*. Und auch in unserer Copywritingwelt funktioniert das. Wenn zum Beispiel jemand *Copywritingkurs* ins Suchfenster eingibt, können wir daraus folgern, dass die Person weiß, was Copywriting ist (gefühlt 90 Prozent der deutschsprachigen Menschen kennen den Begriff wahrscheinlich gar nicht) und bereit ist, in ein solches Angebot zu investieren. Ansonsten hätte sie nach Gratistipps oder einem Buch gesucht. Der Suchbegriff Copywritingkurs offenbart also, dass die Person auf Stufe 4 steht, angebotsbewusst ist und gerade wahrscheinlich unterschiedliche Angebote miteinander vergleicht (um sich hoffentlich schließlich für mein Programm zu entscheiden).

Das Konzept der fünf Stufen ermöglichst es uns, eine Zielgruppe noch systematischer anzusprechen und uns dabei klar zu positionieren. Richtest Du Dich mit Deinem Angebot an eine bereits sehr fortgeschrittene Zielgruppe, die bestens über Probleme und Lösungen informiert ist, kannst Du Dein Marketing gleich ganz auf die Stufen 3 oder 4 fokussieren und Deine Transformation dort beginnen. Ähnlich habe ich es zum Beispiel zu Beginn meiner Copywritingprogramme getan. Eine Strategie über alle fünf Stufen hinweg hätte vorgesehen, den Menschen erst einmal vor Augen zu führen, dass eine Eins in Deutsch noch keine verkaufsstarken Websitetexte garantiert. Copywriting ist eine eigene Kochkunst, die von besonderen Zutaten wie Verkaufspsychologie lebt. Diese Art von Inhalten zielt darauf ab, erst einmal ein Problem- und Lösungsbewusstsein zu entwickeln. Ich habe die Stufen 1 und 2 jedoch übersprungen und mich stattdessen schon früh als Copywriting-Trainer für besondere Ansprüche positioniert. Zu mir kamen und kommen Marketingbegeisterte, die schon genau wissen, was sie wollen, und dadurch auch die besondere Qualität hinter meinem Ansatz erkennen.

Aus dieser Positionierung heraus kann ich mich schließlich fragen: Wo finde ich Menschen, die schon auf Stufe 3 oder 4 stehen? Nutzen sie bestimmte Plattformen? Welche Themen interessieren sie? Nach welchen Schlüsselwörtern suchen sie? Und gibt es vielleicht andere Multiplikatoren wie Influencer oder Unternehmen, mit denen ich kooperieren könnte, weil sie die gleiche Zielgruppe wie ich ansprechen?

Diese Perspektive erlaubt Dir übrigens auch, Deinen gesamten Markt mit mehr Offenheit und weniger Konkurrenzgefühlen zu betrachten. So gibt es auf dem Markt für Spaß mit Buchstaben jede Menge Angebote für Texttrainings unterschiedlichster Art. Doch wie auf den meisten Märkten richtet sich ein Großteil der Angebote an die unteren Stufen – unter anderem, weil sich hier deutlich mehr Menschen tummeln. Die Schwerpunkte liegen zum Beispiel auf der Rechtschreibung, auf dem 1x1 für lebendiges und stilistisch gutes Schreiben oder auf den absoluten Grundlagen für verkaufsstarke Texte. Handelt es sich dabei um Konkurrenzangebote? Überhaupt nicht! Im Licht der fünf Stufen wäre sogar ein Copywritingkurs für Einsteiger Wasser auf meine Mühlen. Denn so ein Programm *qualifiziert* die Zielgruppe dafür, im Anschluss einen Schritt weiterzugehen und ein Programm für Fortgeschrittene oder Profis zu buchen. Hier komme ich ins Spiel und sorge gezielt dafür, dass diese Zielgruppe mich finden kann. So haben viele meiner Textgenies schon andere Programme absolviert, bevor sie den Weg zu mir gefunden haben.

Mit einer durchdachten Strategie können wir die Dynamiken eines Marktes also geschickt für uns nutzen und es anderen Marktteilnehmern überlassen, die Zielgruppe so zu qualifizieren, dass sie anschließend für die Zusammenarbeit mit uns bereit ist.

Die fünf Stufen in der modernen Copywritingpraxis

Copywriter wie Eugene Schwartz, Gary Halbert oder Joseph Sugarman richteten sich schon vor den Zeiten des Internets an eine breite Zielgruppe. Sie besorgten sich umfangreiche Listen mit Adressen von Menschen, die schon früher Angebote über den Postweg bestellt hatten. In ihren Werken finden sich schöne Beispiele dafür, wie sie die Zielgruppe mit teils langen Werbebriefen und Zeitungsinseraten mit nur einem Text von Stufe 1 bis 5 führten. Insbesondere der Beginn eines solchen Textes ist eine hohe Kunst. Denn Überschrift und Texteinstieg mussten relevant genug sein, um genügend Aufmerksamkeit zu wecken, damit sich die Menschen auf den Text einließen. Anschließend hatten die Texter nur wenig Raum, um das Bewusstsein bis auf die Stufe 5 zu bringen und das Angebot als optimale Lösung zu verkaufen.

Heute sieht unsere Marketinglandschaft deutlich anders aus. Medien, in denen ein Text ein Angebot beim Erstkontakt verkauft, sind mehr die Ausnahme als die

Regel. Wo Menschen früher einen Brief erhielten und bestellten, sehen sie heute zum Beispiel erst einen Social-Media-Beitrag. Der führt sie zu einem Blogartikel, der wiederum ein Video verlinkt. Das schauen sie sich an und abonnieren nach diesem Video zum Beispiel einen E-Mail-Newsletter. Sie lesen über einige Tage oder Wochen die Mails, hören parallel einen Podcast und vergleichen über Plattformen unterschiedliche Angebote, bis sie schließlich auf eine Landingpage gelangen, wo sie sich nach zwei Tagen Bedenkzeit zum Kauf entscheiden.

Die Art und Weise, wie wir Marketing gestalten, wandelt sich in engem Wechselspiel mit unserer Umwelt. Seit der Erstauflage von *Breakthrough Advertising* 1966 haben die fünf Stufen von Schwartz nichts von ihrem Wert für unsere Marketingpraxis verloren. Ihre Bedeutung ist zeitlos und kann uns wertvolle Orientierung geben, wenn wir Botschaften über eine Vielzahl von Kanälen hinweg entwickeln oder uns in einem der folgenden Szenarien befinden:

- **Erster Denkschritt vor dem Texten:** Ob Du Werbeanzeigen schaltest, eine Website textest oder einen Newsletter schreibst – frage Dich vor dem ersten Wort: Wo kommen die Menschen her, die diese Zeilen lesen sollen? Was wissen sie bereits? Was haben sie zuvor gelesen? Was erleben sie gerade? Hole die Menschen dort ab, wo sie stehen, und knüpfe an ihre aktuelle Lage an. Damit hast Du die größtmögliche Chance, relevant für sie zu sein.

- **Vogelperspektive bei der Marketingarchitektur:** Wenn sich Deine Marketingkampagne über mehrere Kanäle erstreckt, kannst Du gezielt inszenieren, mit welchen Medien Du Deine Zielgruppe qualifizierst. Du stellst also sicher, dass die Menschen, die Deiner Botschaft folgen, bereits ein ausgeprägtes Problembewusstsein haben, bevor Du mit dem Kern Deiner Verkaufsargumentation ansetzt.

- **Konzeption von E-Mail-Sequenzen:** Wenn man sich in einen Newsletter einträgt, erhält man häufig erst einmal eine Reihe von Willkommensmails, die einer festgelegten Sequenz folgen. Diese eignen sich hervorragend, um eine Beziehung zur Zielgruppe aufzubauen und die Menschen nebenbei von den unteren Stufen auf die oberen zu führen. Auch hier lohnt sich die Frage: Was sollte ich optimalerweise in den ersten E-Mails kommunizieren, damit meine spätere Argumentation auf fruchtbaren Boden fallen kann?

› **Systematische Engpassanalyse:** Wenn Texte und Medien nicht zum gewünschten Ergebnis führen, lohnt sich ein Blick durch die Brille der fünf Stufen. Habe ich die Zielgruppe überrannt, überfordert und mit zu schnellen Denkschritten abgehängt? Ist den Menschen klar, wo ihr Problem liegt? Oder sollte ich das erst nochmal vertiefen? Wir wollen alle möglichen Reibungspunkte aufspüren und auflösen, die für Verwirrung sorgen könnten.

PRAXISTRANSFER

Da ich als Hypnosecoach soloselbstständig bin und nicht 100 neue Kunden im Monat brauche, lege ich den Fokus meiner Aktivitäten erst einmal auf die Stufen 3 und 4: Ich will gezielt Selbstständige ansprechen, die wachsen wollen – sowohl persönlich als auch im Umsatz. Sie kennen ihr Problem schon, suchen nach Lösungen und vergleichen Angebote miteinander.
Hier knüpfe ich mit meiner Kommunikation direkt an das Problem an, präsentiere mein Transformationsversprechen und bringe Hypnose als die überlegene Lösung ins Spiel. Ich setze also voraus, dass meine Zielgruppe schon verstanden hat, wo bei ihr der Schuh drückt. Auf diesem Level baue ich meine Website auf. In meinen Contentkanälen könnte ich später dann auch Stufe 1 und 2 bespielen, um die Menschen für die Zusammenarbeit mit mir zu qualifizieren. Dabei würde ich folgende Themen ins Rennen bringen, um bei den Menschen ein Problembewusstsein zu wecken:

- Ich spreche darüber, welche **Stundensätze** den Durchschnitt bilden und welche Umsätze möglich sein können. Daran können die Menschen sich vergleichen.
- Mit unterhaltsamem **Storytelling** illustriere ich, welche Transformationen einige meiner Kunden bereits absolviert haben und wecke damit Das-will-ich-auch-Gefühle.
- Ich spreche über **Mindset-Themen** – zum Beispiel, wie uns bestimmte unbewusste Überzeugungen still und heimlich sabotieren können.

In der Auseinandersetzung mit Zutat 3 habe ich mich zudem gefragt: Wo könnte ich Menschen finden, die genau an der Stelle stehen, wo meine Transformation ansetzt? Dabei bin ich auf diese ersten Ideen gekommen:

- Ich biete mich als **Interviewgast** an für Influencer rund um die Themen Geld, Gründung, Selbstständigkeit, Businessaufbau et cetera. Dort spreche ich über die faszinierenden Möglichkeiten von Hypnose im Business.
- Ich **kooperiere** mit anderen Coaches, die sich auf verwandte Bereiche wie Gründung, Marketing oder Vertrieb spezialisiert haben. Sie kennen gewiss Menschen, die meine Unterstützung brauchen, dieses Thema jedoch selbst nicht bedienen (wollen). Ich bin für sie also keine Konkurrenz, sondern ein Partner.
- Auf meinen **Contentkanälen** experimentiere ich mit Themen rund um meine Hin-zu- und Weg-von-Methoden. So finde ich heraus, wie ich die Menschen am besten in meine Welt ziehen kann.
- Ich identifiziere **Schlüsselwörter**, nach denen die Menschen mit fortgeschrittenem Bewusstsein aktiv suchen wie *People Pleasing, Helfersyndrom, selbstbewusster verkaufen, Preise erhöhen, Business Hypnose* oder *Money Mindset*. Damit kann ich zum Beispiel Werbung schalten oder Suchmaschinenoptimierung betreiben.

Bis hierhin haben wir bewusst noch kein Stück Text geschrieben, sondern unsere Gedanken sortiert. Aus dieser Klarheit kann ich meine Worte nun bewusster wählen und den Text strategisch aufbauen.

ZUTAT 4:
VORTEILE

Der beste Weg, gute Ideen zu erhalten, besteht darin, möglichst viele Ideen zu entwickeln.
– Linus Pauling
(Nobelpreisträger für Chemie)

Sitzt Du gerade? Wenn nicht, dann suche Dir kurz ein sicheres Plätzchen, damit Du die folgende unangenehme Wahrheit gut verdauen kannst. Bereit? Menschen sind ziemlich egoistisch. Wenn es darum geht, ihr liebes Geld zu investieren, denken die meisten in erster Linie an sich. Eine zentrale Frage treibt sie an: Was habe ich davon?

Der englischsprachige Raum spricht in diesem Zusammenhang von der *Radiostation WIIFM* – ein schönes Wortspiel, das mit der Endung FM arbeitet (im deutschsprachigen Raum auch bekannt als UKW). Die fünf Buchstaben stehen für *What's in it for me?* Im Deutschen könnten wir also von Radio WHID (»Was habe ich davon?«) sprechen. Das ist der Kanal, dem die Menschen am liebsten lauschen – die Frequenz, die Hirne kribbeln und Augen funkeln lässt. Wenn wir den Wert unseres Angebots erfolgreich kommunizieren und unsere Zielgruppe bewegen wollen, dann sollten wir auf dieser Frequenz senden.

Um die WHID-Frage möglichst kraftvoll zu beantworten, würzen wir unsere Texte mit drei essenziellen Zugaben: Features, Benefits und Nutzen. Bei den ersten beiden Zutaten greife ich bewusst die Begriffe aus dem Englischen auf, weil sich diese trotz deutschsprachigem Pendant auch bei uns etabliert haben.

Features (Merkmale)

Die Features sind die faktischen Merkmale und Eigenschaften eines Angebots. Sie geben Auskunft darüber, wie ein Produkt oder eine Dienstleistung aufgebaut ist. Dazu gehören zum Beispiel Funktionen, Beschreibungen von Einzelteilen und Materialien sowie viele weitere Zahlen, Daten und Fakten. Diese Infos sind durchaus wichtig und wertvoll, doch sie allein verkaufen noch nicht. Der Grund ist einfach: Die Emotion fehlt.

Lass uns eine Jeanshose als Beispiel nehmen. Diese könnte zum Beispiel folgende Features mitbringen:

- 99 Prozent Baumwolle
- 1 Prozent Elastan
- Gummibund
- Passform Slim
- Verfügbar in fünf Farben und drei Waschungen

Diese Beschreibung wirkt auf Anhieb nüchtern, kühl und faktisch. Natürlich interessieren uns diese Infos – insbesondere, wenn wir schon genauer wissen, was wir wollen, und Angebote miteinander vergleichen. Haben wir also bereits ein höheres Lösungs- oder Angebotsbewusstsein, kennen wir auch die Vorteile, die zum Beispiel mit einer Elastan-Baumwoll-Mischung einhergehen. Unser Gehirn liest die Punkte, fragt sich *Was habe ich davon?* und übersetzt die Merkmale in Vorteile. Kennt die Zielgruppe sich jedoch weniger aus, dürfen wir diesen Übersetzungsschritt nicht von ihr erwarten. Denn Denken kostet Energie, und die investieren wir nur, wenn wir uns sicher sind, dass es sich für uns lohnt. Wer nicht so weit denkt, gelangt gar nicht erst zu der Schlussfolgerung, was das Angebot ihm bietet. Also übernehmen wir die Aufgabe und kauen vor, damit unsere Zielgruppe die Botschaft ganz entspannt verdauen kann. Wir übersetzen Features in Benefits.

Benefits (Vorteile)

Die Benefits sind die direkte Antwort auf die Frage: *Was habe ich davon?* Sie sorgen für gute Gefühle und sind damit das Salz in unserer Buchstabensuppe. Es geht um die konkreten Angebotsvorteile, die wir teils durch Brainstorming finden und teils direkt aus den Features ableiten können, indem wir uns fragen, was denn unsere Zielgruppe von den jeweiligen Merkmalen hat.

Lass uns aus den fünf Features der Jeans nun die zentralen Benefits herausarbeiten. Wenn Du von Haus aus ein Jeansguru bist, bitte ich Dich um etwas Nachsicht. Die folgenden Vorteile habe ich aus meiner Lebenserfahrung als Jeansträger destilliert.

99 Prozent Baumwolle:

- **Tragekomfort:** Die natürliche Faser ist besonders hautsympathisch, und die weiche Textur fühlt sich angenehm an.
- **Atmungsaktiv:** Baumwolle kann Feuchtigkeit aufnehmen, ableiten und dadurch die Körpertemperatur regulieren. So sorgt die Jeans auch an wärmeren Tagen für ein angenehmes Tragegefühl.
- **Langlebigkeit:** Baumwolle ist ein robuster Stoff, der auch bei häufigem Tragen und nach vielen Waschgängen seine Form, Farbe und Qualität behält.
- **Hypoallergen:** Die Naturfaser ist hautfreundlich, weil sich darin keine Mikroorganismen ansammeln – ideal für Menschen mit Allergien und empfindlicher Haut.

1 Prozent Elastan:

- **Bewegungsfreiheit:** Der Elastan-Anteil garantiert Flexibilität und Tragekomfort.
- **Optimaler Sitz:** Die Hose ist besonders anschmiegsam, passt sich der Figur an und sitzt dadurch nie zu eng.
- **Strapazierfähigkeit:** Die Jeans verzieht sich nicht und beult nicht aus. Das Elastan hält sie in Form und macht sie robust, widerstandsfähig sowie langlebig.
- **Pflegeleicht:** Entspanntes Waschen ganz ohne bügeln, denn die Jeans knittert nicht.

Gummibund:

- **Flexibilität:** Niemand mag es, wenn die Hose zum einschneidenden Erlebnis wird – diese Jeans passt sich Deiner Körperform an und lässt sich im Alltag schneller an- und ausziehen.
- **Sicherheit:** Die Hose sitzt jederzeit optimal und verhindert unangenehmes Ziepen, Quetschen sowie Druck- und Reibungsstellen auf der Haut.
- **Innovativ:** Stilvoller Look trifft auf kreative Funktionalität und modernes Lebensgefühl.

Passform Slim

- **Attraktiver Look:** Die eng anliegende Passform betont die Figur, lässt Beine optisch länger sowie schlanker wirken und kann anerkennende Blicke auf sich ziehen.
- **Stylingoptionen:** Eine schmale Jeans lässt sich auf vielfältige Weise kombinieren.

Fünf Farben und drei Waschungen

- **Persönlicher Ausdruck:** Ob rebellisch, glamourös, klassisch, kreativ oder traditionell – Deine Jeans drückt aus, wer Du bist.
- **Einzigartiger Look:** Trendige, knallige, mutige oder verrückte Farben fallen auf und eröffnen einzigartige Kombinationsmöglichkeiten.
- **Eigene Geschichte:** Bestimmte Stile wie ein Vintage-Look können durch eine dezente Patina Geschichten erzählen.
- **Allroundtalent:** Bestimmte Farben lassen sich spielend leicht kombinieren und machen bei jedem Anlass eine gute Figur.

Ganz schön faszinierend, wie viele Vorteile sich hinter ein paar trockenen Merkmalen verstecken können, oder? Dabei haben wir lediglich Übersetzungsarbeit aus der WHID-Perspektive geleistet. Dieser Schritt entpuppt sich jedoch im Businessalltag als weniger selbstverständlich – insbesondere wenn die Produktentwicklung auch am Marketing mitwirkt. Denn wer ein wertvolles Angebot entwickelt, ist zurecht auch vernarrt in all die Features, die es auszeichnen, und tendiert dazu, diesen auch in der Außenkommunikation eine große Bühne zu geben. Damit verschieben wir den Regler, ohne es zu merken, weg von der WHID-Frequenz, und im Kopf der Menschen setzt das Rauschen ein.

In diesen Fällen ist ein Sparringspartner Gold wert, der dabei unterstützt, die richtige Sendefrequenz zu finden. Gelingt das, gesellt sich zu den rationalen Features nun auch eine Auswahl leckerer Benefits, die Emotionen ins Spiel und Bilder in unsere Köpfe bringen. Diese Vorteile verleihen unserer Argumentation eine besondere Würze. Doch nicht jeder Benefit schafft es in den Recall.

Zu Beginn eines Projekts rate ich allen, mit denen ich zusammenarbeite, erst einmal eine Liste von mindestens 20 Benefits anzulegen. Und wenn ihnen das zu leicht fällt beziehungsweise auf Anhieb gelingt, dann dürfen sie gerne 30, 40 oder sogar 50 daraus machen. Bei einigen meiner langfristigen Projekte sind die Benefitlisten im

Laufe der Zeit auf über 100 Vorteile angewachsen. Ob Kundengespräche, Recherchen oder Erfahrungsberichte, weißt Du ersteinmal wonach Du suchst, springen Dich die Vorteile von jeder Ecke an, und Du kannst Deine Liste kontinuierlich um neue Punkte ergänzen. Das Sammeln lohnt sich in jedem Fall, denn in der Masse steckt die Klasse!

Nachdem wir uns einen Überblick über alles verschafft haben, was für die Zielgruppe wertvoll sein kann, setzen wir Prioritäten. In manchen Medien kann es zwar witzig sein, die Menschen mit einer Liste von 100 Vorteilen zu begeistern, doch in den meisten Fällen stehen wir vor der Herausforderung, auf wenig Raum schnell zum Punkt zu kommen. Dazu reduzieren wir unsere Liste auf die fünf bis zehn kraftvollsten Benefits. Die klassischen Eh-klar-Vorteile wie Kompetenz und Zuverlässigkeit sind Einschlafpillen. Wir suchen nach dem Ungewöhnlichen und Neuen – nach neuem Futter für unsere *Unique Value Proposition.* Dazu priorisieren wir die Benefits nach drei Kriterien:

1. Welche Vorteile haben das größte **emotionale Gewicht** für die Zielgruppe? Und was passt am besten zur Marke? Wenn wir den Lifestylecharakter unserer Jeans unterstreichen wollen, könnten wir Vorteile wie den persönlichen Ausdruck, den attraktiven Look oder das moderne Design der Hose hervorheben. Positionieren wir uns hingegen als Wohlfühljeans, betonen wir eher den Tragekomfort, die Bewegungsfreiheit und wie unglaublich pflegeleicht unsere Jeans ist.

2. Welche Begriffe bilden die optimale **Klammer**? Beim Lesen der Benefits hast Du bestimmt gemerkt, dass manche Vorteile ziemlich nah beieinander liegen oder sich sogar doppeln. Wir könnten zum Beispiel Aspekte wie Strapazierfähigkeit und Langlebigkeit in einem der beiden Benefits zusammenfassen. Oder wir entwickeln einen neuen Übergriff wie das angenehme Tragegefühl, unter dem wir Flexibilität, Komfort und Bewegungsfreiheit clustern. Wir fragen uns also, welche Vorteile miteinander verwandt sind und unter welchem gemeinsamen Dach sie sich ideal kombinieren lassen.

3. Welche Benefits fallen aus der Reihe, weil sie auf dem Markt bisher kaum vorkommen oder gänzlich **einzigartig** sind? Dieser Punkt ist in meinen Augen der wichtigste, denn ein einzigartiger Vorteil ist unser Ticket raus aus der Vergleichbarkeit (UVP). Im Fall unserer Jeans könnten wir eine ausgefallene Farbe anbieten oder die Vorteile betonen, die durch den Gummibund entstehen.

Extratipp: Vielleicht ist Dir dieser Twist schon in meiner Liste aufgefallen. Um die emotionale Kraft eines Benefits noch zu verstärken, bespiele ich gerne gleichzeitig die Weg-von- und die Hin-zu-Seite:

- Schluss mit dem öden Einheitslook – mit diesen mutigen Farben setzt Du ein Statement und zeigst Persönlichkeit.
- Ausgeleiert und ausgebeult? Nicht mit dieser Jeans! Unsere Stil-Highlights sind robust und hart im Nehmen. So schnell trennt Dich nichts von Deinem neuen Liebling.

Nutzen (Situation)

Nachdem wir den Menschen die Features und Benefits vorgestellt haben, wollen wir in einem Extraschritt den Kopfkinoprojektor anwerfen. Dazu übertragen wir einen der zentralen Benefits in eine konkrete Lebenssituation unserer Zielgruppe. Ich nenne diesen Denkschritt auch den *konkreten Nutzen vorführen*. Es geht um den Vorteil hinter dem Vorteil. Also was nützt mir der jeweilige Benefit ganz konkret in meinem Alltag? Dabei kannst Du Features, Benefits und Nutzen in ihrer Reihenfolge frei kombinieren. Für unser Beispiel kann das zum Beispiel so aussehen:

> *Diese Jeans besteht aus 99 Prozent Baumwolle und 1 Prozent Elastan (Features). Damit bietet sie Dir viel Flexibilität und höchsten Tragekomfort (Benefits). Ob beim Krabbeln mit den Kleinen, beim Tanzen im Club, ob im Büro oder sogar im Fitnessstudio – diese Jeans schränkt Dich nicht ein, sondern passt sich Deinem Leben an (Nutzen).*

Diese dritte Station ist kein Muss. In vielen Fällen reicht schon eine schöne Benefit-Feature-Kommunikation, um den Wert Deines Angebots zu vermitteln. Doch wenn Du Dir noch ein bisschen mehr Kopfkino für Deine Texte wünschst, kannst Du diese Nutzenzeile in Dein Drehbuch aufnehmen. Besonders wenn die Benefits etwas abstrakt wirken, macht ein Situationsbeispiel sie noch greif- und fühlbarer. Außerdem können wir hier mit Kreativität und originellen Beispielen punkten:

- Mehr Flexibilität und optimaler Tragekomfort (Benefits) dank Elastan-Anteil und Gummibund (Features). Die einzige Jeans, die selbst nach dem Weihnachtsessen noch wie angegossen sitzt (Nutzen).

- Schick Dein Bügeleisen in den Ruhestand! (Nutzen) Der besondere Baumwoll-Elastan-Mix (Feature) zwickt nicht, knittert nicht und macht diese Jeans pflegeleicht (Benefits). Sie ist so bequem wie Du und bleibt gerne den ganzen Tag mit Dir im Bett (Nutzen).

- Eine Jeans, die Deine Haut bedeckt, doch Deine Persönlichkeit nicht versteckt (Nutzen). Wähle aus unseren fünf mutigen Farben und Waschungen (Features) das Modell, das Deine Sprache spricht (Benefit).

- Geht mit Dir durch Dick und Dünn! (Nutzen) Gummibund und eine erstklassige Elastan-Mischung (Features) machen diese Jeans so flexibel und langlebig, dass sie Dich auch mit 4 – 5 Kilo mehr nicht im Stich lässt (Benefits).

Formulierungshilfen

In der Praxis kannst Du Benefits und Features auf vielen Wegen im Text zusammenbringen:

- Du präsentierst beides in Form einer **Aufzählung**. Ähnlich wie ich es bei den Vorteilen zur Jeans tue, stellst Du erst den Benefit vor und erläuterst nach einem Doppelpunkt, welche Features ihn möglich machen.
  Optimaler Tragekomfort: *atmungsaktive Baumwolle und 1 Prozent Elastan machen die Jeans flexibel, geschmeidig und hinterlassen ein angenehmes Gefühl auf der Haut.*

- FEATURE + Das bedeutet für Sie/Dich … + BENEFIT
  Die Jeans besteht zu 99 Prozent aus Baumwolle und 1 Prozent Elastan. Das bedeutet für Dich maximalen Tragekomfort, weil die Fasern nicht nur atmungsaktiv, sondern auch so flexibel sind, dass Du Dich auch mit Jeans frei bewegen kannst.

› BENEFIT + dank + FEATURE
Maximaler Tragekomfort *dank atmungsaktiver Baumwolle und 1 Prozent Elastan.*

› FEATURE + sodass + BENEFIT
Die Jeans besteht zu 99 Prozent aus Baumwolle und 1 Prozent Elastan, sodass sie in jeder Situation angenehm sitzt und höchsten Tragekomfort bietet.

PRAXISTRANSFER

Ein wertvolles Sprungbrett für meine Benefit-Liste habe ich schon mit den Hin-zu-Punkten in Zutat 2 angelegt. Wo möglich leite ich davon Benefits ab und übersetze die Features meines Angebots. Die bestehen in diesem Fall aus den Eckdaten sowie konkreten Inhalten meines Hypnoseprogramms. Die ersten drei Benefits beziehen sich auf die Vorteile während des Programms, die anderen auf den erfolgreichen Abschluss.

- **Hohe Flexibilität** – zwölf digitale Sessions wann und wo Du willst
- **Enger Support**: durchgehende Erreichbarkeit per Mail
- **Tiefgreifende Wirkung** – Hypnose verankert das Gelernte auf unterbewusster Ebene
- **Nachhaltige Veränderung** – intensive Begleitung über sechs Monate
- **Höhere Überzeugungskraft** dank bewährter Argumentationsstrategien
- **Mehr Me-Time** dank klarer Grenzen und eigener Spielregeln
- **Charismatische Ausstrahlung** durch tief verankerte Überzeugungen
- **Mehr Lebensqualität** dank besserer Kundenqualität und regelmäßiger Auszeiten
- **Höhere Umsätze** dank fairer Preisgestaltung und effektiver Kommunikation
- **Gestärktes Selbstvertrauen,** Selbstsicherheit und Gelassenheit im Verkauf

Diese Liste könnte ich gewiss noch fortsetzen, doch sie reicht erst einmal aus, um mein Angebot schmackhaft zu präsentieren. Da die Nutzenübertragung ein Nice-to-have ist, bringe ich diese erst später mit ein, wenn ich ausreichend Raum dafür habe.

ZUTAT 5:
RESONANZ

Was Du denkst, bist Du.
Was Du bist, strahlst Du aus.
Was Du ausstrahlst, ziehst Du an.
– Buddha, Siddhārtha Gautama

Wann bist Du zuletzt an den Augen eines Models hängen geblieben? Du scrollst durch einen Onlineshop oder blätterst durch ein Magazin, und plötzlich fesselt Dich der Blick einer Person – mehr noch: Ihr gesamtes Wesen spricht Dich an, als würde darüber eine geheimnisvolle Aura liegen. Einen ähnlichen Effekt erleben wir in der Kunst. Wir hören einen Song wegen dieser einen besonderen Zeile in Dauerschleife. Eine Gänsehaut überzieht unseren ganzen Körper, wenn wir ein bestimmtes Bild sehen. Oder jemand erzählt uns von einer Idee oder einer Erfahrung, und uns kommen die Tränen – nicht aus Trauer oder Freude, sondern weil wir uns auf ganz besondere Art und Weise berührt fühlen. Es ist, als gäbe es da tief in uns eine verborgene Stimme, die sich plötzlich meldet. Ohne Worte, ohne Buchstaben teilt sie uns mit: Das ist ganz besonders stimmig und richtig! Etwas bringt Saiten in uns zum Klingen. Wir schwingen auf einer Wellenlänge. Klingt fast ein bisschen esoterisch, oder? Ist es jedoch nicht. Das ist Resonanz.

Der Kern dieses Phänomens zeigt sich hervorragend an Musikinstrumenten. Stellst Du zwei Akustikgitarren einander gegenüber und zupfst dann bei der einen die tiefe E-Saite an, kannst Du wahrnehmen, wie auch die E-Saite der anderen zu schwingen und zu klingen beginnt. Auf die gleiche Weise können auch unsere Worte Saiten in anderen Menschen zum Klingen bringen, indem sie Haltung, Werte und Motive transportieren. Wer ähnlich denkt, empfindet und erlebt wie wir, schwingt für einen Augenblick mit uns auf einer Wellenlänge und fühlt sich auf sehr persönliche Weise verstanden und berührt. Bewusst bekommen wir davon kaum etwas mit, doch auf unterschwelliger Ebene entsteht eine Verbindung, die in uns ein Gefühl von besonderer Stimmigkeit hinterlässt.

Das Phänomen der Resonanz begleitet uns als Menschen vom ersten Herzschlag an. In seinem wundervollen Buch *Wie wir werden, wer wir sind* erläutert der Neurowissenschaftler Joachim Bauer, dass die Entstehung unserer Persönlichkeit und unseres gesamten Selbst weniger eine Frage der Gene ist, sondern vor allem dem Resonanzphänomen folgt.[11] Als Neugeborene interagieren wir mit unserer Umwelt, spiegeln sie und entwickeln uns auf Basis des Feedbacks, das wir auf unser Verhalten bekommen. Und dieses Prinzip der Resonanz wirkt sich auch im Erwachsenenalter noch bis in die Tiefen unserer Kommunikation aus.

Bist Du zum Beispiel verliebt bis in die Zehenspitzen und tänzelst mit breitem Grinsen durch den Alltag, kannst Du auf andere Menschen besonders charismatisch und anziehend wirken, weil Du etwas ausstrahlst, das sie berührt. Du lebst etwas vor und strahlst etwas aus, das in anderen resoniert.

Während wir bisher mit Transformationsversprechen, Problemen, Lösungen, Features, Benefits und einem praktischen Nutzen sehr offen und logisch argumentiert haben, verleihen wir unseren Texten jetzt einen besonderen Tiefgang. Resonanz ist eine Geheimzutat, die sich im fertigen Text nur noch schwer auf wenige Worte zurückführen lässt. Sie ist eine Frage der Haltung, die die gesamte Perspektive sowie die Tonalität des Textes beeinflusst. Wir verleihen unseren Worten eine charismatische Ausstrahlung.

Weshalb sind uns manche Menschen und Unternehmen sympathischer als andere? Warum spricht uns eine Marke ganz besonders an, obwohl andere mindestens genauso viele Vorteile und gute Argumente bieten? Und wie kann es sein, dass wir manchmal sogar kaufen würden, obwohl wir das Angebot noch gar nicht kennen? Das Prinzip der Resonanz wirkt auch in Branding und Verkauf, doch nur wenige beherrschen den Umgang damit. Ich definiere es in diesem Zusammenhang als ein Gefühl besonderer Stimmigkeit, das für Identifikation und tiefe Verbundenheit sorgt. Resonanz ist ein Weg, in Deinen Texten zu zeigen, wer Du bist und wofür Du stehst, ohne es explizit benennen zu müssen. Grundsätzlich gilt: Je stärker die Resonanz, desto weniger fühlen sich Werbung wie Werbung und Verkauf wie Verkauf an. Bis heute kratzt die Marketingwelt – wenn überhaupt – nur an der Oberfläche, was Wirkung und Potenzial für unsere Überzeugungsstrategien betrifft.

Klassische Verkaufstrainings empfehlen zum Beispiel gerne, ein sogenanntes Yes-Set beziehungsweise eine Ja-Straße beim Gegenüber aufzubauen. Die Idee ist bestechend einfach: Wir stellen hintereinander drei Fragen, auf die unsere Zielgruppe höchstwahrscheinlich mit einem klaren *Ja* antwortet. Damit setzen wir einen Wackeldackel-Effekt in Gang, wie ihn der Verkaufspsychologe Matthias Niggehoff getauft hat:[12] Die Person nickt beim Lesen oder Antworten mehrfach mit dem Kopf und entwickelt dabei ein Gefühl der Zustimmung – eine Ja-Haltung. Durch dieses positive Einstimmen gleich zu Beginn des Textes ist die Person geneigt, auch unserer weiteren Argumentation mit einem Mix aus Offenheit und Wohlwollen zu folgen. Das ist also eine recht einfache und vergleichsweise oberflächliche Art und Weise, Resonanz zu erzeugen. Und sie funktioniert auch auf die genau entgegengesetzte Weise: durch ein verbindendes Nein.

Position beziehen mit Wertestatements

Statt unser Gegenüber mehrfach hintereinander zur Zustimmung zu bewegen, können wir auch ganz klar Position beziehen, wofür wir *nicht* stehen. Was bieten wir nicht an? Welches Verhalten, welche Features und welche Praktiken sind für uns ein No-Go? Für welche Zusammenarbeit sind wir nicht zu haben?

Während ich diese Zeilen schreibe, gibt es auf meiner Website zum Beispiel einen Bereich zu einem meiner Programme mit der Überschrift »Was dieses Programm nicht ist«:

› **Eine anonyme Massenveranstaltung:** *Vergiss oberflächliche Live-Calls in Riesengruppen. In kleinem Kreis von fünf bis acht Menschen ist Raum für Tiefgang und alles, was Dich bewegt.*

› **Ein Schau-Dich-schlau-Kurs:** *Copywriting ist eine wertvolle und gefragte Fähigkeit. Ich zeige Dir, wie Du sie meisterst. Doch dazu gehören auch Umsetzung und: Schreiben!*

› **Ein Theorietheater mit Vorlagenarchiv:** *Von Malen-nach-Zahlen lernst Du nicht zu malen. Ich setze Dir keine leblosen Vorlagen vor, sondern vermittle Dir die zeitlosen Grundprinzipien für echte Kompetenz.*

Ja, es verlangt eine Portion Mut, klare Kante zu beziehen, doch es lohnt sich, wie wir gleich sehen werden. Diese Statements werden nicht allen gefallen – im Gegenteil: Sie dürfen und sollen polarisieren. Darin liegt ihre Kraft. Wovon wir überzeugt sind, das strahlen wir aus. Und was wir ausstrahlen, das ziehen wir an.

Menschen, die nicht zu Angebot und Unternehmen passen, zeigen uns die kalte Schulter. Und all jene, die mit uns auf einer Wellenlänge sind, fühlen sich dank dieser klaren Position noch stärker mit uns verbunden. Und das ist längst nicht der einzige Benefit! Es warten noch mehr Vorteile:

- **Identifikation:** Wenn für Dich etwas ein No-Go ist, dann gibt es gewiss große Teile des Marktes, die ähnlich empfinden. Diese Menschen fühlen sich erleichtert und identifizieren sich mit Dir, wenn Du aussprichst, was sie denken und fühlen.
- **Zusammenhalt:** Im Kapitel rund um Transformation und Identität haben wir darüber gesprochen, wie ein gemeinsames Feindbild Menschen zusammenschweißen kann. Eine ähnliche Wirkung hat der gemeinsame Kampf gegen einen Missstand wie schädliche Geschäftspraktiken oder nachteilige Angebotsfeatures.
- **Sicherheit:** Wer mit Substanz polarisiert und provoziert, vermittelt unterschwellig auch ein Gefühl von Klarheit, Sicherheit und Geborgenheit. Formulieren wir es bildhaft: Eine starke Position gibt Halt und Orientierung.

Beim letzten Punkt lege ich die Betonung bewusst auf die Substanz. Denn in der Praxis erlebe ich immer wieder, dass sich Menschen zum Wettbewerbsbashing verleiten lassen. Sie verteilen Seitenhiebe auf die Konkurrenz oder ziehen andere Marktteilnehmer in den Dreck. Dabei machen sie nur selten eine gute Figur. Das Verhalten wirkt vielmehr nicht souverän, schwach und manchmal sogar beschämend. So kann sich der geplante Angriff schnell in ein Eigentor verwandeln. Der eigene Aufstieg verlangt zuweilen Kraft und Einsatz. Und weil das nicht so schnell und leicht geht, begnügen sich manche damit, andere runterzumachen, in der Hoffnung, dadurch selber größer zu wirken. Doch in Wahrheit sinken sie nur tiefer, und mit ihnen sinkt auch das Niveau der gesamten Kommunikation. Das geht definitiv anders.

**Wer die eigene Größe kennt,
muss andere nicht kleinmachen.**

Der nachhaltige Weg liegt im Fokus auf Lösungen und Vorteilen. Unsere Botschaften richten sich nie gegen Menschen oder Unternehmen, sondern gegen bestimmte Praktiken und Angebotsfeatures, die aus unserer Perspektive einen Nachteil für die Zielgruppe oder das größere Ganze bedeuten. Und natürlich bietet sich damit ein willkommenes Sprungbrett, um unsere Stärken zu betonen und in einem besonderen Licht zu präsentieren. Hier noch ein paar Beispiele, wie solche Botschaften in der Praxis aussehen können:

› *Wir stellen keine Wegwerfmode her, sondern hochwertige Lieblingsstücke, die Du vererben willst.*
› *Rabattschlachten sind nicht unser Stil. Langfristig faire Preis stehen uns besser.*
› *Mit Reich-im-Schlaf-Strategien können wir nicht dienen. Doch wir entwickeln profitable Businessstrategien für aufgeweckte Gründer.*

Du weißt mittlerweile, dass ich gerne mit wilden Worten spiele und auch mal dick auftrage. Doch wie die Beispiele zeigen, muss es nicht immer die Holzhammermethode sein. Selbst ein provokativer Gedanke lässt sich mit Takt und Feingefühl zwischen den Zeilen platzieren.

Wenn Du diesen Ansatz für Dich nutzen willst, kannst Du sowohl von Dir als auch vom Markt ausgehen. Recherchiere zum Beispiel, welche Erfahrungen Menschen enttäuschen, was sie bei ähnlichen Angeboten bemängeln oder wo sich der Mitbewerber das Leben leicht macht. Erfahrungsberichte und Rezensionen sind ein Schlaraffenland der Inspiration. Insbesondere Bewertungen mit zwei oder drei Sternen lassen tief blicken, was die Menschen bemängeln und was sie sich stattdessen wünschen. Du brauchst also nicht alle Fehler selbst zu machen, um aus ihnen zu lernen. Anschließend kannst Du Dein Angebot so optimieren und vermarkten, dass Erlebnis und Ergebnis bei Dir anders sind und die Menschen in Deinem Fall nicht in diese Falle tappen.

Auf der anderen Seite kannst Du von Deinen persönlichen Werten oder denen Deiner Markenpersönlichkeit ausgehen. Welche Werte leiten Dein Denken und Handeln im unternehmerischen Alltag? Klar definierte Werte bilden die Basis einer starken Marke und einer einzigartigen Kommunikation.

Werte machen Deine Arbeit wertvoll.

Sie dürfen sich auch in Deiner Produktentwicklung widerspiegeln. Da bei mir zum Beispiel Verbundenheit und Tiefgang prägende Werte sind, biete ich intensive Programme nicht für Gruppengrößen von 50 Menschen oder mehr an. Auch wenn es wirtschaftlich gewiss ein spannendes Modell sein könnte, würde es nicht zu meinem Werteset passen und damit auch nicht zur Zielgruppe, die sich mit mir und meiner Haltung identifiziert. Es sei denn, ich würde einen Weg finden, Tiefgang, Verständnis und nachhaltige Lernerfolge über andere Wege zu ermöglichen.

Werte machen unsere Arbeit wertvoll – nicht nur für uns, sondern auch für die Zielgruppe. Sie kann dazu eine Verbindung aufbauen und einen tieferen Sinn erkennen. Fehlt jedoch der Einklang mit unseren Werten, kann etwas wert- und sinnlos wirken.

Ich empfehle übrigens, die Werte in der Arbeit nicht aktiv zu benennen. Ich schreibe also nicht einfach plump einzelne Worte auf meine Website, sondern suche nach Wegen, sie erlebbar zu machen. Hier dreht sich erneut alles um Emotionen. Sage ich Dir, dass ich für Tiefgang, Wachstum, Genuss und Verbundenheit stehe, wandern Deine Gedanken vielleicht gelangweilt zu für Dich wichtigeren Themen wie Bügelwäsche oder Abendessen. Erzähle ich Dir jedoch davon, dass ich Workshops gerne in kleinen Gruppen abhalte, gerne auch offline zum Fühlen und dran Schnuppern, oder dass ich mich freue wie ein kleiner Junge, wenn ich in guten Restaurants esse oder am Samstagabend mit einem belgischen Starkbier und einem würzigen Käse vor dem Kamin lese, dann versteht Deine Innenwelt diese Werte intuitiv. Und die Wirkung ist umso vieles stärker, weil ich Dir die Bewertung nicht aufdränge, sondern sie entsteht von selbst in Deinem Kopf.

Zeigen statt labern – auch bei den Werten! Wir greifen in unsere Gewürzkiste, zoomen hinein und schalten das Kopfkino ein.

Grundsätzlich könnte ich das Kapitel an dieser Stelle beenden, denn Du bekommst so langsam ein Gefühl, wie Resonanz funktioniert. Doch der Spaß fängt gerade erst an! Da ist nämlich noch *one more thing* …

Kaufmotive entschlüsseln, Menschen mit Tiefgang verstehen

Vordergründig mag es im Verkauf um Ergebnisse, Geld und Angebote gehen, doch unter der Oberfläche erwartet uns eine ganz andere Welt. Hinter jedem menschlichen Wunsch steckt ein Motiv. Ohne geht unser Hirn nicht aus dem Haus. Unsere Motive sind der Motor hinter unserem Verhalten und auch das Warum hinter unserer Kaufentscheidung. Die Motive motivieren und sorgen neben der Weg-von- und Hin-zu-Argumentation für zusätzlichen Antrieb.

Im Kapitel rund um die Transformation haben wir festgehalten, dass Menschen keine Produkte oder Dienstleistungen kaufen, sondern eine Transformation mit Erlebnis und Ergebnis. Damit haben wir das *Was* geklärt. Nun widmen wir uns dem *Warum*. Klar, sie wollen von einem Problem zur Lösung, doch dahinter steckt noch mehr: Was ist der tieferliegende Wunsch, weshalb sie sich auf die Reise begeben? Was ist ihnen dabei besonders wichtig? Warum wollen sie, was sie wollen? Und warum wollen sie es genau so, *wie* sie es wollen?

Die Antworten auf diese Fragen brodeln unter der Oberfläche. Viele Menschen wollen einfach das Smartphone, das Auto oder die Reise. Sie sind sich in aller Regel nicht bewusst, welche Motive hinter ihren Wünschen stecken. Es sei denn, sie haben mein Programm belegt. Und trotz aller Kompetenz hinterfrage ich selbst nicht jede meiner Kaufentscheidungen auf das dahinterliegende Motiv. Denn Kaufen soll doch auch Spaß machen (und darf manchmal auch mal unvernünftig sein, oder?).

Wenn wir die Kaufmotive unserer Zielgruppe identifizieren und in unseren Texten ansprechen, können wir eine besonders kraftvolle Form der Resonanz herstellen. Die Menschen fühlen sich auf eine einzigartige Art und Weise verstanden.

Im Laufe meiner Karriere habe ich in zahlreichen Kundenprojekten mit der motivspezifischen Ansprache experimentiert, insbesondere auch in meinem Podcast und auf meiner eigenen Website. Dadurch erhielt ich immer wieder ein Feedback meiner Zielgruppe, das in etwa wie folgt lautete: »Youri, ich habe viele Anbieter verglichen und jede Menge Texte gelesen, doch Deine Website sticht total heraus. Ich kann nicht genau sagen, woran es liegt, doch Copywriting fühlt sich bei Dir ganz besonders an.«

Von ähnlichen Reaktionen berichten mir auch meine Kundinnen und Kunden, nachdem sie gelernt haben, die Kaufmotive ihrer Zielgruppe zu identifizieren und wirkungsvoll anzusprechen. Dafür dürfen sie sich gerne auf die Schulter klopfen, und wenn wir ein solches Feedback erhalten, sagt es mindestens genauso viel über die Person aus wie über unsere Texte.

Bezeichnet jemand ein Angebot zum Beispiel als das beste auf dem Markt, kann da natürlich objektiv einiges dran sein, doch in erster Linie können wir es subjektiv übersetzen mit: Das Angebot passt am besten zu meiner Situation, meinen Zielen und meiner Persönlichkeit. Jeder Mensch ist anders, hat eigene Bedürfnisse und setzt unterschiedliche Prioritäten. Allein deswegen kann es nicht das Ein-für-alle-Angebot geben. Die motivspezifische Ansprache bietet uns einen Weg, aus der Vergleichbarkeit auszubrechen, uns selbst auf volleren Märkten spitz zu positionieren und Menschen mit unseren Worten auf sehr persönlicher Ebene zu bewegen.

Nehmen wir Dich und das Thema Copywriting als Beispiel: Was ist Dein Motiv? Warum beschäftigst Du Dich gerade mit diesem Thema? Und was ist Dir dabei besonders wichtig? Fühle gerne erst einmal in Dich hinein und sammele die Antworten, die Dir spontan in den Sinn kommen. Anschließend geben Dir die folgenden Aussagen noch ein paar Anhaltspunkte, um Deine Gedanken zu vertiefen. Welcher der folgenden Punkte trifft am ehesten auf Dich zu?

1. Du willst Dich zu einem der besten Textgenies auf dem Markt entwickeln und verkaufsstarke Projekte entwickeln, die in ihrer Wirkung alles andere übertreffen.

2. Du suchst nach neuen, kreativen und gerne auch verrückten Ansätzen, um Texte zu schreiben, die nach Dir klingen, die inspirieren und aus dem Raster fallen.

3. Vertrauen, Ehrlichkeit und Menschlichkeit – diese Zutaten bilden das Fundament Deiner Arbeit. Du willst Texte schreiben, die sich gut anfühlen und Menschen bewegen, ohne dabei schmierig, schleimig oder aufdringlich zu wirken.

4. Du hast erkannt, dass hinter gutem Copywriting ein logisches System steckt, das auf bewährten Prinzipien beruht. Die willst Du mit Tiefgang verstehen, um Deine Texte in Zukunft genauer auf Schwachstellen zu analysieren und eine bewusste Kompetenz zu kultivieren.

Und? Bei welcher der Aussagen hast Du Dich am ehesten wiedergefunden? Wo könnte ich den Wackeldackel-Effekt beobachten? Womöglich haben Dich auch gleich mehrere angesprochen, vielleicht sogar alle vier? In dem Fall darfst Du nun Prioritäten setzen: Wenn Du nur eine oder zwei von den Aussagen wählen dürftest, welche wären für Dich dann besonders wichtig?

Keine Bange, gute Nachricht: Dieses Buch unterstützt Dich dabei, alle vier der oben beschriebenen Ziele zu erreichen. Wenn ich das Thema Copywriting jedoch erfolgreich vermarkten will, habe ich mit dem Fokus auf einige zentrale Motive die Möglichkeit, mich ganz klar vom Wettbewerb abzugrenzen und mit einzigartigen Botschaften in Erinnerung zu bleiben. Jedes der vier Statements spricht bestimmte Motive an, die wir uns gleich noch näher anschauen. Und Du kannst Dir vorstellen, dass ich je nach Marketingbotschaft, die ich aussende, andere Menschen anziehe. In allen vier Fällen würde ich mit meiner Botschaft andere Akzente setzen und meine Sprache würde einen eignen Charakter entwickeln:

1. Hinterlasse Eindruck mit dem richtigen Ausdruck – kraftvolles Copywriting ist der Schlüssel für Einfluss und Wachstum bis hin zur Marktdominanz. Lerne Werbetexten, die Unabhängigkeitserklärung für Dein Marketing. Dein neuer Wettbewerbsvorteil?

2. Modernes Copywriting ist die Superkraft für Marketing mit Persönlichkeit. Gib Larifari und Wischiwaschi den Abschiedskuss! Schmeiß den Einheitsbrei vom Tisch und entwickle originelle Botschaften, die überraschen, begeistern und süchtig machen.

3. Erst verstehen, dann verstanden werden – setze auf berührende Botschaften, die Menschen bewegen, ohne dabei gegen ethisch-moralische Standards zu verstoßen. Hier lernst Du wertschätzendes Copywriting mit Herz, Hirn und ohne Schleimspur.

4. Verstehen, was wirklich wirkt – Verkaufspsychologie und Neurowissenschaften liefern uns heute faszinierende Einsichten, um Menschen systematisch zu bewegen. Keine Lust mehr auf Westentaschentipps oder aufgeblasenes Verkaufsgepose? Ich vermittle Dir die zeitlosen Grundprinzipien und bewährte Argumentationsstrukturen für messbare Ergebnisse.

Erkennst Du, wie meine Texte je nach Schwerpunkt eine ganz andere Farbe bekommen? Die Wahl der Worte schmeckt dabei längst nicht jedem. Während manch einem vielleicht die *Marktdominanz* übel aufstößt, finden andere, dass das *berührende* in keinen ernstzunehmenden Marketingtext gehört. Diese subjektiven Urteile kannst Du in Zukunft besser einordnen und bewerten, denn sie geben in erster Linie Auskunft über die Motive der Feedbackgeber. Gehören sie nicht zur Zielgruppe, dürfen wir ihre Hinweise mit Vorsicht genießen. Denn die entscheidende Frage ist: Welche Worte will und muss unsere Zielgruppe hören?

Von der Wahl der Motive hängt nicht nur ab, *wie* wir schreiben, sondern auch, *was* wir schreiben. Im Kapitel rund um die Vorteile haben wir erst mit einem Fokus auf Masse eine Liste von Benefits erstellt, um anschließend mit klaren Prioritäten die Klasse herauszufiltern. Ein entscheidendes Kriterium für die Wahl der stärksten Benefits ist die Positionierung. Wofür wollen wir stehen? Welche Akzente setzen wir? Welche Vorteile sind an unserem Angebot einzigartig? Nun können wir uns auch daran orientieren, welche Kaufmotive unsere Zielgruppe bewegen, und uns fragen: Welche Vorteile haben das größte Gewicht für Menschen mit bestimmten Motiven?

Wer zum Beispiel nach originellen Metaphern, wilden Wortspielen und kreativen Texteinstiegen sucht, für den sind bewährte Textstrukturen und verkaufspsychologische Hintergründe erst einmal zweitrangig. Und wer besonderen Wert auf Wohlfühlverkauf ohne Druck und Angst legt, pfeift wahrscheinlich auch gerne mal auf den ein oder anderen sofortigen Abschluss, wenn dieser die eigene Integrität gefährdet.

Der richtige Umgang mit Kaufmotiven verlangt anfangs etwas Fingerspitzengefühl, ist jedoch auf Dauer ein bedeutender Faktor, der den Unterschied macht. In meinen weiterführenden Programmen gehe ich mit sehr viel Tiefgang auf die motivspezifische Ansprache ein und erläutere zum Beispiel, mit welchen verkaufspsychologischen Triggern Du Zielgruppen mit bestimmten Motiven am stärksten bewegst. So ein Exkurs würde den Rahmen dieses Buches komplett sprengen. Daher fokussiere ich mich an dieser Stelle auf die zentralen Hintergründe, damit Du einen fundierten Überblick hast und erste Experimente in Deiner Praxis starten kannst.

Die vier Grundmotive menschlichen Handelns

Der deutsche Wirtschaftspsychologe, Trainer und Experte für emotionale Intelligenz Dirk W. Eilert hat in seiner Arbeit zahlreiche Studien ausgewertet und die folgenden vier neurobiologischen Grundmotive ermittelt, die jeden Menschen bewegen:[13]

Eilert ergänzt die vier Grundmotive jeweils um einige untergeordnete Bedürfnisse, die Dir ein besseres Gefühl für die einzelnen Schwerpunkte geben.

- **Durchsetzung und Einfluss:** Mut, Selbstbestimmung, Beharrlichkeit, Status, Prestige, Fortschritt und Wachstum
- **Ordnung und Stabilität:** Vernunft, Logik, Struktur, Sorgfalt, Tradition, Sicherheit und Beständigkeit
- **Harmonie und Geborgenheit:** Zugehörigkeit, Mitgefühl, Partnerschaftlichkeit, Bescheidenheit und Hingabe
- **Inspiration und Leichtigkeit:** Kreativität, Spaß, Humor, Individualität, Schönheit und Abenteuer

Die Motive unseres menschlichen Handelns sind damit längst kein Mysterium mehr, sondern sie folgen einem klaren System, an dem wir unser Copywriting ausrichten können. Mit diesem Hintergrundwissen kannst Du nun zurückblättern und meine Beispiele von vorhin zur Copywritingwelt entschlüsseln. Ich orientiere mich mit meinen Botschaften jeweils an den Grundmotiven und passe sowohl die Wahl der Benefits als auch die Wahl meiner Worte daran an:

- Wenn es um **Durchsetzung und Einfluss** geht, lege ich den Fokus auf Leistung, Wachstum, Außenwirkung und Exklusivität. Hier geht es um Selbstwirksamkeit und Erfolge. Entsprechend nutze ich eine aktivierende, selbstbewusste und direkte Sprache, die sich für all jene, die nicht zur Zielgruppe passen, »dick aufgetragen« anfühlen kann.

- Im Motivfeld **Ordnung und Stabilität** ist meine Sprache deutlich bodenständiger und weniger überschwänglich. Superlative und allzu vollmundige Versprechen wecken in diesem Kontext Skepsis. Stattdessen stütze ich mich auf Zahlen, Daten, Fakten, verweise auf anerkannte Autoritäten und untermauere meine Aussagen mit Quellen, Studien und Beweisen.

- Dreht sich alles um das Grundmotiv **Harmonie und Geborgenheit**, darf ich den Emotionshahn weiter aufdrehen. Demut, Achtung und Fürsorglichkeit prägen meine Haltung. Meine Sprache ist gefühlvoll, weich und ohne Druck. Mein Fokus liegt weniger auf dem persönlichen Vorteil als auf dem Mehrwert für ein größeres Ganzes mit Fokus auf Verbundenheit, Weitblick und Integrität.

- Im Motivfeld **Inspiration und Leichtigkeit** dürfen wir Spaßvögel und Entertainer sein. Die Sprache ist frisch, positiv und unterhaltsam – selbst Emojis und Anglizismen haben ihren Platz. Für Langeweile und Komplexität ist hier hingegen kein Raum. Stattdessen dürfen wir aus dem Raster fallen, gerne auch mal provozieren und mit originellen Botschaften inspirieren.

PROFITIPP: »Amerikanisches« Marketing – warum fühlt es sich so anders an?

Laut, aufdringlich und unseriös – so wirkt US-amerikanisches Marketing auf viele Menschen aus dem deutschsprachigen Raum. Wenn Du Dir die Lehrbuchbeispiele der Copywritinglegenden anschaust, merkst Du: Das fühlt sich deutlich anders an – zuweilen übertrieben, dramatisch, fast schon brachial und sehr dick aufgetragen. Während Superlative und große Versprechen dort beliebte Zutaten sind, dürfen wir im mitteleuropäischen Raum sparsamer damit umgehen. Der Unterschied liegt nicht etwa darin, dass die Menschen in Übersee leichtgläubiger wären.

Du ahnst wahrscheinlich schon: Diese andere Farbe der Kommunikation ergibt sich dadurch, dass der Schwerpunkt auf anderen Motiven liegt, die kulturell geprägt sind. Nicht umsonst gilt die Bundesrepublik als das Land der Dichter und Denker und weniger als das Land der Macher und Abenteurer. Letzteres passt wesentlich besser zu den Vereinigten Staaten, deren kultureller Schwerpunkt auf den Grundmotiven *Durchsetzung und Einfluss* sowie *Inspiration und Leichtigkeit* liegt. Die deutsche Kultur tendiert hingegen zu den Grundmotiven *Ordnung und Stabilität* sowie *Harmonie und Geborgenheit*. Das ist der Grund, warum wir Marketingtexte aus den USA nicht ohne Weiteres eins zu eins ins Deutsche übertragen sollten. Sie könnten übertrieben wirken und Skepsis wecken. Grundsätzlich ist jedoch auch eine »amerikanischere« Sprache in unseren Kulturen möglich, wenn das Hauptmotiv der Zielgruppe im Feld *Durchsetzung und Einfluss* liegt.

Vielleicht fragst Du Dich beim Blick auf dieses Modell: »Ist das nicht wie …?« Bevor Deine Gedanken nun zu anderen Modellen wandern, lass uns zwei wichtige Punkte besprechen. Zum einen hat Eilert bei seiner Arbeit die Stärken unterschiedlicher Modelle zu einem – in meinen Augen – überlegenen Ansatz vereint. Auch wenn Du schon mit anderen Modellen gearbeitet hast, darfst Du dieser Strategie also mit Offenheit begegnen und Dich ganz darauf einlassen, um den maximalen Mehrwert daraus zu erhalten.

Zum anderen – und das ist für diesen Ansatz besonders wichtig – sind Motive keine Persönlichkeitstypisierung. Es geht nicht darum, Menschen in Boxen zu packen und ein Typenetikett drauf zu kleben. Durch so eine »Persönlichkeitstupperwarisierung« würde der gesamte Ansatz seinen Wert verlieren. Denn Motive sind eine kontextspezifische Momentaufnahme. Das heißt konkret: Je nach Situation und Lebensbereich können uns andere Motive leiten, die sich außerdem im Laufe der Zeit verändern können.

Ich treibe zum Beispiel schon mein Leben lang gerne Sport. Ohne das regelmäßige Auspowern wäre ich als Texter vollkommen lahmgelegt. Doch dazu später mehr. Einige Jahre lang habe ich sehr gerne in Gruppenkursen mit Langhanteln trainiert. Dabei genoss ich vor allem das harmonische Miteinander, den sozialen Austausch und die abwechslungsreichen Übungen. Mit der Zeit verschob sich jedoch mein Fokus im Business. Ich setzte andere Prioritäten und hatte deutlich weniger Zeit für die Kurse. Plötzlich hatte ich andere Motive im Kontext Sport: Ich wollte mich immer noch fit halten und meinem Körper etwas Gutes tun. Doch dabei kam es mir jetzt auf maximale Ergebnisse in kürzester Zeit an. Über einen meiner Kursteilnehmer lernte ich die

Welt des EMS (Elektrische Muskelstimulation) kennen – eine Art des sehr effizienten Trainings, bei dem schon 20 Minuten Zeiteinsatz pro Woche reichen. Die Übungen sind dabei nicht unbedingt abwechslungsreich, und an soziale Interaktion mit meiner Trainerin ist nicht zu denken. Ein gutes Zeichen, wie mir mal ein Freund erklärte. Denn sein Motto beim Training ist bis heute: »Wenn Du noch Luft zum Labern hast, machst Du was falsch!« Das spricht eindeutig für seine Motive, und so einen Spruch könnte ich für bestimmte Zielgruppen glatt aufs Werbeplakat drucken, weil es ihren Spirit wunderbar wiedergibt.

Früher hätte ich diese Art des Trainings als zu monoton und zu leistungsbetont abgetan. Doch mit meinen Lebensumständen änderten sich auch meine Motive, und meine Antennen standen plötzlich auf Empfang für andere Benefits. Ähnlich war es bei einem guten Freund, der seinen Porsche gegen einen geräumigen Viertürer eintauschte, als sich der erste Nachwuchs ankündigte.

Unsere Motive können heute also andere sein als noch vor zehn Jahren, genauso wie unsere Motive bei der Arbeit nicht die gleichen sein müssen wie beim Sport, im Restaurant oder beim Autokauf. Motive sind also eine dynamische Geschichte, was den Wert des Ansatzes jedoch in keiner Weise beeinträchtigt. Denn immerhin verkaufen wir jeweils in einem bestimmten Kontext zu einem festen Zeitpunkt.

Vielleicht sind Dir beim Lesen Menschen aus Deinem Umfeld eingefallen, die in unterschiedlichen Bereichen ihres Lebens ähnliche Motive haben. Vielleicht kennst Du eine Person, die stets sehr gewissenhaft und analytisch vorgeht und sich klare Strukturen wünscht. Andere hingegen treibt so ein Ehrgeiz, dass sie gerne wetteifern und sich bei allem, was sie anfassen, nur mit Spitzenergebnissen zufriedengeben. Um auch in diesen Fällen nicht gleich eine Schublade zu öffnen und ein Etikett zu beschriften, schenkt uns Eilert ein hilfreiches und aussagekräftiges Bild:[14] Stell Dir vor, die vier Grundmotive sind wie die vier Räume eines quadratischen Hauses. Richtest Du nun eine Wärmebildkamera auf dieses Haus, dann könntest Du am Ende des Tages beobachten, dass wir uns alle im Verlauf des Tages länger in manchen Räumen aufhalten als in anderen, grundsätzlich jedoch in allen vier Räumen unterwegs sind.

Wir können also durchaus gewisse Präferenzen haben, die sich abhängig von Zeit und Kontext verschieben. Wir wissen aus unserer Lebenserfahrung, wie es sich in jedem Winkel anfühlt. Das betone ich besonders mit Blick auf Deine Fähigkeiten. Denn weil Du persönlich zu allen vier Grundmotiven eine Verbindung aufbauen kannst, darfst Du auch darauf vertrauen, dass Du grundsätzlich auch für alle vier Felder texten kannst. Vielleicht fühlst Du Dich zu Beginn in einem Bereich wohler als im anderen. Doch das ist grundsätzlich eine Frage des Trainings. Je häufiger Du Dich in die unterschiedlichen Felder einfühlst und diese auch mit persönlichen Erfahrungen verbindest, desto leichter gelingt es Dir in Zukunft, in die passende Stimmung zu kommen, aus der heraus die Worte noch leichter fließen.

Motive identifizieren und ansprechen

Vielleicht hattest Du bis hierher beim Lesen schon eine erste Ahnung, wie Deine Zielgruppe tickt und welche Motive sie zu Dir führen. Manche bewegt an dieser Stelle eine andere Frage, die ich klären möchte, bevor wir zum Hauptgang kommen: »Kann ich in meinem Marketing nicht einfach alle vier Grundmotive ansprechen? Wenn ich meine Botschaft so breit streue, treffe ich doch gewiss jeden mit seinen Motiven, und ich kann viel mehr Menschen erreichen, oder?« Diese Denkweise ist erst einmal bestechend logisch, und oft höre ich in diesem Zusammenhang auch das Argument, die Menschen würden eh nur auf das anspringen, was sie anspricht, und alles andere überlesen oder überhören. Das mag zwar in anderen Bereichen stimmen, doch im Copywriting birgt diese Denkweise drei große Gefahren.

Erstens: Alle vier Grundmotive effektiv anzusprechen, macht den Text deutlich länger und verlangt damit einen Raum, der uns längst nicht in allen Medien und Kanälen zur Verfügung steht. Packen wir jedes x-beliebige Argument in unsere Texte, verderben wir den Menschen allzu schnell den Appetit. Stattdessen selektieren, präsentieren und betonen wir. Wir kauen vor, damit unsere Botschaft relevant und leicht verdaulich ist. Der Ansatz der sehr breiten Ansprache scheitert in der Praxis häufig schon allein mit Blick auf die Textlänge.

Zweitens: Wenn wir versuchen, allen zu gefallen, sind wir am Ende so gefällig und fade, dass wir niemanden wirklich ansprechen. Wir vergeben damit die große Chance, Resonanz zu erzeugen und uns vom übrigen Markt abzuheben. Erinnere Dich an den Magneten, der seine starke Anziehungskraft auch nur dadurch entwickelt, dass er auf der anderen Seite etwas von sich schiebt. All jene, die mit unseren Botschaften resonieren, fühlen sich uns anschließend umso stärker verbunden.

Drittens: Wir verkaufen nicht nur ein Ergebnis, sondern auch ein Erlebnis. Die Motive, die unsere Arbeit prägen, spiegeln sich idealerweise auch in unserem Angebot. Tauchen wir unsere Werbebotschaften jedoch in die Farbe von Motiven, die die Menschen nach dem Kauf im Angebot dann nicht mehr spüren können, mündet das in enttäuschte Erwartungen, die bis hin zur Kaufreue führen können. Stell Dir vor, mein EMS-Studio wirbt mit *Krassen Ergebnissen ohne Schnickschnack und Firlefanz*. Das will ich. Ich buche. Doch dann beginnt jedes Training mit 10 Minuten Achtsamkeitsmeditation, oder ich bekomme eine kleine Präsentation mit den neuesten wissenschaftlichen Erkenntnissen rund um besonders effizientes Training. Ohne Frage, das kann alles interessant sein, wenn es zu meinen Motiven passt. Da mein Fokus jedoch anders liegt, würde ich mir regelrecht veräppelt vorkommen. Die Farbe unserer Texte sollte also schon einen Vorgeschmack auf das Erlebnis geben, das die Menschen später erwartet. Sind die Welten vor und hinter dem Abschluss nicht stimmig, kann das die Resonanz und sogar das Vertrauen erschüttern.

Es gibt also viele gute Gründe, sich näher mit den Motiven zu beschäftigen und sie nicht undosiert über jedes Gericht zu schütten. Dieser gedankliche Schritt lohnt sich, denn er macht nicht nur Spaß, sondern bietet viele Vorteile für die Außenwirkung. Grundsätzlich gibt es zwei Wege, mit Kaufmotiven zu arbeiten: die **Angebotsanalyse** oder das **Wunschkonzert** aus der Anbieterperspektive.

Bei der ersten Variante analysierst Du Dein Produkt beziehungsweise Deine Dienstleistung auf die zentralen Kaufmotive. Bei manchen Angeboten lachen Dich die Motive nahezu an, und Du brauchst sie lediglich in passende Worte zu kleiden. Alternativ kannst Du überall dort recherchieren, wo sich Deine Zielgruppe zum Thema äußert. Dafür eignen sich zum Beispiel Internetforen und Fachmagazine, Rezensionen und Erfahrungsberichte – auch auf den Seiten der Wettbewerber – oder Du kannst im Rahmen von Umfragen, Telefonaten oder Fokusgruppen direkt in den Dialog mit der Zielgruppe treten. Dabei bringt Dich folgende Frage auf die Fährte der Motive: »Was ist Dir dabei (Thema) wirklich wichtig?« Diese Frage kannst Du durchaus auch mehrfach hintereinander stellen. Nun, da Du weißt, wonach Du suchst, springen Dir die Motive in den meisten Fällen direkt ins Auge.

In einigen Branchen und Angebotssparten erwarten Dich bei Deiner Recherche weniger Überraschungen. Vielmehr triffst Du häufig auf eine typische Motivstruktur. Hier mal ein paar Beispiele, kategorisiert nach den vier Grundmotiven:

› **Durchsetzung und Einfluss:** Designerkleidung, Luxusuhren, Champagnermarken, Sternerestaurants, Performancemarketing, Leistungssport

› **Ordnung und Stabilität:** Versicherungen, Banken, Steuerberater, Notare, Notizbücher, Zahnärzte, Tankstellen

- **Harmonie und Geborgenheit:** Wellness, Yogakurse, Hotels, Babymarken, Meditationsapps, Pflegedienste, Bäckereien
- **Inspiration und Leichtigkeit:** Freizeitparks, Modekleidung, Reiseanbieter, Fast-Food-Restaurants, Bastelkurse

Meine Zuordnungen können auf Anhieb ein bisschen stereotyp wirken. Und das hat gute Gründe. Denn wenn es zum Beispiel ums Thema Steuern geht, suchen die meisten Unternehmen nicht nach kreativen Experimenten. Die Rolex ist für viele ihrer Träger ein Statussymbol, ein Zeichen für Leistung und Erfolg. Bei näherer Betrachtung sind jedoch auch diese scheinbar klaren Angebotskategorien nicht schwarz-weiß.

Als ich zum Beispiel einen Kunden im Bereich Luxusuhren einige Jahre als Texter begleiten durfte, lernte ich schnell, dass Menschen durchaus auch andere Motive haben können, fünf- bis sechsstellige Beträge in einen Zeitmesser zu investieren. Für manche Kenner sind die Uhren zum Beispiel eine solide, vernünftige und rentable Wertanlage *(Ordnung und Stabilität)*, manche Sammler schreiben gewissen Modellen einzigartigen Charakter zu und erkennen darin eine besondere Schönheit *(Inspiration und Leichtigkeit)*, und für wiederum andere sind es emotional aufgeladene Familienerbstücke, die Generationen verbinden *(Harmonie und Geborgenheit)*. Würden wir also morgen eine neue Marke für Luxusuhren entwickeln, könnten wir sie am Markt ganz gezielt in einem dieser Motivfelder positionieren. Dadurch wären wir weniger vergleichbar und könnten mit sorgfältig gewählten Botschaften eine sehr spitze Zielgruppe für uns gewinnen.

Genauso vielversprechend kann es übrigens sein, sich bewusst außerhalb der für die Branche üblichen Motive aufzustellen. So gibt es zum Beispiel Banken und Zahlungsanbieter, die Nähe, Moral und sogar Humor in die Welt des Geldes bringen. Oder wie wäre es mit einer Art Performance-Yoga? Meine ersten Erfahrungen mit dieser Art von Körper- und Geistestraining waren mindestens genauso fordernd wie beim EMS. Yoga bietet also durchaus einen Rahmen, bei dem auch Menschen mit dem Grundmotiv *Durchsetzung und Einfluss* voll auf ihre Kosten kommen. Doch ich bin bis heute kaum auf Angebote gestoßen, die Yoga aus dieser Perspektive vermarkten. In großen Ballungsgebieten könnte der Markt Potenzial bieten, sich in Angebot und Marketing auf diese Motive zu spezialisieren.

Damit sind wir gedanklich auch schon mitten in der zweiten Herangehensweise. Denn statt die zentralen Kaufmotive aus dem Angebot abzuleiten, können wir auch von unserer Unternehmensperspektive ausgehen und ein **Wunschkonzert** veranstalten. Dieser Ansatz eignet sich insbesondere für Selbstständige, kleinere Unternehmen und all jene, die raus aus der Vergleichbarkeit wollen. Sie können sich so positionieren, dass sie aus dem gewohnten Branchentrott ausbrechen und eine eigene Nische bedienen.

Schauen wir uns das konkret am Beispiel meines EMS-Trainings an. Da ich aktuell ziemlich ländlich lebe, gibt es in meinem Umfeld nur einen einzigen Anbieter. Er qualifiziert sich für mich also allein dadurch, dass er gleich um die Ecke ist. Daher müsste er weder in seiner Werbung noch im Verkaufsgespräch auf meine Motive eingehen – er könnte das jedoch tun, um mir ein besonders gutes Gefühl beim Abschluss zu geben. Stellen wir uns jedoch vor, wir sind in einer Großstadt und haben ein größeres Einzugsgebiet mit anderer Marktlage. Allein in unserem Viertel gibt es sechs weitere Studios. Kommunizieren alle die üblichen leicht vergleichbaren Benefits, entscheidet am Ende nur noch der Preis, und der Markt gerät unter Druck. Um sich dennoch ein Stück des Kuchens zu sichern, würden manche Anbieter sich jetzt einen erbitterten Preiskampf liefern. Und der könnte perspektivisch an der Wirtschaftlichkeit des gesamten Geschäftsmodells nagen. Um solche Abwärtsstrudel wollen wir von vornherein einen Bogen machen, indem wir das gesamte Spiel durch eine einzigartige Motivpositionierung verlassen und uns einen Logenplatz im Kopf der Zielgruppe sichern.

Wenn wir uns zum Beispiel auf das Grundmotiv *Harmonie und Geborgenheit* fokussieren, könnten wir EMS als das besonders sanfte und gelenkschonende Training vermarkten – ja, wir könnten dem Training sogar einen eigenen neuen Namen geben. Wir fokussieren uns auf bestimmte Benefits: EMS stärkt die Tiefenmuskulatur und sorgt für weniger Verspannungen im Alltag. Ein Gruppenkurs sowie eine Bar für Snacks und Getränke könnten Raum für sozialen Austausch und ein entspanntes Miteinander bieten, das für dieses Motiv einen hohen Stellenwert hat.

Richten wir unseren Fokus alternativ auf das Feld *Inspiration und Leichtigkeit*, könnten wir uns mit außergewöhnlichen Übungen und abwechslungsreichen Trainingsplänen vom übrigen Markt abheben. In Werbung und Einrichtung würden wir dem Training einen Abenteuercharakter verleihen und einen Schwerpunkt auf Spaß und Schönheit legen.

Ähnlich wie bei den Wertestatements können wir uns bei diesem Wunschkonzert aus eigener Perspektive fragen: Mit wem arbeiten wir am liebsten und am erfolgreichsten zusammen? Welchen Typ Mensch wollen wir mehr anziehen? Und welche

Motive treiben uns und unser Team überhaupt bei unserer täglichen Arbeit an? Diese Fragen führen uns tiefer an den Kern unserer Arbeit und zu einer gedanklichen Klarheit, aus der heraus wir leichter die richtigen Worte finden und Botschaften mit einzigartigem Charakter entwickeln.

Der Köder sollte auch dem Angler schmecken

Die Wahl der Motive prägt entscheidend, wie sich unsere Texte anfühlen und welche Menschen sich von ihnen angesprochen fühlen. Dieser Ansatz ist aus meiner Sicht vielen früheren Modellen überlegen und hat in meiner Arbeit als Copywriter Bedürfnispyramiden, Kartoffeldiagramme und Personas (dazu gleich noch mehr) komplett ersetzt. Auch einen alten Mythos können wir in ein neues Licht rücken.

Das Argument »Der Köder muss dem Fisch schmecken, nicht dem Angler.« verlangt unter dieser Perspektive nach einem Sternchentext. Denn je nachdem, welchen »Köder« wir im Marketing einsetzen, ziehen wir vollkommen unterschiedliche Fische an. Insbesondere für Selbstständige sowie mittelständische und sehr scharf positionierte Unternehmen gilt: Der Köder sollte zumindest indirekt auch der Person schmecken, die die Angelrute auswirft. Sie sollte nicht wahllos die Leckerlis an den Haken hängen, sondern sich vorab sorgfältig Gedanken machen, ob sie nun Sardellen, Forellen oder riesige Meeresungeheuer ins Netz locken will.

Wir fragen uns vorab: Mit welchen Menschen arbeiten wir gut und gerne zusammen? Mit wem erzielen wir die besten Ergebnisse, und woran liegt das ganz konkret? Mit welchen Zielgruppen bereitet uns die Zusammenarbeit richtig viel Freude, weil es zum Beispiel menschlich und mit Blick auf die Werte besonders gut passt? Und schließlich die entscheidende Frage: Welche Motive teilen die Menschen, die diese Voraussetzungen erfüllen?

Haben wir die Kaufmotive identifiziert, können wir unsere Texte gezielt so schreiben, dass sie besonders die Menschen ansprechen, mit denen wir verstärkt zusammenarbeiten wollen.

Viele Menschen verfolgen diesen Ansatz schon intuitiv. Mit der Wahl ihrer Worte transportieren sie Motive, ohne dass sie sich überhaupt bewusst sind, was genau sie da gerade tun. Sie kommunizieren einfach mit viel Mut, Vertrauen und aus vollem Herzen das, was sich für sie gut und richtig anfühlt. Und wenn wir auf diese Weise texten, dann schreiben wir so, wie wir sind. In unseren Worten spiegeln sich ganz natürlich unsere Werte, Motive und unsere Haltung – der optimale Weg, um Menschen anzuziehen, die uns ähnlich sind.

Ich betone dieses intuitive Vorgehen besonders, weil es Mut macht. Zu Beginn meiner Karriere gelangen mir immer dann magische Ergebnisse, wenn ich ein ausgeprägtes Gefühl für ein Angebot und seine Zielgruppe entwickelt hatte. Ich ging also mit dem Angebot in Resonanz. Aus tiefer Empathie heraus konnte ich sehr wirkungsvoll schreiben und habe intuitiv die passenden Worte gefunden. Fehlte mir jedoch dieser emotionale Zugang zu Marke oder zum Angebot, musste ich sehr viel verkopfter an die Sache herangehen, was den Schreibprozess deutlich zäher gemacht hat.

Daher empfehle ich auch gerne, zu Beginn eines neuen Projekts in die Recherche einzutauchen, ein Grundgefühl für das Thema zu bekommen und auf den eigenen emotionalen Seismografen zu vertrauen. Denn erinnere Dich: Du und ich leben alle Grundmotive mal stärker und mal weniger stark in unterschiedlichen Situationen unseres Lebens. Das Verständnis dafür steckt also längst in uns. Je besser wir die Menschen verstehen, desto gezielter können wir sie mit unseren Worten bewegen.

Übst Du Dich immer wieder darin, entwickelst Du im Laufe der Zeit einen wandlungsfähigen Stil. Du kannst Dich also gezielt in unterschiedliche Stile einfühlen, in der passenden Tonalität schreiben und auch feinere Nuancen mit Deinen Worten zum Ausdruck bringen.

Personas und Avatare – ein veralteter Ansatz?

Seit einigen Jahrzehnten gelten Personas und Avatare als das optimale Mittel, um die abstrakten Infos zur eigenen Zielgruppe zu veranschaulichen und ein Gefühl für den Menschen dahinter zu bekommen. Mithilfe einer Art Steckbrief erstellen wir dabei ein prototypisches Abbild einer Person aus unserer Zielgruppe, um sie noch zielgerichteter anzusprechen. Neben soziodemografischen Angaben wie Name, Alter, Geschlecht, Wohnort, Einkommen und Familienstand fließen dabei häufig auch Infos ein über Haustiere, Transportmittel, bevorzugte Reiseziele und andere persönliche Interessen. Manche ergänzen diese Infos sogar durch eine ausführliche Biografie und detaillierte Persönlichkeitsmerkmale.

So ein Steckbrief dient dazu, die Zielgruppe ins Zentrum der eigenen Arbeit zu stellen und das Angebot so zu kommunizieren, dass es sich optimal in ihre Lebenswelt einfügt. Außerdem fällt es vielen Menschen leichter, ihre Texte lebendig und partnerschaftlich zu gestalten, wenn sie eine konkrete Person vor Augen haben. Sie ergänzen den Steckbrief gerne um ein Foto und hängen sich dieses über den Schreibtisch, wenn sie für die Zielgruppe texten.

Die Stärke dieses Ansatzes liegt darin, dass wir uns intensiv mit der Zielgruppe, ihren Weg-von- sowie ihren Hin-zu-Motiven auseinandersetzen. Allerdings birgt dieses Modell auch Gefahren und kann zum Beispiel dazu verleiten, zu tief ins Detail zu gehen und die Aussagekraft durch allzu plastische Beschreibungen zu verwässern.

Wenn wir zum Beispiel nach dem Haustier, dem Lieblingsessen oder dem bevorzugten Urlaubsort der Person fragen, wollen wir ein Gefühl für ihre Haltung, Einstellung, Werte und insbesondere ihre Motive bekommen. Wir wollen das greifbar machen, was sich hinter Zahlen, Daten und Fakten verbirgt. Fokussieren wir uns jedoch direkt auf Motive, können wir unsere Arbeit erheblich abkürzen und auch unsere Ansprache wesentlich effizienter gestalten. Denn der Umweg über die zahllosen weichen Faktoren der Persona kann den Blick auf ihre Motive verwässern.

Menschen können je nach Kontext vollkommen unterschiedliche Motive haben. Nur weil ich einen Schäferhund habe und Volvo fahre, bedeutet das nicht, dass ich auch beim Sport nach maximaler Sicherheit strebe. Häufig können wir sogar das Gegenteil beobachten: Die Menschen leben unterschiedliche Anteile ihrer Persönlichkeit und setzen mit ihrem Konsum neue Akzente. Nur weil ich zum Beispiel Werte wie Verbundenheit, Wachstum und Genuss groß schreibe, muss das nicht bedeuten, dass ich auf jeden Fall auch Mannschaftssport betreibe oder einen Familienvan fahre. Da es sich hierbei um meine persönlichen Lebenswerte handelt, kann ich offen sagen, dass ich in der Vergangenheit überwiegend Kampfsport betrieben habe und mich bei der Wahl des Fahrzeugs eher sportliche Modelle ansprechen. Eine vorschnelle Verallgemeinerung kann uns leicht auf eine falsche Fährte führen.

Menschen sind nun mal keine Schubladen. Daher verzichte ich seit Jahren in meiner Arbeit auf Personamodelle und arbeite sehr erfolgreich mit Motiven. Denn Haarfarbe, Haustier oder Lieblingspflanze interessieren mich herzlich wenig, wenn ich das zentrale Kaufmotiv der Zielgruppe kenne. Geht es hingegen um Produktentwicklung oder das Targeting auf verschiedenen Marketingkanälen, können je nach Angebot Angaben zu Alter, Geschlecht, Wohnort, Einkommen, Bildungsstand, Unternehmensgröße, Hierarchieebene, Budget, Entscheidungswegen et cetera wertvoll sein. Damit bewegen wir uns jedoch weg von der Copywritingbaustelle hin zu anderen Marketingdisziplinen, die natürlich in enger Wechselwirkung mit unserer Arbeit stehen.

Mit diesem Hinweis will ich nicht grundsätzlich von Persona- und Avatarmodellen abraten. Ein solcher Steckbrief kann ein willkommenes Mittel sein, die Erkenntnisse der Zielgruppenrecherche zu strukturieren und anschaulich festzuhalten. Insbesondere bei der Arbeit im Team haben Personas den Vorteil, dass sie alle Beteiligten auf einen gemeinsamen Nenner bringen. Und überhaupt ist jedes Modell besser, als sich gar keine Gedanken über die eigene Zielgruppe zu machen. Grundsätzlich rate ich jedoch dazu, sich auf direktem Weg Gedanken über die Motive der Zielgruppe zu machen. Damit lassen sich die Denkwege abkürzen und Motive treffsicher und effektiv adressieren.

Die Vorteile starker Resonanz

Ob mit Wackeldackel-Effekt, Wertestatements oder motivspezifischer Ansprache – Du verfügst nun über drei kraftvolle Strategien, die dafür sorgen, dass Deine Zielgruppe mit Dir resonieren kann. Dadurch wirken Deine Texte auf unterschwellige Weise stimmig und liefern viele weitere Vorteile:

› **Höhere Kundenqualität:** Deine Sprache zieht Menschen an, die zu Angebot, Marke und der Haltung dahinter passen. So bekommst du weniger Stresskunden, die Dir die Kräfte rauben, und mehr Lieblingskunden, mit denen die Zusammenarbeit ein Vergnügen ist.

› **Sympathie und Überzeugungskraft:** Die Menschen bauen nicht nur eine Verbindung zu dem auf, was Du tust, sondern auch zu dem Grund, aus dem Du es tust. Diese Identifikation sorgt für eine menschliche Verbindung und ist die Basis für den Vertrauensaufbau.

› **Einzigartigkeit und Reputation:** In gesättigten Märkten mit generischen Botschaften stichst Du aus dem Einheitsbrei hervor und belegst einen Logenplatz im Kopf der Zielgruppe.

PRAXISTRANSFER

Die zentralen **Motive** meiner Zielgruppe liegen definitiv im Bereich *Durchsetzung und Einfluss*. Bei meinem Text und der Wahl meiner Benefits darf ich also den Fokus auf Selbstwirksamkeit, Ergebnisse sowie finanzielles und persönliches Wachstum legen. Die Zielgruppe sollte in meiner Sprache demnach Kraft, Mut und eine gewisse Ermächtigung spüren. Durch die Zusammenarbeit mit mir nimmt sie ihr Business in die Hände und gewinnt Kontrolle über ihre Preisgestaltung. Vor dem Hintergrund dessen, woher die Menschen kommen, trage ich jedoch nicht zu dick auf – verzichte also auf Status- und Prestige-Argumente.
Außerdem habe ich drei **Statements** rund um die Werte *Tiefgang*, *Eigenverantwortung* und *Integrität* verfasst und könnte auf meine Website schreiben:

Anfragen, die ich grundsätzlich ablehne:

- »Das muss sehr schnell gehen ...« – Auch wenn Hypnose sehr kraftvolle Veränderung mit sich bringt, braucht auch unsere Arbeit ihre Zeit, um bis zur Wurzel vorzudringen und nachhaltige Früchte zu tragen. Kannst Du die Zeit nicht aufbringen, bin ich nicht der Richtige.
- »Mach mich bitte erfolgreich ...« – Vielleicht lachst Du, doch diese Anfragen gibt es wirklich. Bei der Hypnose tue ich allerdings nichts für Dich, sondern ich unterstütze Dich und Dein Unterbewusstsein dabei, die Veränderung selbst vorzunehmen. Je mehr Du mitarbeitest, desto erfolgreicher ist unsere Arbeit.
- »Wert für andere? Ich will nur schnelles Geld ...« – Nur wo ein echter Wert ist, können wir diesen auch herausarbeiten. Ich unterstütze daher keine Unternehmen, die Menschen schaden oder minderwertige Qualität bieten. Auf Wunsch berate ich jedoch gerne bei der Entwicklung von Angeboten, die echten Mehrwert bieten.

ZUTAT 6: **VERTRAUEN**

Alles Reden ist sinnlos, wenn das Vertrauen fehlt.
– Franz Kafka

Vertrauen ist die wichtigste Währung, seitdem und solange es Menschen gibt. Im Verkauf dürfen wir es großziehen wie ein kleines Samenkorn. Die ersten Zutaten unseres Rezepts sorgen für Aufmerksamkeit, Interesse und stellen eine Verbindung zur Zielgruppe her. Durch Resonanz entfachen wir eine zusätzliche Anziehungskraft. Wir schwingen auf einer Wellenlänge und uns verbindet ein leichtes Band. Dieses wollen wir nun stärken und zu einem massiven Stahlseil ausbauen.

Erzähl etwas über Dich, und lass ein paar Kunden zu Wort kommen – das ist der Standardtipp für Vertrauensaufbau im Marketing. Er ist keineswegs falsch, greift jedoch deutlich zu kurz. Denn Vertrauen ist ein vielschichtiges Thema, und mangelndes Vertrauen ist einer der häufigsten Gründe, warum Menschen sich trotz verlockender Versprechen gegen einen Kauf entscheiden. Grund genug, sich dem Thema mit dem nötigen Tiefgang zu widmen. Den folgenden Ansatz habe ich im Laufe der Jahre aus einer Vielzahl von Tipps zusammengetragen und zu einem System kombiniert, mit dem wir unsere Verbindung zur Zielgruppe gezielt stärken und ausbauen können.

Vertrauen ist dabei wie eine feine geheime Soße, die jedes unserer Copywriting-Gerichte veredelt. Sie sorgt für das wohlige Bauchgefühl, ein entspanntes Hirn, und sie schmeckt am besten, wenn sie die drei folgenden Geschmacksknospen auf unserer Zunge berührt.

Die drei Dimensionen des Vertrauens

Langfristiger Vertrauensaufbau im Marketing ist keine Frage smarter Quick-Tipps, sondern das Zusammenspiel aus drei verschiedenen Dimensionen, von denen eine so wichtig ist wie die andere:

a. **Das Vertrauen in Deine Person, Deine Marke, Dein Unternehmen.** Bist Du kompetent? Bist Du glaubwürdig? Weißt Du, wovon Du sprichst, und bist Du überhaupt qualifiziert, um mich bei meiner Transformation zu begleiten? Kannst Du das wirklich?

b. **Das Vertrauen in Dein Angebot.** Ist es ausgereift? Ist es seriös? Löst es meine Probleme und bringt es mich zum gewünschten Ergebnis? Passt das Angebot zu mir und meiner individuellen Situation? Hält es, was es verspricht?

c. **Das Vertrauen Deiner Zielgruppe in sich selbst.** Bin ich dazu schon bereit? Kann ich mir diese Transformation überhaupt zutrauen, ohne dass sie mich überfordert? Klappt das Ganze auch bei mir?

Während die ersten beiden Punkte breiter bekannt sind, fällt der dritte leider häufig unter den Tisch. Dabei kann er ein wesentlicher Grund dafür sein, dass die Menschen zwar erst mit Deinem Angebot liebäugeln, sich jedoch schließlich dagegen entscheiden. Alle drei Punkte bauen aufeinander auf und verstärken sich zum Teil gegenseitig. Für eine langfristige und tiefe Verbindung wollen wir daher ein Häkchen hinter alle drei Punkte setzen. Dazu erwarten Dich in diesem Kapitel die zehn Wege, wie Du systematisch alle drei Dimensionen stärkst.

Wenn a) nicht stimmt, sagen die Menschen etwas wie: »So ein Angebot ist klasse und genau das Richtige für mich, doch sorry – ich suche jemanden, der erfahrener ist.« Hapert es bei b), kann die Reaktion der Leute so klingen: »Du bist meine erste Wahl! Ich würde auf jeden Fall gerne bei Dir kaufen, doch das Angebot ist mir noch zu unausgereift; das muss sich erstmal am Markt bewähren.« Und bei einem Bauchschmerz, wie ihn Punkt c auslöst, bekommst Du ein Feedback wie: »Du bist wirklich gut, und das Angebot klingt fantastisch, doch in meiner Situation glaube ich nicht, dass es mich an mein Ziel bringt.« Im letzten Fall fehlt häufig das Selbstvertrauen, die Transformation absolvieren zu können.

Feedbacks wie diese sind nicht besonders aufbauend, und doch steckt in ihnen ein riesiges Geschenk: Mit dem Wissen aus diesem Kapitel können wir daraus klare Hinweise lesen, woran wir noch arbeiten können, um unsere Verkaufsargumentation zu optimieren. In der Welt außerhalb dieser Buchdeckel sind solche Feedbacks allerdings eher eine Ausnahme als die Regel. Häufig tanzen die Menschen um den heißen Brei, sie ghosten uns oder begegnen uns mit teils sehr kreativen Ausreden. Das führt uns zum nächsten Thema.

Einwände und Vorwände

Die beiden Worte aus der Überschrift gelten für viele als die Endgegner im Verkauf. Während wir im persönlichen Gespräch live oder am Telefon situativ auf Ein- und Vorwände reagieren können, dürfen wir im Copywriting vorab die Gedanken der Zielgruppe lesen, um Hindernisse und Widerstände während unserer Argumentation gar nicht erst entstehen zu lassen.

Unter **Einwänden** verstehe ich Bedenken und Blockaden, es geht um offene Fragen, die die Menschen daran hindern, aus vollem Herzen und mit gutem Bauchgefühl eine Entscheidung zu treffen. Diese Einwände lösen wir am besten, indem wir zuhören und vorab eine starke Antwort auf jede mögliche Frage der Zielgruppe entwickeln. Mit Empathie, Feingefühl und einer soliden Recherche spüren wir Einwände auf und lösen sie in unserer Argumentation auf, bevor sie entstehen. Damit stellen wir im Text sicher, dass wir die Menschen nicht verlieren. Machen wir einen guten Job, haben sie beim Lesen das Gefühl, wir könnten ihre Gedanken lesen, weil wir genau die Sorgen und offenen Fragen ansprechen, die ihnen gerade durch den Kopf gehen. Je früher wir diese Themen ansprechen, desto schneller können die Menschen aufatmen. Daher lege ich Dir ans Herz, häufige Einwände zu sammeln und proaktiv im Text aufzulösen. Insbesondere der Bereich »häufig gestellte Fragen« ist ein bewährter Ort für all jene Themen, die nur einen kleinen Teil der Menschen betreffen. Willst Du sichergehen, niemanden aufgrund von offenen Fragen zu verlieren, biete den Menschen einen direkten Draht für Rückfragen an.

Während sich Einwände in der Regel leicht ausräumen lassen, sind **Vorwände** eine andere Baustelle. Die Person schiebt einen Grund vor, der die wahren Hintergründe verbirgt. Wir Menschen tun das öfter, als wir denken. Wir suchen nach Ausreden, erzählen uns selbst und anderen Märchen, um einer unangenehmen Situation zu entgehen. Vorwände sind ein willkommenes Mittel, um es uns bequem zu machen oder uns vor einer unliebsamen Entscheidung zu drücken. Zuweilen kann hinter einem Vorwand auch die Absicht stecken, andere nicht verletzen zu wollen. Wir teilen unsere Sorgen, Zweifel und Befürchtungen nicht offen, weil wir uns für eine Schwäche schämen oder Angst vor der Reaktion unseres Gegenübers haben. Vorwände sind weniger ein Zeichen für offene Fragen, sondern für fehlendes Vertrauen. Mit einem Klima der Offenheit und einer soliden Vertrauensbeziehung zur Zielgruppe können wir vermeiden, dass Vorwände überhaupt erst entstehen.

Nach meiner Erfahrung wurzeln Vorwände und selbst die meisten Einwände in einer oder mehreren der drei Dimensionen des Vertrauens. Lässt Du die zehn Impulse aus diesem Kapitel in Deine Texte einfließen, erübrigen sich viele der Themen ganz von selbst. Bevor wir sie uns genauer anschauen, kehren wir kurz zum Bild unserer Transformationsreise zurück, das hervorragend erläutert, was wir hier machen.

Hindernisse aus dem Weg räumen

»Ich will Dir ja glauben, aber ich kann es nicht. Da sind noch ein paar Fragen, die mich plagen.« Diese schöne Aussage kam von einer Teilnehmerin, der ich in einem gemeinsamen Workshop die Kernbotschaft für einen Finanzberater pitchte. Die Zweifel der jungen Frau waren natürlich weniger schön für den Verkauf. Doch ihre ersten beiden Teilsätze zeigen, dass die bisherige Argumentation Früchte trägt. Sie *will* glauben – daraus können wir lesen, dass das Angebot für sie relevant ist, das Ergebnisversprechen verlockend klingt und auch die Benefits ins Schwarze treffen. Auch eine gewisse Form der Resonanz ist da, und sie weiß offensichtlich schon, dass sie den Weg nur mit uns und niemand anderem gehen will, wenn sie ihn antritt. In dieser Situation haben wir nur noch eine Aufgabe: Unsicherheiten und Zweifel aus dem Weg zu räumen.

Bist Du es würdig, dass ich Dir mein Vertrauen schenke? Diese Frage läuft in unserem Unterbewusstsein auf Autopilot. Denn mit unseren Transformationsversprechen sind wir nicht allein auf dem Markt. Die gewaltige Menge an Werbebotschaften, die täglich auf uns einprasseln, trainiert unseren inneren Bullshit-Detektor. Überzogene Versprechen, mangelhafte Angebote und enttäuschte Erwartungen feuern unsere Skepsis an und sorgen dafür, dass unser Bullshit-Barometer in Zukunft deutlich schneller in den roten Bereich ausschlägt. Dann machen wir dicht und widmen uns anderen Themen. Was also können wir tun, um glaub*würdig* zu wirken?

Ein Verkäufer brachte es mal schön auf den Punkt: Die Menschen sollen sich wohlfühlen. Dieser Satz klang in meinen Ohren erst einmal so banal, dass sich mir die leise Weisheit darin erst auf den zweiten Blick offenbarte. Nicht umsonst kaufen wir viel lieber nach einem entspannten Small Talk und einem wohlig warmen Getränk in unseren Händen. Schaffen wir dieses vertraute Gefühl mit unseren Texten, werden die Menschen warm mit uns. Mit diesem schönen Ziel im Blick schaffen wir maximale Transparenz, liefern Beweise und sorgen für gute Gefühle, sodass kein Zweifel mehr an den Menschen nagt. Wir machen die Bahn frei.

Lass uns zum optimalen Verständnis dieser Zutat zu unserer Reisemetapher zurückkehren. Wir haben die Transformationsreise beschrieben, das Problembewusstsein der Menschen geschärft und mit Weg-von- sowie Hin-zu-Argumenten ihre Motivation entfacht. Außerdem freuen sie sich auf die vielen Vorteile, die diese Reise bringen wird, und fühlen sich mit uns auf einer Wellenlänge. Doch obwohl sie nun mit geschnürten Schuhen und gepacktem Rucksack an der Startlinie stehen, zögern sie, aus vollem Herzen Ja zu sagen und den ersten Schritt in Richtung Ziel zu gehen.

Ein ungeduldiger Verkäufer mag an dieser Stelle dazu tendieren, die Menschen leicht unter Druck zu setzen – ihnen also einen kleinen Schubser in Richtung Ziel zu geben. Immerhin ist aus seiner Sicht alles klar, und er sieht keinen Grund für Zögern, Zaudern und Zerdenken. Auch wenn dieser Schubser noch so wohlwollend gemeint ist, kann er dazu führen, dass die Stimmung kippt und die Menschen auf Distanz gehen. Je mehr Druck der Verkäufer ausübt, desto mehr schiebt er die Person von sich weg. Wer genauer hinschaut, erkennt leicht, woran das liegt.

Auf unserer Reiseroute sind zwar Start- und Zielpunkt klar, doch wir haben bisher kaum darüber gesprochen, wie der Weg zwischen beiden Punkten aussieht. Wenn Du nach einem Rezept für Skepsis suchst, dann liegt ein Teil der Zubereitung gewiss darin, den Menschen lauthals große Ergebnisse zu versprechen, ihnen dann jedoch die Details zu verheimlichen, wie sie überhaupt dorthin gelangen. Insbesondere wenn es um eine große Transformation mit entsprechender Investition geht, wollen wir möglichst viel Sicherheit haben, dass wir auch ankommen. Wir beginnen, uns Fragen zu stellen und den Weg genauer unter die Lupe zu nehmen. Manche Teile davon liegen vielleicht im Nebel (Unklarheiten und Verwirrungen). An einigen Stellen versperren uns Hindernisse wie Felsen und Stacheldraht den Weg (Einwände). Und dann gibt es da noch die gefährlichen Fallgruben, an denen schon andere vor uns gescheitert sind und vor denen wir uns hüten wollen (Skepsis und Misstrauen). Wie würdest Du Dich fühlen, wenn Du Nebel, Stacheldraht und Fallgruben vor Dir hast und jemand beginnt, Dich von hinten zu schieben? Kein Wunder, dass die Menschen zurückschrecken und erst einmal den Druck herausnehmen wollen, bis ihre Fragen geklärt sind. Wirkt Dein Text zu pushy (aufdringlich), muss das nicht bedeuten, dass Dein Vorgehen grundsätzlich falsch ist. Es bedeutet vielmehr, dass Du mit Deiner Art zu dieser Zeit und an dieser Stelle die Beziehung gefährdest und diese erst noch ausbauen darfst.

Bei starker Resonanz ist es durchaus möglich, dass sich sehr proaktive Menschen (insbesondere mit den Grundmotiven *Durchsetzung und Einfluss* sowie *Inspiration und Leichtigkeit*) trotz kleinerer Zweifel und Hindernisse gleich mit uns auf den Weg machen. Je nach Haltung vertrauen sie pragmatisch darauf, dass sich für jedes Problem auf dem Weg eine Lösung findet, wenn es erst einmal soweit ist. Da wir im Copywriting jedoch nicht im Livedialog mit der Zielgruppe sind, sollten wir uns vorab Gedanken um die Hindernisse machen, die auf ihrem Weg auftauchen könnten. Wir machen die Bahn frei für ein erstklassiges Erlebnis und einen entspannten Weg zum Ergebnis. Grundsätzlich gilt: Je klarer, sicherer und spannender der Weg ist, desto schneller sind die Menschen bereit, mit Dir zu starten.

Lass uns genauer betrachten, wie Du das Vertrauen der Menschen in allen drei Dimensionen stärken kannst, sodass sie Dich als glaubwürdig einstufen und eine feste Verbindung zu Dir aufbauen.

1. Kognitive Leichtigkeit

Die Menschen sollen sich wohlfühlen, und das gilt insbesondere für ihr Gehirn. Das hat leider den Ruf, sehr faul zu sein, als wolle es so wenig wie möglich arbeiten. Doch hinter der vermeintlichen Bequemlichkeit verbirgt sich ein anderes Motiv: Sparsamkeit. Gerade weil es so viel Energie verbraucht und im bewussten Denkmodus keine endlose Bandbreite hat, kümmert es sich nur um die wirklich wichtigen Dinge. Sind Texte nur schwer zugänglich, sucht es lieber nach guten Gründen, sich nicht länger damit zu beschäftigen. Je mehr Energie eine Sache von uns verlangt, desto weniger wahrscheinlich werden wir sie umsetzen. Also machen wir uns alles möglichst leicht. Das Hirn ist unser größter Kritiker, daher wollen wir es so schnell wie möglich auf unsere Seite ziehen.

Der entscheidende Faktor für ein gutes Hirngefühl ist die Verarbeitungsflüssigkeit. Wie schnell und einfach lässt sich ein Thema verstehen? Je müheloser sich die Texte erschließen lassen, desto eher neigt unser Gehirn dazu, sie auch als gut und richtig zu bewerten. Das können wir uns auf unterschiedliche Wege zunutze machen:

› **Einfachheit.** Fachjargon und komplizierte Sätze erschweren den Zugang zum Inhalt. Einfache Sprache macht das Denken leicht. Wir kauen vor und nutzen unsere Gewürzkiste, um Texte leckerer fürs Hirn zu machen. Mit Zoom und klaren Bildern machen wir Komplexes einfach und Abstraktes greifbar. Wir halten uns an das KISS-Prinzip: K*eep It* S*imple,* S*tupid!* (Halt es einfach, Dummerchen!) oder in der freundlicheren Variante K*eep It* S*hort And* S*imple* (Halt es kurz und einfach). Apropos Kürze …

> **Kürze bringt Würze.** So viel wie nötig, so wenig wie möglich – das ist meine Leitlinie für die optimale Textlänge. Wir verzichten auf alles, was wir streichen können, ohne dass das Hauptziel des Textes darunter leidet. Denn wie es der Markt- und Werbepsychologe Sebastian Fröder zuspitzt: »Komplexität verhindert Umsetzung.«[15] Wir machen Handeln leicht. Außerdem sorgen klare Prioritäten für schlanke Texte. Vom ersten Kapitel dieses Buches an geht es darum, die zentralen Schmerzpunkte, Wünsche, Benefits und Motive zu destillieren. Wir wollen auch diese leckeren Zutaten streng dosieren, statt sie großzügig zu servieren. Denn so gerne ich die Eissorte Cookie Dough von Ben & Jerry's mag – wenn ich davon zwei Becher am Stück verputze, wird mir übel. Weniger ist mehr.

> **Wiederholung.** Was das Gehirn schon kennt, muss es beim nächsten Mal nicht mehr so genau unter die Lupe nehmen. Daher setzen wir im Marketing auf einprägsame Schlüsselbotschaften. »Wer denken kann, der kann auch schreiben.« Und: »Erst verstehen, dann verstanden werden.« Ich werde nicht müde, diese Botschaften zu wiederholen. Denn sie bringen auf bestechend einfache Art Philosophie und Strategie auf den Punkt und bieten damit einen ersten Zugang zum Thema. Destilliere Deine Botschaft und wiederhole sie. Wenn Du sie nicht mehr hören kannst, kommt sie im Markt gerade erst an. Der Weg zu saftigen Slogans und charmanten Sprüchen kann sogar sehr leicht sein. Manchmal fallen uns Sätze mit besonderer Leuchtkraft in den Schoß, wenn wir uns angeregt unterhalten oder uns mit Spaß und Gelassenheit in unsere Texte fallen lassen. Es geht also auch darum, aufmerksam zu bleiben und die Diamanten zu erkennen, wenn sie vom Himmel fallen.

> **Positive Grundstimmung.** Probleme aktivieren Hirne und setzen sie manchmal sogar in Alarmbereitschaft. Ist das Problemempfinden nur erst einmal da, wollen wir dem Hirn nicht zu viel abverlangen und schalten in den Lösungsmodus. Wir machen Mut, sorgen für Spaß und fördern damit auch das Selbstvertrauen der Menschen, dass auch ihnen der Weg zum Ergebnis gelingt.

> **Klarheit gibt Sicherheit.** Wenn wir im Dunkeln tappen oder durch Nebel waten, ist unser Hirn in Alarmbereitschaft. Daher setzen wir auf maximale Transparenz. Dazu gehören leicht lesbare Schriftarten und übersichtliche

Texte. Genauso gilt: Klarheit vor Kreativität. Denn selbst eine brillante Idee sollte immer auch auf unser Ziel einzahlen, die Menschen von unserer Sache zu überzeugen. Entfernt sie sich zu sehr davon, kann sie verwirren und den Kaufprozess sogar behindern. Werbe-Guru David Ogilvy bringt es auf den Punkt: »Wenn es nicht verkauft, dann ist es auch nicht kreativ.«[16] Transparenz zeugt außerdem von Kompetenz, wie wir im nächsten Punkt sehen.

2. Die Magie der kleinen Schritte

Wann hast Du Dir das letzte Mal ein so richtig großes Ziel gesetzt? So eins, bei dem alles in Dir kribbelte und Du voller Motivation warst, sofort loszulegen? Ich wünsche Dir, Du hast es erreicht. Meine Gedanken wandern gerade zu einigen dieser Momente zurück, und mit den Erinnerungen wachen alte Bauchschmerzen auf.

So zum Beispiel damals bei meinem Schritt in die Selbstständigkeit. Ich wusste: Das ist genau meins. Ich will das. Ich kann das. Und ich mache das. Irgendwie ... Anfangs war ich voller Power und Euphorie. Ich wollte alles am liebsten sofort. Und so bekam ich auch die volle Breitseite: Finanzamt, Buchhaltung, Positionierung, Website, Marketing, Kooperationen, Akquise, Fortbildung, Versicherungen, Krankenkasse, Altersvorsorge, Büroräume, Möbel, Technik ... Ähnlich war es auf dem Weg zum Podcast, zur eigenen Immobilie oder zum Sixpack. Gewaltige Ziele können uns Respekt einflößen. Und wenn wir zu schnell zu viel wollen, können wir uns überschätzen, überfordern und sogar ausbrennen. Die Lösung?

Es ist meine Überzeugung, dass wir jedes große Ziel erreichen können – alles, was wir brauchen, ist ein Masterplan. Bei jeder der oben genannten Herausforderungen habe ich mir jemanden an die Seite geholt, der sich auskannte und schon dort war, wo ich hinwollte. Gemeinsam haben wir die große Transformation auf kleine Meilensteine heruntergebrochen, von denen sich jeder für sich leichter bewältigen ließ. Genau so ist auch dieses Buch entstanden. Jeden Morgen um 6 Uhr setze ich mich hin und schreibe 1500 Wörter. So ein Buch wie dieses hat im Schnitt 60.000 Wörter. Mit einer starken Routine steht der erste Entwurf nach 40 Tagen. Wir setzen also einen Fuß vor den anderen und staunen nicht schlecht, wie wir so auf Dauer auch gewaltige Ziele erreichen können. Das ist die Magie der kleinen Schritte.

In seinem fantastischen Buch *Die 1%-Methode – minimale Veränderung, maximale Wirkung* illustriert James Clear, wie wir uns in einem Bereich in einem Jahr um das 37-Fache steigern können, indem wir uns jeden Tag nur um *1 Prozent* verbessern. Wie fühlt es sich für Dich an, wenn wir hier und jetzt beschließen, unsere Copywriting-Fähigkeit jeden Tag um 1 Prozent auszubauen? Ein entspannter Deal, oder? Mit fetter Rendite, wie Clear erläutert.

Die kleinen Schritte entfachen nicht nur ihre Magie in der Welt von Gewohnheitsbildung und Selbstoptimierung, sondern auch im Copywriting. Es ist einer der wichtigsten Tipps überhaupt, um glaubwürdig zu wirken: Lass Dir in die Karten schauen, und lege Deine Strategie offen. Denn ein starkes Ergebnisversprechen lässt uns vielleicht kurz aufhorchen, sorgt allerdings auch für Ausschläge auf dem Bullshit-Barometer. Viele wollen nicht nur das Ergebnis, sondern auch den Weg dorthin nachvollziehen und verstehen können.

Die Schlankheitspille, das Erektionswunder oder der todsichere Investmenttipp – das sind die heutigen Highlights aus meinem Spam-Ordner. Vielleicht liegt es am Zeitgeist, oder es ist eine Begleiterscheinung reißerischer Medien, dass einige Menschen an den entspannten Über-Nacht-Erfolg glauben wollen. Die meisten wissen jedoch, dass der Tausende Nächte an Vorbereitung benötigt. Klingt ein Versprechen zu gut, um wahr zu sein, weckt es unsere Skepsis. Natürlich dürfen wir gerne mit Stolz und Selbstvertrauen auch große Versprechen machen, wenn unser Angebot sie erfüllen kann. Doch je größer und vollmundiger das Versprechen ist, desto mehr Wert dürfen wir auch auf unsere Glaubwürdigkeit legen.

Eine alte Content-Marketing-Weisheit lautet: Sag den Menschen, *was* sie tun sollen, und verkaufe ihnen anschließend das *Wie*. Leider interpretieren viele diesen Satz so, als müssten sie nach außen hin alles geheim halten, was nach dem Kauf geschieht. Wie eben besprochen ist das ein Bauchklatscher hinein in die Skepsis. Je sicherer die Menschen sich sind, dass sie mit uns ans Ziel kommen, desto eher werden sie sich auch für unser Angebot entscheiden. Dabei verliert unser Angebot keinen Wert, sondern wird nur umso begehrenswerter, wenn wir den Menschen verraten, wie die Reise mit uns ans Ziel konkret aussieht. Wie gelangen wir zum versprochenen Ergebnis? Mit welchen Schritten? Nehmen wir folgendes Versprechen als Beispiel:

In nur drei Monaten 12 Kilo abnehmen – ohne Verzicht und Selbstüberwindung

Diese Headline klingt erst einmal reißerisch und wenig glaubwürdig. Wenn ich nun jedoch meine Vorgehensweise erläutere, verändert sich das:

Dieses Programm führt Dich auf sanftem Weg zu Deinem Wohlfühlgewicht und unterstützt Dich vor allem dabei, dieses auch zu halten. Unsere bewährte Strategie besteht aus 5 Schritten:

1. *Im persönlichen Gespräch klären wir Deine Ziele und was Dir dabei besonders wichtig ist.*
2. *Wir prüfen, welche Deiner Gewohnheiten Deine Entwicklung hindern und welche sie fördern.*
3. *Wir finden die Sportart, bei der Du Spaß an Bewegung hast – und ja, die gibt es auch für Dich!*
4. *Du erhältst eine Vielfalt gesunder Rezepte – ganz nach Deinen Zielen und Deinem Geschmack.*
5. *In fünf Hypnosesessions stärken wir Deine Motivation und ziehen Dein Unterbewusstsein auf Deine Seite, sodass es Dich auf Deinem Weg optimal unterstützt, statt Dich zu sabotieren. So geht Veränderung ohne Zwang und Disziplin.*

Schon deutlich besser, oder? Ich lege meine Karten offen auf den Tisch und zeige, wie ich vorgehe. Es geht also um den Mechanismus, wie mein Angebot funktioniert und die Zielgruppe zum Ergebnis bringt. Während mein nebulöses Versprechen eben noch in der Luft umher waberte, bekommt es jetzt Substanz und Bodenhaftung. Der große Weg wirkt jetzt weniger überfordernd. Die Magie der kleinen Schritte macht die Lösung und den Weg dorthin konkreter und damit realistischer. Spezifischer macht glaubwürdiger.

Die Menschen wollen ihre Erfolgswahrscheinlichkeit maximieren und Risiko sowie Aufwand minimieren. Fragen wir uns also: Was riskieren die Menschen, wenn sie den Weg mit uns gehen? Und was können wir tun, um ihnen möglichst viel Sicherheit und Orientierung zu geben? Diese Fragen können uns dabei unterstützen, die relevantesten Wegpunkte für unsere Zielgruppe herauszuarbeiten. Ich schreibe dabei aus der Haltung heraus: Jeder Mensch ist bereit zu investieren, wenn er überzeugt davon ist, an unserer Seite ein für ihn wertvolles Ergebnis zu erreichen. Wir müssen nur zeigen, dass wir einen Plan haben. Denn wie es Benjamin Franklin schön gesagt hat: »If you fail to plan, you plan to fail« (Wenn Du am Planen scheiterst, planst Du Dein Scheitern).

Wir stellen den Menschen einen Masterplan vor, der sich idealerweise in der Praxis schon bewährt hat. Der vermittelt Sicherheit, Orientierung und ein Gefühl der Kontrolle, sodass die Menschen ihm Schritt für Schritt mit Kurs auf das gewünschte

Endergebnis folgen können. Der Effekt wirkt besonders stark auf Dimension C: »Ach so geht das! Also jetzt, wo ich den Weg so vor mir sehe, kann ich mir gut vorstellen, dass auch ich das erreichen kann. Lass uns starten!«

3. Autorität

Erst verstehen, dann verstanden werden – nach diesem Motto haben wir mit unseren ersten Zutaten eine Beziehung zur Zielgruppe hergestellt und ihr gezeigt, dass wir sie in der Tiefe verstehen. Die Menschen sollen spüren, dass wir das gleiche Interesse haben wie sie. Wirken wir teilnahmslos, als wollten wir uns nur bereichern, leidet auch die Beziehung. Wer spricht schon mit einem kalten Schmierlappen über Ängste, Sorgen und Nöte? Beweisen wir hingegen Feingefühl, fühlen sich die Menschen bei uns abgeholt, wertgeschätzt und gut aufgehoben. Sie legen ihren Schutzschild ab und öffnen uns die Tür, um ins Gespräch zu kommen. Das ist die Magie der Empathie. Und ihre volle Kraft entfaltet sie in Kombination mit einer anderen Zutat.

Der US-amerikanische Autor und Trainer Donald Miller empfiehlt im Kontext Storytelling eine Kombination von Empathie und Autorität für Vertrauensaufbau und Glaubwürdigkeit.[17] Diese beiden Punkte können wir formelhaft auch auf unsere gesamte Marketingpraxis übertragen:

Vertrauen = Empathie + Autorität

Elegant, oder? Wir zeigen den Menschen, dass wir ihre Situation kennen, fühlen und verstehen. Und der zweite Teil ist genauso wichtig: Wir kennen auch einen Weg hinaus und verfügen sowohl über die Kompetenz als auch die Erfahrung, um sie sicher ans Ziel zu bringen. Empathie allein bringt uns herzlich wenig, wenn wir händchenhaltend mit der Zielgruppe und Ich-fühle-genau-wie-Du-Rufen im Problempudding versinken. Es braucht auch die Autorität, einen Weg aus dem Glibber heraus zu zeigen. Die stellen wir am besten unter Beweis, indem wir zeigen, dass wir die Transformationsreise selbst schon gemeistert haben. *Ver*trauen beginnt damit, dass die Zielgruppe uns die starke Lösung auch *zu*traut.

Im Marketing gibt es dafür den Ausdruck *Reason Why*: Was befähigt gerade Dich dazu, das Ergebnisversprechen besonders gut zu erfüllen? Wir wollen also unsere Expertise unter Beweis stellen und uns als Leitfigur präsentieren, um die Transformation erfolgreich zu meistern. Das gelingt zum Beispiel über folgende Wege:

- **Bildung und Werdegang:** Von Ausbildung und Studium über Titel und Zertifikate bis hin zu besonderen Leistungen ist hier alles willkommen, was die Kompetenz untermauert.
- **Publikationen:** Bücher und ähnliche Veröffentlichungen sorgen für Reputation und Expertenstatus.
- **Schlüsselbotschaften:** Es zeugt von enormer Expertise, wenn es Dir gelingt, selbst anspruchsvolle und komplexe Themen einfach auf den Punkt zu bringen. Slogans und Schlüsselbotschaften sind Deine Visitenkarte, an der Dich jeder wiedererkennt.
- **Interviews:** Im direkten Gespräch kannst Du Haltung und Know-how unter Beweis stellen. Interviews bei angesehenen Größen und Influencern Deiner Branche sind außerdem ein Zeichen, dass andere Deine Expertise anerkennen und schätzen.
- **Storytelling und Erfahrungen:** Mithilfe persönlicher Geschichten und konkreter Erfahrungen aus Deiner Praxis zeigst Du den Menschen auf unterhaltsame Weise, dass Du nicht nur Wissensriese bist, sondern auch praktisch erlebt hast, wovon Du sprichst.
- **Prominente Fürsprecher:** Sagen Stars und Koryphäen (aus Deiner Branche) Gutes über Dich, können Glanz, Glamour und Glaubwürdigkeit auf Dich abfärben.
- **Reichweite und Sichtbarkeit:** Diese beiden Faktoren setzen wir gerne gleich mit Einfluss und Autorität. Wir folgern: Wer weit bekannt ist, muss wohl irgendwas richtig gut machen.
- **Preise und Auszeichnungen:** Awards und gewonnene Wettbewerbe zeugen von überdurchschnittlicher Leistung und einem besonderen Standing.

Über diese Wege vermitteln wir ein Gefühl von Sicherheit und lassen andere spüren, dass sie auf uns zählen können. Kann ich auf Dich bauen, wächst auch das Vertrauen. Autorität stärkt in erster Linie Dimension A, indirekt jedoch auch B und C. Denn wenn jemand eine anerkannte Autorität auf seinem Gebiet ist, trauen wir ihm auch gute Ergebnisse sowie eine fachkundige Begleitung zu.

Wichtig ist, dass Empathie und Autorität stets im Gleichgewicht stehen. Fokussieren wir uns zu sehr auf den Empathie-Anteil, können wir kumpelhaft rüberkommen und in der »Friendzone« statt im Warenkorb landen. Sind wir hingegen zu fixiert darauf, Autorität aufzubauen, können wir kühl und unnahbar wirken.

4. Proof – Beweisen statt preisen

Bisher hat die Zielgruppe in unserer Kommunikation nur unsere Stimme gehört. Wir haben den Menschen ein wertvolles Angebot vorgestellt und ihnen ein Versprechen gemacht. Eine kritische kleine Stimme in ihrem Kopf fragt sich nun jedoch: »Große Versprechen kann jeder machen, aber wer sagt denn, dass das auch stimmt?!«

Unsere sehr subjektiven und damit einseitigen Botschaften ergänzen wir jetzt um neutrale Beweise (Proof) von außen, die unsere Behauptungen untermauern. Diese Beweise können wir grundsätzlich in drei Kategorien einteilen, die alle drei Dimensionen des Vertrauens bespielen:

Proof of Concept (Wirkungsnachweise): Wir legen Beweise vor, dass unser Angebot auch wirklich hält, was es verspricht. Wir geben Aufschluss darüber, *wie* es wirkt und *warum* das so ist. Dazu gehören zum Beispiel folgende Elemente:

- **Testberichte und Bewertungen** aus der Fachpresse oder von unabhängigen Instituten. Wir stellen uns dem fachkundigen Urteil dritter Instanzen und lassen unser Angebot auf Herz und Nieren prüfen. Das stärkt nicht nur das Vertrauen in unser Angebot, sondern auch in uns als Anbieter, weil wir transparent agieren und keine Prüfung scheuen.
- Im Rahmen einer **Fallstudie** erläutern wir exemplarisch, wie wir einen Kunden mit unserem Angebot zum gewünschten Ergebnis geführt haben. Dabei stellen wir zunächst Herausforderung und Zielsetzung vor, um anschließend den gemeinsamen Weg zum Ziel mit etwaigen Hindernissen zu beleuchten. So ein Report überzeugt nicht nur von der Wirksamkeit unseres Vorgehens, sondern gibt den Menschen gleichzeitig ein gutes Gefühl dafür, wie sich die Zusammenarbeit mit uns gestaltet.
- **Gütesiegel und Zertifizierungen** bescheinigen uns bestimmte Qualitäten.
- **Referenzen und Ergebnisse:** Zeigen statt labern! Was stellt unser Können besser unter Beweis als echte Ergebnisse in Form von Zahlen, Daten und Fakten. Ob Umsatzwachstum, neue Marktanteile oder besondere Durchbrüche – hier ist alles willkommen, was die Wirksamkeit des Angebots beweist. Außerdem können wir etwaige Quick-Wins betonen, also die unmittelbaren Vorteile und Ergebnisse die gleich nach dem Kauf entstehen. Damit senken wir das empfundene Risiko.

- **Tools und Methodik:** Hier legen wir den Fokus auf das *Wie*, das unser Angebot erfolgreich macht. Arbeitest Du mit bewährten Methoden und Modellen, oder hast Du vielleicht sogar ein eigenes Verfahren entwickelt und patentiert?
- Eine eigene **Philosophie und Strategie** heben uns vom übrigen Markt ab und wecken auch die Erwartung auf andere, bessere Ergebnisse.

Social Proof (soziale Bewährtheit): In Erfahrungsberichten, Rezensionen und Testimonials lassen wir Menschen zu Wort kommen, die den Weg bereits erfolgreich mit uns gegangen sind. Diese Berichte wirken nach dem Prinzip: »Was andere in einer ähnlichen Situation vor mir erfolgreich gemacht hat, kann so verkehrt für mich nicht sein.« Mehr noch: »Na gut! Wenn andere das hinbekommen, dann schaffe ich das auch. Lass uns loslegen!«

Unbewusst gehen die Menschen davon aus, all die anderen zufriedenen Leute hätten das Angebot vor ihnen sorgfältig geprüft und eine fundierte Entscheidung getroffen. Sie haben die Denkarbeit für die anderen nach ihnen übernommen, sodass diese nun die Abkürzung über ihre Empfehlung nehmen können. Also vertrauen sie auf den Publikumsliebling, den Favoriten der Menge, auf die erste Wahl. Damit machen sie schon nichts verkehrt und vielleicht wissen die anderen ja etwas, das sie noch nicht wissen?

Zwei Kriterien sind wichtig, damit das Prinzip der sozialen Bewährtheit seinen vollen Mehrwert entfaltet. Erstens: **Ähnlichkeit**. Wir orientieren uns besonders an Menschen und Marken, die uns ähnlich sind. Richtest Du Dich vorrangig an DAX- oder MDAX-Unternehmen, solltest Du auch von mindestens einer Erfolgsgeschichte mit einer dieser Marke berichten können. Sind Deine Zielgruppe eher Selbstständige, können Verweise auf Branchenriesen einschüchtern. Wähle die Proof-Elemente also passend zu Deiner Zielgruppe.

Zweitens: **Je spezifischer desto glaubwürdiger**. Bei einer Rezension von »D. Maier aus H.« sprengt die Nadel des Bullshit-Barometers die Skala. Bitte nicht! Wie viel Strahlkraft hat das Statement einer Person, die sich versteckt? In dem Fall ist eher wahrscheinlich, dass D. gar nicht existiert. Hier geht der Vertrauensaufbau nach hinten los, weil das Testimonial mehr Zweifel weckt als ausräumt. Kommt die Aussage jedoch in Begleitung von Foto, Logo und vollem Namen hat sie Gewicht und Überzeugungskraft.

Product Proof (Pröbchenproof): Mein Spitzname für diese Art von Beweis verrät sofort, worum es geht: Wir nehmen uns als Absender zurück, sparen uns jeden (weiteren) Lobgesang und lassen das Angebot für sich sprechen. Demonstrieren statt philosophieren. Hier geht es um eine Demonstration von Qualität. Ganz nach dem Prinzip »Zeigen statt labern« schenken wir den Menschen eine Erfahrung, die Zweifel ausräumt und offene Fragen beantwortet.

Ob Häppchen, Zahnstocher oder Getränkebecher – Du kennst diesen Effekt aus dem Supermarkt und aus vielen anderen Bereichen Deines Lebens: das Parfumpröbchen in der Drogerie, das Probe-Abo eines Magazins, die Probefahrt mit dem Auto, die Test- beziehungsweise Demoversion der Software und selbst der Trailer für einen Kinofilm. Bevor wir dem einen ganzen Abend widmen, wollen wir uns davon überzeugen, dass diese Zeit gut investiert ist. All diese Kostproben geben einen Vorgeschmack auf das, was die Menschen nach dem Kauf erwartet. Sie bieten ihnen eine Gelegenheit, sich unverbindlich mit der Qualität des Angebots *vertraut* zu machen.

Das macht nicht nur Lust auf mehr, sondern vermittelt auch ein Gefühl der Sicherheit durch die Haltung: Wir sind von unserem Angebot so überzeugt, dass wir es Dich gerne kostenfrei testen lassen. Diese Maßnahme fördert die Kaufentscheidung nicht nur durch den Vertrauensaufbau, sondern auch durch das sehr konkrete Erlebnis. Denn wie ich im *Persönlichkeits-Code* beschreibe, ist für manche Menschen ein kinästhetisches Erlebnis sehr wichtig. Sie mögen es also, mit ihren Händen über Materialien zu streichen, die Dinge anzufassen und konkret auszuprobieren, bevor sie mit gutem Gefühl eine Kaufentscheidung treffen können. Und doch muss die Demonstration nicht immer haptisch sein. Zehn Minuten, bevor ich diese Zeilen geschrieben habe, ist mir bei YouTube ein Werbevideo für einen Kleber begegnet, in dem jemand unter Wasser drei Metallstücke offensichtlich bombenfest miteinander verleimte. Kannst Du Dein Angebot in Aktion zeigen, wie es zum Ergebnis führt?

Besonders gut wirkt der Pröbchenproof in Kombination mit dem nächsten Punkt.

5. Reziprozität

Dieses schöne Wort beschreibt das Prinzip der Gegenseitigkeit: Wenn uns jemand einen Gefallen tut oder ein Geschenk macht, haben wir das intuitive Bedürfnis, ja wir fühlen sogar eine soziale und moralische Verpflichtung, uns dafür zu revanchieren.

Das Streben nach einer Balance aus Geben und Nehmen, nach einem fairen Wertausgleich, steckt in unseren sozialen Genen. Es ist eine essenzielle Basis für unser menschliches Miteinander. Von Natur aus sind wir darauf konditioniert, Beziehungen nicht ins Ungleichgewicht kippen zu lassen. Wir wollen andere nicht übervorteilen und erst recht nicht als Schnorrer gelten. Also zeigen wir uns bei nächster Gelegenheit erkenntlich und erwidern den Gefallen. Gerade weil dieser Effekt so stark ist, gibt es heute allerhand Complianceregeln, um Korruption durch »kleine Zuwendungen« vorzubeugen. Und es gehört zum guten Ton, andere erst zu fragen, bevor wir ihre Drinks oder den Restaurantbesuch bezahlen, damit sich niemand in die Rolle des Zurückgebens gedrängt oder sogar genötigt fühlt, den Gefallen auf andere Weise erwidern zu müssen.

Wir können also die Gunst anderer gewinnen, indem wir ihnen ein Geschenk machen oder einen Gefallen tun. Der Psychologieprofessor Robert Cialdini hat dieses Prinzip mit seinem Klassiker *Die Psychologie des Überzeugens* populär gemacht. In seinem Buch illustriert Cialdini den Effekt am Beispiel der Hare-Krishna-Gemeinschaft.[18] Mit kahlen Köpfen und kargen Kutten setzten die Mitglieder eine ausgeklügelte Strategie ein, um Spenden zu sammeln. Einer von ihnen ging voraus und schenkte den Passanten jeweils eine Blume oder ein Büchlein, ohne dafür eine Gegenleistung zu verlangen. Einige Meter weiter folgte dann ein Kollege, der eine kleine Spende akzeptierte, wenn die Menschen sich für die schöne Geste doch erkenntlich zeigen wollten. Dieses Kalkül hat einen Beigeschmack. Und doch ist es nicht leicht, sich diesem Effekt zu entziehen, weil er eben eine so omnipräsente Grundlage unserer zwischenmenschlichen Interaktion ist. Hast Du dieses Prinzip einmal durchschaut, springt es Dich an jeder Ecke an – insbesondere im Marketing.

Kostenfreie PDFs, Webinare, Whitepaper, Kurse oder Bücher – an vielen Stellen kommen Gratisinhalte zum Einsatz, um das Wohlwollen der Menschen zu wecken. Wir fühlen uns geschmeichelt von so viel Großzügigkeit und rücken zum Ausgleich gerne mit unseren Kontaktdaten raus. So zumindest die ursprüngliche Idee dahinter … Leider ist dieses Prinzip im Laufe der Jahre so inflationär eingesetzt und zum Teil missbraucht worden, dass unser Bullshit-Barometer mittlerweile sehr sensibel auf »Geschenke« reagiert.

Nichtsdestotrotz wirkt Reziprozität auch heute noch im Marketing, wenn die Haltung stimmt. Nutzen wir das Prinzip mit direkter Profitgier aus, also geben wir nur, um zu bekommen, spürt das auch unserer Zielgruppe. Bieten wir den Menschen hingegen einen echten Wert – zum Beispiel mit einer unverbindlichen Produktprobe, hochwertigen Inhalten oder indem wir einen Teil ihres Problems lösen – können wir auf ihre Aufmerksamkeit, ihr Wohlwollen und ein Gefühl der Verbundenheit bauen. Volles Vertrauen ist das natürlich noch nicht, doch wenn unser Vorhaben fruchtet und die Beweiskraft wirkt, bauen wir sehr schnell eine Basis für den weiteren Weg aus.

Wir gehen in Vorleistung mit der ehrlichen Absicht, unserer Zielgruppe etwas Gutes tun zu wollen und damit eine Chance zu erhalten, unsere Qualität und Kompetenz unter Beweis zu stellen. Natürlich vertrauen wir dabei auf das Prinzip der Reziprozität, doch wir forcieren keine Reaktion. Sobald ein Zwang, Druck oder ein Müssen mitschwingt, ist die schöne Geste befleckt und verliert ihren Zauber.

Lass Dich von der Frage leiten: Was kann ich den Menschen zum Probieren anbieten, um meine Qualität und Kompetenz unter Beweis zu stellen? Oder wie kann ich meine Zielgruppe bei der Lösung ihres Problems einen ersten Schritt voranbringen? Löse das Problem natürlich nur so weit, dass Du damit nicht den Wert Deines Angebots verwässerst. Wir wollen ein Häppchen servieren, das die Menschen nicht satt, sondern hungrig auf mehr macht.

6. Sympathie

Wir kaufen gerne von Menschen, die wir mögen. Und wir mögen Menschen, die so sind wie wir. Das ist der Grundsatz hinter Sympathie im Marketing. Sie entsteht durch Gemeinsamkeiten. Das können zum Beispiel Ähnlichkeiten in der Außenwelt sein wie die geografische Herkunft, Alter, Hobbys oder die Kleidung. Noch tiefere Verbindung schaffen die inneren Faktoren wie gemeinsame Interessen, ähnliche Meinungen und Werte oder auch geteilte Abneigungen. Sympathie ist also eine direkte Folge starker Resonanz.

Wenn andere uns ähnlich sind, bestärkt uns das in dem Gefühl, selbst auch okay zu sein. Die Menschen erkennen in uns einen Verbündeten, der sich mit ihnen einem gemeinsamen Feind (Problem) stellt und nach dem gleichen Ziel (Ergebnis) strebt.

Der Schlüssel zur Sympathie sind Menschlichkeit und (Marken-)Persönlichkeit. Alles, was Anknüpfungspunkte schafft, ermöglicht Verbindung. Da sind die bereits besprochenen **Wertestatements**, die spüren lassen, wofür Du stehst und wofür nicht. Ebenso wertvoll ist alles, was ein Unternehmen und die Menschen dahinter **nahbar** wirken lässt, wie zum Beispiel persönliche Geschichten, Erfahrungen und entsprechende Möglichkeiten, mit den Menschen in den Dialog zu treten. Außerdem sorgt der folgende Faktor für Sympathie, der aufgrund seiner Wirkung einen eigenen Punkt verdient.

7. Verletzbarkeit

Ein besonderer Weg zu einer tiefen Form von Sympathie bis hin zum Vertrauen führt über Verletzbarkeit. Jeder von uns weiß, dass alles im Leben zwei Seiten hat. Wo Licht ist, fallen auch Schatten. Wer immer nur von der Hochglanzfassade spricht, blendet eine unbestreitbare Seite aus und kann damit Skepsis wecken.

Verletzbarkeit bedeutet in diesem Kontext, offen über Fehler, Patzer und eigene Schwächen zu sprechen. Das verlangt Mut und klingt erst einmal kontraintuitiv. Denn warum sollten wir Themen ansprechen, die Zweifel in Bezug auf unsere Kompetenz oder die Qualität unseres Angebots wecken könnten? Die Antwort: Weil genau das Gegenteil der Fall ist! Verletzbarkeit entwaffnet.

Statt uns von Kritikern und Neidern Unzulänglichkeiten unter die Nase reiben zu lassen, ergreifen wir die Flucht nach vorne und machen sie selbst zum Content-Thema. Wir stehen auch zu den Schattenseiten. Das macht uns stark. Das zeigt Verantwortung. Das zeigt Ehrlichkeit. Das weckt Vertrauen.

Verletzbarkeit macht unverwundbar.

Der Autovermieter Avis hat in seinen früheren Jahren sogar einen sehr erfolgreichen Kampagnenslogan nach diesem Prinzip entwickelt: *Avis is only No. 2 in rent a car. So we try harder.*[19] (Avis ist nur die Nummer 2 der Autovermietung. Also geben wir uns mehr Mühe). Die Kampagne eröffnet mit einer Schwäche, die sich im zweiten Satz als Vorteil für die Zielgruppe entpuppt. Gerade weil Avis zum Zeitpunkt der Kampagne nicht die Nummer 1 war, konnte sich das Unternehmen nicht auf Lorbeeren ausruhen und seinen Kunden lange Wartezeiten oder schmutzige Aschenbecher zumuten. Eine Nummer 2 ist viel engagierter, auf Qualität in allen Details zu achten und die Zielgruppe immer wieder aufs Neue zu begeistern. In einer vermeintlichen Schwäche kann eine gewaltige Stärke schlummern. Insbesondere der Perspektivwechsel bringt Würze ins Spiel: Welche Vorteile entstehen für Deine Zielgruppe durch das, was Du als Schwäche oder Nachteil betrachtest?

Auch wenn das Avis-Beispiel aus den 1960er-Jahren stammt, steckt hinter dem Prinzip der Verletzbarkeit auch heute noch ein sehr moderner Ansatz, der sich nur langsam seinen Weg in die Öffentlichkeit bahnt. Fehler sind immer noch verrufen. Lange Zeit galten sie als Zeichen der Schwäche. Wer »erfolgreich« sein will, sollte sie lieber vermeiden. Doch heute weiß jeder, dass hinter den blendenden Hochglanzfassaden auch Glimmstängel und leere Chipstüten liegen. Und das längst gelüftete Geheimnis genialer Geister ist, dass sie einfach mehr Fehler als alle anderen gemacht haben. Fehler sind die besten Lehrer. Warum sollten wir unsere also verschweigen? Sie können einen großen Wert für andere bieten und offenbaren unsere menschliche Seite. Sie machen uns nahbar und sympathisch. Oder, um es etwas pathetisch zu sagen: Aus jeder Wunde kann etwas Wunderbares entstehen.

»Endlich mal jemand, der nicht das übliche Uga-Uga und Blabla predigt, sondern in meiner Welt lebt. Wer so offen über seine Schattenseite spricht, verheimlicht bestimmt auch keine Nachteile oder packt zwielichtiges Zeug in winzige Sternchentexte.« Dieses Gefühl sollte bei der Zielgruppe ankommen. Wenn wir auch Unpopuläres ansprechen, atmen die Menschen innerlich auf. Wir nehmen den Druck raus, perfekt sein zu müssen. Unsere Verletzbarkeit hat also eine aufbauende Wirkung, und diese Atmosphäre der Offenheit nimmt jedem Vorwand den Wind aus den Segeln.

Und das ist auch gleichzeitig der rote Faden, um dieses Prinzip im Marketing einzusetzen. Es verlangt etwas Fingerspitzengefühl, um nicht in Selbstbemitleidung oder Weltschmerz abzudriften, sondern immer lösungsorientiert zu bleiben. Wenn ich über Upsis, Hopplas und Auweias spreche, lasse ich mich von den Fragen leiten: Was habe ich dadurch gelernt? Wovor haben mich diese Situationen bewahrt? Und was ist durch diese vermeintlichen Schwächen überhaupt erst möglich geworden?

8. Konsistenz

Unser Hirn mag es nicht, wenn sich die Dinge verändern. Das bedeutet nämlich, dass es viel Energie investieren muss, um sich neu zurechtzufinden und die Lage auf Gefahren zu analysieren. Ihm ist viel lieber, die Dinge bleiben, wie sie sind. Entsprechend hat es ein Faible für Bekanntes. Kommt uns etwas bekannt vor, weckt es unser Vertrauen.

Stehst Du zum Beispiel auf einem anderen Kontinent vor einem Supermarktregal mit lauter kryptischen Etiketts und fremdsprachigen Beschreibungen, machen Hirn und Herz Luftsprünge, wenn Dich zwischen all den Fremdkörpern im Regal eine Marke aus der Heimat anlacht.

Einen Vertreter, der mitten am Tag an der Tür klingelt, würden die meisten wahrscheinlich nicht ins Haus lassen. Teilt er Dir jedoch gleich mit, dass er auf Empfehlung Deines besten Freundes zu Dir kommt und ihn namentlich nennt, würde es Dir deutlich schwerer fallen, ihn abzuwimmeln.

Vertrautes weckt Vertrauen.

Bekanntes fühlt sich für unser Gehirn gut und stimmig an. Wenn wir neu auf dem Markt sind oder Vertrauen in Marktneuheiten wecken wollen, sollten wir nach einem vertrauten verbindenden Element suchen. Du kennst die Kraft der Bilder, die Vertrautes fremd und Fremdes vertraut machen können. Einige sogenannte Early Adopters fühlen sich vom Neuen magisch angezogen. Doch die meisten Menschen beäugen das, was sie nicht kennen erstmal kritisch, bis sie es besser einschätzen können. Finden sie genügend Anknüpfungspunkte zur ihrem gewohnten Umfeld, verwandelt sich die Skepsis schnell in Neugier.

Konsistenz (etwas ist inhaltlich einheitlich) ist eng verwandt mit der Kontinuität (etwas bleibt über längere Zeit einheitlich). Deine Botschaften, Dein Wortschatz, Dein Logo, Dein Stil – damit kannst Du eine Konstante schaffen, die Sicherheit und Orientierung vermittelt. Die gilt nicht nur für die Außenwelt, sondern auch nach innen.

Das Stichwort für diesen Bereich lautet **Integrität.** Das ist der rote Faden, der durch Dein Denken, Fühlen und Handeln führt. Bleibt der langfristig spürbar erhalten, schafft das Vertrauen. Andere kriegen ein Gefühl für Dich und können auf Dich bauen. Bist Du hingegen eher ein Fähnchen im Wind, änderst regelmäßig Deine Meinung und verstrickst Dich sogar in Widersprüche, können diese Inkonsistenzen Deiner Integrität und damit auch dem Vertrauen in Deine Marke schaden. Die Grundzutaten für Integrität sehen wie folgt aus:

- **Bleib Deinen Werten und Zielen treu.** Verbiege Dich nicht für ein paar Sekunden Ruhm oder das letzte Quäntchen Umsatz. Setze ein Statement, indem Du Nein zu allem sagst, was für Dich nicht infrage kommt.
- **Sei ehrlich.** Sprich offen und direkt, auch über unbequeme Wahrheiten, damit andere jederzeit wissen, woran sie bei Dir sind.
- **Lass Deinen Worten Taten folgen** und umgekehrt: Versprich nur, was Du auch halten kannst.

Integrität ist eine Superkraft, nicht nur im Marketing, sondern in jeder Art von zwischenmenschlicher Interaktion. Haben Deine Worte Handschlagqualität, genießt Du eine völlig neue Form von Wertschätzung und Vertrauen. Kurzum und etwas salopp: Integrität ist die Superkraft, Dich selbst und andere nicht zu bescheißen.

9. Garantien

Dieser Titel ist definitiv ein Powerwort. Bei vielen Menschen sorgt schon allein der Anblick der neun Buchstaben für ein Gefühl der Sicherheit. Und genau das ist das Ziel von Herstellergarantien, Gewährleistung und Widerrufsrecht: Sie sind gesetzlich vorgeschrieben, um Privatkunden (B2C) vor mangelnder Qualität und unseriösen Praktiken zu schützen.

Gleichzeitig sorgen sie automatisch für Pröbchenproof. Die Menschen haben die Möglichkeit, die Angebote in Ruhe zu testen und sich von der Qualität zu überzeugen. Für alle Anbieter, die hinter ihrem Angebot stehen, ist die Garantie also eine Verbündete. Das ist auch ein Grund, warum zahlreiche Anbieter das 14-tägige Rückgaberecht ausweiten auf 30 oder sogar 90 Tage. Einige bieten sogar eine 365-tägige Zufriedenheitsgarantie, die in der Praxis häufig nur ein geringes Risiko für den Anbieter bedeutet. Zum einen, weil sich viele Kunden in dieser Zeitspanne so sehr an das Angebot gewöhnt haben, dass sie sich ihren Alltag gar nicht mehr ohne vorstellen können. Zum anderen jedoch auch, weil die meisten Angebot und Garantie bis dahin schlichtweg vergessen haben.

Eine Garantie entspannt uns. Sie nimmt das Risiko von unseren Schultern und legt es in die Hände des Anbieters. Damit zahlt sie auf alle drei Dimensionen des Vertrauens ein und sorgt dafür, dass wir entspannter auf *Kaufen* klicken. Genau betrachtet verschieben wir damit nämlich die eigentliche Kaufentscheidung auf später, und zwar auf den Moment, wenn wir entscheiden, ob wir die Ware behalten oder zurückschicken. Zuweilen fällt in diesen Situationen unsere Trägheit die Kaufentscheidung, zum Beispiel wenn wir auch nach dem Ausprobieren noch unsicher sind, doch der Gang zu Post oder Paketstelle mehr schmerzt, als das nicht ganz so passende Produkt zu behalten. In den meisten Fällen gilt: Was wir erst einmal in den Händen halten, übt einen besonderen Reiz auf uns aus. Ist schon das Unboxing (Auspacken) oder Onboarding (bei einer Dienstleistung) ein besonderes Erlebnis, dann können wir als Anbieter die Liebe auf den ersten Blick ziemlich gut vorprogrammieren.

Sind Garantien also die Heilsbringer für alle Angebote? Nicht ganz! Denn im Business-to-Business-Geschäft (B2B) gelten andere Regeln, und in Deutschland gibt es im B2B-Bereich zum Beispiel kein gesetzliches Widerrufsrecht. Natürlich steht es Dir frei, Deiner Zielgruppe dennoch solche Rechte einzuräumen. Vorher lege ich Dir allerdings eine Frage ans Herz: Schadet die Garantie womöglich Deinen Kundinnen und Kunden?

Das kann zum Beispiel der Fall sein, wenn Einsatz und Eigenverantwortung der Menschen Grundvoraussetzung für eine gelingende Zusammenarbeit sind. Bei einem Coachingangebot würde ich zum Beispiel zweimal nachdenken, welche Garantien ich gebe, weil der Erfolg hier von beiden Seiten abhängt. So brillant ich und mein Angebot auch sein mögen – ob mein Coachee letztendlich erfolgreich ist, hängt auch von seiner oder ihrer Bereitschaft ab, anzupacken und Dinge umzusetzen. Eine Garantie könnte die Person dazu verleiten, es sich bequem zu machen oder ganz zu kneifen, wenn es an die Substanz geht. Sie öffnet ein Hintertürchen für Ausreden und Selbstsabotage. Ich kenne persönlich einige Anbieter, die aus diesem Grund explizit erwähnen, dass sie keine Garantien geben, weil sie von der Qualität ihres Angebots überzeugt sind und sich dieses schon in unzähligen Fällen bewährt hat. Gelingt es, das Angebot souverän mit dieser Haltung zu kommunizieren, kann paradoxerweise auch so eine bewusste Garantieverweigerung Vertrauen wecken.

10. Zeit

Wenn es um Vertrauen geht, ist die Zeit Deine größte Verbündete und Druck kein hilfreicher Zeitgenosse. Denn es kann einige Texte und einige Berührungspunkte mit Deiner Marke verlangen, bis jemand aus Deiner Zielgruppe in allen drei Dimensionen des Vertrauens ein gutes Gefühl entwickelt hat. Ohne Frage, Du kannst dieses Ziel mit einer gut durchdachten Marketingchoreografie auf einen Schlag erreichen, denn Du weißt jetzt, an welchen Stellen Du dafür ansetzen darfst. Doch wenn Du von jedem Text erwartest, dass er sofort verkauft, setzt Du Dich selbst unter Druck, und der kann auf Deine Texte abfärben.

Forciere den Vertrauensaufbau also nicht. Das wäre so, als würdest Du die Blüte einer Blume aufreißen. Kurzzeitig mag das Farben zum Vorschein bringen, doch das bleibt ein Einmaleffekt.

Erinnere Dich: Die Menschen sollen sich bei uns wohlfühlen. Unsere Aufgabe ist es, sie so gut wir können zu führen. Wie sich das anfühlt, hängt ganz von unserem Stil ab. Und der darf sich entwickeln. Anfangs war ich selbst enttäuscht, wenn die Menschen trotz aller Offenheit und phänomenaler Verkaufsargumentation nicht gleich so gehandelt haben, wie ich es mir erhoffte. Seitdem ich jedoch den Druck und das Müssen eliminiert habe, ist eine ganz besondere Magie entstanden. Einige Menschen kamen sogar fast ein Jahr nach unserem letzten Gespräch oder meinem letzten Text auf mich zu und kauften. Dabei erwähnten fast alle, dass sie bei mir jederzeit ein gutes

Gefühl hatten. Auch wenn ich regelmäßig nachgefasst hatte, sei dabei niemals eine Spur von Druck spürbar gewesen. Und aufgrund des positiven Grundgefühls hatten sie sich für mich entschieden, als sie schließlich bereit waren, eine Entscheidung zu treffen.

Wir können niemanden in unser Angebot zwingen. Doch wir können dranbleiben. Wahrscheinlich hast Du auch schon mal von der Regel der sieben Kontaktpunkte gehört. Dahinter steckt die Idee, dass Menschen siebenmal mit Dir und Deinem Angebot in Berührung gekommen sein müssen, bevor sie kaufbereit sind. Heute geistern auch Zahlen durch die Marketingwelt, nach denen es aufgrund gesättigter Märkte, hoher Informationsflut und lautem Marketingrauschen manchmal 45 und mehr Berührungspunkte brauche. Mit dem Wissen aus diesem Buch kannst Du Dir vorstellen, warum wir bei so pauschalen Aussagen genauer hinschauen sollten. Hier drängen sich die folgenden Fragen auf: Welche Botschaften und Inhalte erwarten die Menschen an den jeweiligen Touchpoints? Und vor allem: Mit welchem Problembewusstsein hat ihre Reise mit uns begonnen? Weiß jemand zu Beginn noch gar nichts vom Problem, können wir leicht nachvollziehen, wenn es ein paar Extrarunden bis zur Kauflaune dauern kann.

Die Vielfalt der Ansätze zum Vertrauensaufbau kann zuweilen überwältigend wirken, doch sie ist kein Nachteil. Vielmehr bietet sie Dir Gelegenheit, vertrauensbildende Botschaften über all Deine Kanäle zu verteilen. Vielleicht kommt jemand auf Empfehlung in Deine Welt, liest einen Blogartikel, schaut sich ein Video an und gelangt in Deinen Podcast oder E-Mail-Newsletter. Dort folgt Dir die Person über mehrere Wochen, bekommt ein besseres Gefühl für Dich und gelangt schließlich auf Deine Verkaufsseite, die sie (natürlich aufgrund der leckeren Texte) restlos überzeugt.

Nutze diese vertrauensbildenden Zutaten als kreative Impulse, um Deine Marketingarchitektur zu bereichern. So öffnet sich die Blüte des Vertrauens von allein, während die Menschen in Deine Welt finden. Lass andere Kanäle die Pässe vorlegen, damit Deine abschließende Verkaufsseite möglichst erfolgreich punkten kann.

Wann kommunizierst Du den Preis?

Jetzt! Wann wir mit der Antwort auf die Fragen aller Fragen rausrücken, ist nicht trivial. Denn sobald eine Zahl ins Spiel kommt, frieren wir unsere Argumentation ein. Ich stelle mir den Preis auch gerne wie eine Schleife vor, die alles miteinander verbindet und fest zusammenschnürt. Jedes Argument, das wichtig und wertvoll ist, sollte vorher im Paket sein, damit die Menschen es berücksichtigen, wenn sie den Preis beurteilen. Idealerweise sollten sie dabei feststellen, dass unser Angebot unvergleichlich ist, weil wir ein einzigartiges Versprechen mit besonderen Vorteilen bieten und das Ganze auf eine Art kommunizieren, die für besondere Resonanz und großes Vertrauen sorgt. Die Menschen sollten sich also mit unserem Angebot wohlfühlen und keine Zweifel mehr haben, wenn wir auf den Preis zu sprechen kommen.

Während wir im direkten Verkauf so früh wie möglich den Budgetrahmen der Interessenten abklopfen würden, fokussieren wir uns im Copywriting auf Wertaufbau und Problemempfinden. Für Fortgeschrittene bietet die Verkaufspsychologie noch einige weitere Kniffe rund um effektive Preiskommunikation, doch wir fokussieren uns hier auf die Basis, die 90 Prozent der Wirkung ausmacht. Denn effektive Preiskommunikation ist immer auch eine Frage der Haltung. So wollen wir unseren Preis niemals rechtfertigen oder im Nachhinein noch kommentieren. Ein solcher Schritt kann den Eindruck erwecken, dass wir nicht voll hinter unserem Preis stehen. Außerdem können sich nachträgliche Argumente anfühlen, als würden wir die Menschen überreden statt überzeugen wollen. Daher bringen wir jedes wertvolle Argument ins Paket ein, bevor wir mit dem Preis die Schleife drum herumbinden.

Die siebte Zutat bildet eine Ausnahme. Sie kann einerseits noch vor dem Preis einfließen, wenn sie das Problemempfinden weiter schärft, andererseits kannst Du sie auch noch nach Deiner Preiskommunikation einbringen, weil sie einen kraftvollen Impuls gibt, jetzt zu handeln.

PRAXISTRANSFER

Gerade bei einem mysteriösen Thema wie der Hypnose können die Menschen wichtige Fragen und Vorbehalte haben, denen ich mich vorab widmen sollte. Daher habe ich mir Gedanken um alle drei Dimensionen gemacht:

- **Das Vertrauen in mich und meine Fähigkeiten:** Ich schildere meinen Werdegang, lege mehrere Zertifizierungen vor, führe Lehrgänge auf, die ich bei Ikonen des Fachs besucht habe, und berichte von besonderen eigenen Erfahrungen, um Autorität und Sympathie aufzubauen.
- **Das Vertrauen in mein Angebot:** Neben Testimonials stelle ich die fünf Meilensteine unserer Zusammenarbeit vor, damit die Menschen eine klare Karte unserer Reiseroute haben.
- **Das Vertrauen der Menschen in sich selbst:** Wichtig ist in jedem Fall ein kostenfreies Vorgespräch, bei dem ich auf alle Fragen der Person eingehe sowie ein Pröbchen, damit die Menschen ein Gefühl für das Thema bekommen.

Ich entwickle außerdem zwei Miniprodukte, um alle drei Dimensionen zu stärken:

1. Auf meiner Website können sich die Menschen ein hochwertig designtes **Whitepaper** rund um das Thema Hypnose herunterladen. Darin erkläre ich anhand einer Fallstudie, wie Hypnose wirkt, worauf es ankommt und führe dazu auch wissenschaftliche Belege an. Perspektivisch nehme ich diese Inhalte auch als kleine Podcast- und Videoreihe auf, damit die Menschen eine möglichst persönliche Verbindung zu mir aufbauen können.
2. Ich produziere eine **Trance zur Steigerung des Selbstbewusstseins.** Die können die Menschen für kleines Geld erwerben und so erste unverbindliche Erfahrungen mit mir, meiner Art und dem Phänomen der Hypnose im Allgemeinen machen. Dabei geht es also um eine Demonstration von Qualität und Kompetenz. Perspektivisch könnte ich dieses Angebot ausbauen und einen kleinen Shop mit entsprechenden Programmen aufbauen. Ich gebe diese Trance bewusst nicht kostenfrei heraus, weil ich vorwiegend Menschen anziehen will, die auch bereit sind, in eine Veränderung zu investieren, selbst wenn es lediglich 9 oder 19 Euro sind.

Mein Beispiel zeigt gut, dass wir die Kommunikation stets ganzheitlich im Blick halten sollten. Würde ich alle Zutaten auf meiner Website unterbringen, würde diese wahrscheinlich ellenlang und überfordernd. Stattdessen entwickle ich unterschiedliche Medien, die meine zentrale Argumentation flankieren und den Verkauf vorbereiten.

ZUTAT 7: **DRINGLICHKEIT**

Gäbe es die letzte Minute nicht, so würde niemals etwas fertig.
– Mark Twain

Nur für kurze Zeit! Nur solange der Vorrat reicht! Nur noch 5 Stück auf Lager! 15 andere Menschen sehen sich diesen Artikel gerade ebenfalls an. Nur noch gültig bis heute um 23.59 Uhr. Verdrehst Du gerade die Augen? Für manche sind diese Phrasen Marketing der untersten Schublade. »Wer seriös sein will, sollte diese Schublade zunageln«, meinte mal ein Teilnehmer meiner Programme. Und da ist etwas dran, denn diese zum Teil abgedroschenen Zutaten hinterlassen manchmal einen bitteren Beigeschmack.

Zum einen hat wahrscheinlich jeder kauffreudige Mensch schon Erfahrungen mit künstlicher Verknappung gemacht. Da sind plötzlich nur noch wenige E-Books auf Lager (den Lagerraum würde ich gerne mal sehen), das aufgezeichnete Webinar ist fast voll, der Countdown-Timer auf der Website startet bei jedem Besuch von vorne oder bei angeblich heiß begehrten und ständig ausgebuchten Anbietern stoßen wir auf einen gähnend leeren Kalender, wenn wir einen Termin buchen wollen. Hier fühlen wir uns zurecht veräppelt.

Zum anderen entsteht der bittere Beigeschmack, weil wir uns bei Verknappung grundsätzlich leicht unwohl fühlen. Sie setzt uns unter Druck, macht uns Feuer unterm Hintern und zwingt uns zu einer schnelleren Entscheidung. Manche fühlen sich dabei in ihrer persönlichen Freiheit bedrängt. Je nach Kontext und Persönlichkeitsstruktur bringt das manche Menschen auf die Palme – und andere erst so richtig ins Handeln.

Als Copywriter und als Kunde kann ich bestätigen: Verknappung funktioniert. Ein wesentlicher Treiber ist *FOMO (Fear Of Missing Out)* – die Angst, etwas Wichtiges oder Wertvolles zu verpassen. Bei zeitlich befristeten Angeboten in unterschiedlichen Projekten kann ich immer wieder beobachten, wie teilweise 30 bis 50 Prozent der Gesamtkunden erst auf den allerletzten Drücker kaufen, kurz bevor das Angebot endet. Den Grund dafür kennst Du. Er führt uns zurück zu einer der ersten Zutaten: der Weg-von-Motivation. Menschen, die im jeweiligen Kontext in erster Linie weg-von-motiviert sind, brauchen ein ausgewachsenes Problemempfinden, um ins Handeln zu kommen.

So geht es auch mir bei einigen Investitionsentscheidungen, insbesondere bei denen, die eher unliebsame Pflicht sind als Feuerwerk der Glücksgefühle. Auch wenn mir das Problem grundsätzlich bewusst ist, schiebe ich den letzten Klick endlos vor mir her und schlafe nochmal eine Nacht darüber. Gäbe es keine Deadline könnte ich Hunderte Nächte darüber schlafen und um die Entscheidung herumtanzen. Es ist ja noch Zeit ... Es sind ja noch genug da ... Damit wäre ich wahrscheinlich das Sorgenkind aller, die mir etwas verkaufen wollen. Habe ich jedoch keine offenen Fragen mehr, hapert es einfach nur noch an der Dringlichkeit.

Jede Art von Verknappung dient dazu, das **Problemempfinden** zu intensivieren. Grundsätzlich gilt bei dieser Zutat: Je besser wir mit den ersten sechs Zutaten arbeiten, desto verlockender duftet unser Gericht schon von sich aus und desto weniger brauchen wir den Faktor Dringlichkeit. Und doch empfehle ich, nicht darauf zu verzichten, denn wir Menschen schieben gerne auf. Das liegt nicht an uns oder unserem Angebot, sondern eine gewisse Trägheit und Bequemlichkeit liegen einfach in unserer Natur. Auch wenn ein Thema relevant und wichtig ist, wirken andere Dinge im Alltag so viel dringender.

Ob Klimawandel, ungesunde Gewohnheiten oder Altersvorsorge – die Gefahren, die von diesen Themen ausgehen, sind für uns erst einmal abstrakt und unfühlbar. Wir wissen zwar, dass wir uns ihnen widmen sollten, doch da wir keine unmittelbaren Auswirkungen davon spüren, kommt nur wenig Motivationsenergie in uns auf. »Damit darf sich mein Zukunftsich beschäftigen«, brachte es mal eine Teilnehmerin eines meiner Seminare auf den Punkt. Stattdessen räumen wir scheinbar bedeutungslosen Nebensächlichkeiten größten Stellenwert ein. Wir widmen uns unserer Maniküre. Wir bringen das Pfand weg, damit die Gäste morgen das Chaos nicht sehen. Oder wir gießen die Blumen, weil die schon ihre Köpfchen hängen lassen. Für unser Gehirn sind selbst diese kleinen Trivialitäten ein dringenderes Thema als der Klimawandel, weil sie ein unmittelbares und deutliches Problemempfinden begleitet.

Dieses Verhalten kannst Du übrigens auch im Bereich Selbstmanagement und Produktivität beobachten. Viele Menschen sind zwar den ganzen Tag beschäftigt, doch nicht wirklich produktiv. Sie springen von einer dringenden Aufgabe zur nächsten, auch wenn diese alles andere als wichtig sind – sie fühlen sich nun mal dringend an. Die wirklich wichtigen Dinge, die den größten Unterschied machen, bleiben dabei ständig liegen oder fallen ganz unter den Tisch.

Indem wir mit unseren Texten ein Gefühl der Dringlichkeit wecken, ermutigen wir die Menschen dabei, für sie wichtige Entscheidungen nicht länger aufzuschieben oder sich sogar selbst zu sabotieren. Ist es nicht faszinierend, wie diese Wortwahl die nervige Verknappung von vorhin plötzlich in einen fast edlen Service verwandelt? (Zwinker-Emoji) Wir geben den Menschen einen liebevollen Schubser in Richtung Ziel. Dabei dürfen wir natürlich darauf achten, dass der Weg frei ist und wir sie nicht in Hindernisse hineinmanövrieren. Wenn es noch offene Fragen gibt und die Menschen nicht bereit sind, stellen wir mit frühzeitigem Druck unsere Bedürfnisse über ihre, und der bittere Beigeschmack entsteht.

Dringend bedeutet also: Es kann nicht länger warten! Bevor wir in die konkrete Umsetzung starten, will ich mit Dir noch eine andere Seite der Verknappung beleuchten, die Du vielleicht auch schon gespürt hast: Neben der Weg-von-Motivation kann die Verknappung auch auf die Hin-zu-Motivation einzahlen. Denn je knapper das Angebot ist, desto wertvoller und begehrenswerter wirkt es in unseren Augen. Mit dem »Oh nein, ich will dieses wertvolle Angebot auf gar keinen Fall verpassen!« geht auch einher: »Oh, dieses Angebot ist so limitiert und begehrt, das gönne ich mir erst recht!« Hier wirkt nicht nur die Verlustaversion, sondern die Verknappung bringt auch eine besondere Wertigkeit und **Exklusivität** ins Spiel. Zum Beispiel dann, wenn wir eine einmalige Gelegenheit bekommen und in einem Kreis von Auserwählten sind, die zuerst von einem besonderen Angebot profitieren können.

Luxusmarken machen es vor. So gibt es einige Sportwagen nur in zwei- oder dreistelliger Stückzahl auf der ganzen Welt. Wer sich eine Rolex gönnen will, kann sie je nach Modell nicht einfach im Laden kaufen, sondern muss sich manchmal einige Jahre auf einer Warteliste gedulden, um eine der edlen Uhren kaufen zu *dürfen*. Was wir nicht oder nur schwer haben können, begehren wir nur umso mehr. Alles, was selten, knapp, einzigartig, geheim oder unerreichbar ist, übt auf uns eine verlockende und faszinierende Wirkung aus. Wir versprechen uns davon besondere Vorteile oder eine einmalige Gelegenheit. Was schwer zu kriegen ist, ist auch mehr wert. Wenn Gold nicht so selten wäre, würden wir damit wahrscheinlich für ein paar Euro unsere Einfahrt pflastern. Und 30 Minuten an einem köstlichen belgischen Bier zu nippen, macht mir persönlich mehr Freude als innerhalb einer Stunde fünf davon hinunterzustürzen (übrigens vollkommen respektlos gegenüber dem Bier, das sich beim Gären so auf diesen Moment gefreut hat). Und überhaupt: Gewinnen nicht viele Dinge in unserem Leben erst ihren Reiz und Wert dadurch, dass unsere Zeit auf diesem Planeten begrenzt ist? Wären wir unsterblich, könnten wir uns dann noch lebendig fühlen?

Uhhh, verrückt, wie uns simple Verkaufsprinzipien in philosophische Tiefen führen können. Doch zurück zum Thema.

Wenn Menschen also nicht ins Handeln kommen, sondern wir ein liebloses »Wir melden uns!« kassieren – und wohlgemerkt alle Fragen beantwortet sind – drückt der Schuh an einer von zwei Stellen: Entweder wirkt unser Angebot noch nicht attraktiv genug, und wir dürfen zum Beispiel mit Exklusivität und anderen Angebotszugaben am Rädchen des Wertempfindens drehen. Oder das Problembewusstsein ist noch nicht intensiv genug. Dann dürfen wir den Regler des Problemempfindens hochschieben, um mehr Dringlichkeit zu schaffen.

Abschließend noch eine WARNUNG, auch wenn sie schon klar ist: Bitte dosiere diese Zutat mit Vorsicht. Zu wenig davon lässt die Menschen vielleicht einschlafen, zu viel davon lässt sie wegrennen. Dringlichkeit kann Deinem Verkauf gewaltigen Rückenwind verleihen und doch gleichzeitig auch einen üblen Beigeschmack hinterlassen und sogar Deine Marke schädigen, wenn die Dosierung nicht zu Deiner Haltung oder Deinem Angebot passt. Halte also Deinen ethisch-moralischen Kompass griffbereit, wenn wir auf den nächsten Seiten tiefer in die Möglichkeiten eintauchen.

Boni und Zugaben – das Wertempfinden steigern

Bevor wir verknappen, starten wir mit der positiven Variante, mit der wir das Wertempfinden intensivieren können. Hier geht es darum, Dein ohnehin schon attraktives Angebot durch wertvolle Zugaben zu ergänzen, bei denen Deine Zielgruppe funkelnde Augen bekommt.

Wenn Du hierzu Inspiration benötigst, empfehle ich Dir einen Recherchebesuch beim Supermarkt Deines Vertrauens. Sammelkarten, Punktesysteme, wertvolle Tipps, überraschende Packungsbeilagen, Garantieerweiterungen und auch Gewinnspiele vermitteln das Gefühl, dass wir deutlich mehr zum gleichen Preis bekommen.

Auch bei Dienstleistungen kannst Du die Attraktivität Deines Angebots steigern, indem Du Boni hinzugibst. Lass Dich bei der Konzeption zum Beispiel von der Frage leiten, wie Du das Erlebnis vor dem Ergebnis noch auf besondere Weise bereichern kannst. Fehlt den Menschen noch etwas, das es ihnen leichter macht, ihr Ziel zu erreichen? Oder Du blickst schon über den Ergebnishorizont hinaus und antizipierst, was im Anschluss an die gemeinsame Reise mit Dir der nächste logische Schritt sein könnte. Lernen die Menschen bei Dir zum Beispiel eine neue Fähigkeit, kannst Du ihnen einen Bonus bieten, mit dem ihnen auch die spätere Umsetzung noch besser gelingt. Erfüllen sie sich an Deiner Seite einen großen Wunsch, kannst Du Dich fragen, welcher Wunsch wohl danach in ihnen aufkommen wird, und dazu schon einen entsprechenden Mehrwert entwickeln.

Der zusätzliche Wert sollte natürlich immer echt und nachvollziehbar sein. Wir wollen also nichts als Bonus anpreisen, was sowieso im Angebot enthalten ist. Ein Fitnesstrainer warb zum Beispiel mal mit einem individuellen Trainings- und Ernährungsplan als Bonus bei Vertragsabschluss, obwohl dieser im regulären Angebot ohnehin schon inkludiert war. Genauso können künstlich aufgeblasene Preisschilder an den Boni unsere Glaubwürdigkeit bröckeln lassen. Wenn Du schon mal auf einer dieser fischmarktähnlichen Verkaufsseiten warst, weißt Du, wovon ich rede. Zum Angebot im Wert von 1000 Euro gibt es am Ende noch Boni im Wert von 7000 Euro gratis obendrauf. Da schlägt die Nadel am Bullshit-Barometer gefährlich weit aus. Ich habe mit solchen Angeboten häufiger die Erfahrung gemacht, dass sich die angepriesenen Boni nach dem Kauf nur als liebloses Beiwerk entpuppten, wofür ich persönlich keine 100 Euro investiert hätte. Diese Art der Vermarktung ist nicht nachhaltig.

Fokussieren wir uns hingegen auf echte Mehrwerte, entsteht bei der Zielgruppe der Eindruck: »Wow! Die sind nicht nur großzügig, sondern denken auch noch mit!« Besondere Glücksgefühle kannst Du übrigens wecken, indem Du die Menschen auch nach dem Abschluss noch mit einer Aufmerksamkeit überraschst. Bei Produkten winkt zum Beispiel ein Bonus, wenn die Menschen es registrieren, und bei Dienstleistungen kannst Du den wahrgenommenen Wert erhöhen, indem Du den Käufern auf dem Postweg ein haptisches Willkommensgeschenk zukommen lässt.

Verknappung – das Problemempfinden steigern

Verknappung kann wahre Wunder bewirken, wenn sie sich natürlich aus Deinem Angebot ergibt. Agiere also stets ehrlich und transparent. Täuschungen können eine sonst sehr wirkungsvolle Argumentation zunichte machen. Deine Zielgruppe sollte jederzeit ohne lange Erklärungen nachvollziehen können, warum das Angebot limitiert oder befristet ist. Um zu ermitteln, was in Deinem Fall infrage kommen kann, kannst Du Dich an den folgenden Möglichkeiten orientieren:

- **Zeitliche Verknappung:** Die Deadline schwebt über dem Angebot, und der Countdown verkürzt die Entscheidungsfrist mit jedem Augenblick. Der Gedanke, den verlockenden Deal zu verpassen, treibt dem ein oder anderen die Schweißperle auf die Stirn. Nach der Frist ändern sich die Konditionen, oder das Angebot verschwindet für eine bestimmte Zeit vielleicht ganz vom Markt.

- **Mengenmäßige Verknappung:** Ob begrenzte Stückzahlen oder eine limitierte Anzahl Plätze, stößt Dein Angebot ab einer gewissen Schwelle an seine Kapazitätsgrenzen, kannst Du im Marketing darauf hinweisen. Bei materiellen Produkten ist das durch Produktions- und Lieferengpässe nachvollziehbar. Arbeitest Du als One-Man- oder One-Woman-Show, hast Du natürlich nur begrenzte Ressourcen zur Verfügung. Viele Textgenies aus meinem Umfeld sind zum Beispiel so gefragt, dass eine Zusammenarbeit als Neukunde mit ihnen erst nach einigen Monaten Wartezeit möglich ist. In diesem Fall ist geringe Verfügbarkeit ein Zeichen der Begehrtheit und damit Social Proof. Je größer ein Unternehmen ist und je professioneller es aufgestellt ist, desto mehr erwarten wir jedoch von ihm, dass Engpässe in der Angebotserfüllung nicht vorkommen. Die könnten nämlich den Anschein wecken, dass das Unternehmen nicht gut genug organisiert ist, um die Nachfrage bedienen zu können. Hier ist Knappheit eine vermeidbare Schwäche, die sich negativ auf den Ruf der Marke auswirken kann.

- **Lokale Verknappung:** Diese Form ist zwar in Zeiten von Globalisierung und Onlinehandel deutlich seltener, doch vielleicht kommt sie in Deinem Fall infrage: Du kannst Dein Angebot zum Beispiel auf ein bestimmtes geografisches Gebiet reduzieren, oder Du bietest Zugang zu bestimmten Angeboten nur vor Ort bei einer Veranstaltung.

- **Preisliche Verknappung:** Ein Preis gilt nur noch für eine bestimmte Zeit, bis er anschließend steigt. Das ist zum Beispiel bei Einführungsangeboten der Fall oder wenn Preise zum Beispiel inflationsbedingt ansteigen. Mit Blick auf Deine Glaubwürdigkeit ist jedoch wichtig, dass der Preis anschließend nicht wieder fällt. Rabatte können eine Ausnahme sein, doch dazu noch eine wichtige Warnung nach den nächsten beiden Punkten.

- **Bonusverknappung:** Diese Strategie ist die bessere Form der Rabattierung. Die Zugaben, mit denen Du das Wertempfinden steigerst, gibt es nur für eine begrenzte Zeit. Wer danach kauft, zahlt zwar den gleichen Preis, muss jedoch auf Boni oder zusätzliche Vorteile verzichten. So gibt es zum Beispiel nur für Buchungen im Mai ein besonderes Goodie. Statt die Bonusverknappung an eine Zeitspanne zu knüpfen, kannst Du sie auch an eine Menge koppeln. In dem Fall erhalten etwa nur die ersten 100 Besucher eine Überraschung.

- **Zugangsbegrenzung:** Muss ich mich für Dein Angebot bewerben? Brauche ich eine besondere Qualifikation, um es in Anspruch nehmen zu können? Ist ein anderes Angebot Voraussetzung, um zum Kreis der Begünstigten zu gehören? Wir stellen einen Türsteher vor unsere Party, der nicht jeden reinlässt und damit einen exklusiven Kreis schafft. Die lange Schlange vor dem Club sorgt dafür, dass sich noch mehr Menschen anstellen und unbedingt hereinwollen. Diese Verknappung braucht eine gute Begründung, sonst kann sie leicht exzentrisch wirken. Gelingt diese Form der Qualifizierung auf authentische Weise, entfaltet sie eine extreme Kraft, unter anderem weil sie an unser Bedürfnis appelliert, dazugehören zu wollen. Sie kann sogar das Verhältnis von Anbieter und Kunden auf den Kopf stellen, indem Letztere zu Bittstellern werden, die sich um ein Angebot bewerben müssen. Alternativ verknappst Du den Zugang zu bestimmten Informationen. Du reißt zum Beispiel ein brandheißes Thema auf Deinen SoM-Kanälen an, lieferst die begehrten Inhalte allerdings nur Deinen Newsletterabonnenten, was die Bereitschaft erhöht, sich jetzt noch schnell anzumelden. Ich nutze diese Variante in einer entspannteren Form, indem ich meiner Zielgruppe vor der Buchung mancher meiner Programme ans Herz lege, erst dieses Buch zu kaufen und zu lesen, damit sich ihnen der maximale Mehrwert erschließt. Das begrenzt den Zugang leicht und verleiht dem Programm einen Hauch von Exklusivität, denn es ist ja nichts für jedermann.

Rabatte? Lieber nicht!

Nur bis Samstag wahnsinnige 90 Prozent günstiger! Preisnachlässe sind ein weit verbreiteter Anreiz, um Dringlichkeit zu wecken und Menschen zu einer raschen Entscheidung zu bewegen. Der Handel nutzt sie als Appetithäppchen, um Menschen in seine Ladenlokale oder Onlineshops einzuladen. Sind sie erst einmal da, entdecken die meisten auch das ein oder andere verlockende Angebot, das nicht rabattiert ist. In diesem Fall sind die Rabatte eine Investition in mehr und vielleicht vollere Warenkörbe. In anderen Fällen können sie uns hingegen teuer zu stehen kommen.

Die Zielgruppe kann sich zum Beispiel so an die Nachlässe gewöhnen, dass sie nicht mehr bereit ist, den vollen Preis zu zahlen. Dauerrabatte wecken sogar den Eindruck, das Angebot sei den vollen Preis niemals wert gewesen. Damit machen sie die gesamte Argumentation zunichte, die wir mit unseren Texten aufgebaut haben.

Nehmen wir eine Landingpage als Beispiel. Idealerweise hast Du mit den sieben Zutaten ein gewaltiges Wertempfinden aufgebaut. Das heißt, die Menschen sind überzeugt von Deinem Angebot und Du hast mit Deinen Worten einiges dafür getan, dass es in ihren Augen auch seinen Preis wert ist. Wie wirkt es nun, wenn Du jetzt am Preis herumschnippelst? Natürlich weckt das erst ein Gefühl der Dringlichkeit. »Den Schnapper lass ich mir nicht entgehen!« Doch beim zweiten Bissen entsteht ein Beigeschmack. Wer den vollen Preis gezahlt hat, fühlt sich veräppelt. Hat das Angebot plötzlich einen geringeren Wert? Hab ich ursprünglich einen schlechten Deal gemacht?

Rabatte können in diesem Fall die gesamte Wertkommunikation zunichtemachen. Wir haben doch nicht eben noch unzählige Zeilen darauf verwendet, Wert in den Köpfen der Leute aufzubauen, um ihn jetzt wieder neu zu definieren. Die könnten sich denken: »Offensichtlich vertraut der Anbieter nicht darauf, dass Wert und Qualität seines Angebots überzeugen. Er muss sich auch noch eine Rabattschlacht liefern, weil es sich wohl sonst nicht verkauft.« Um diese unschöne Folgerung zu vermeiden und doch ein bisschen Dringlichkeit aufkommen zu lassen, lege ich Dir Boni und andere Angebotszugaben ans Herz. Die können wir zeitweise obendrauf legen, um den Abverkauf zu fördern, ohne dass der intrinsische Wert des Angebots darunter leidet. Auch wenn die Boni später wieder verschwinden, ist das Angebot immer noch seinen vollen Preis wert.

Die Kosten des Nicht-Kaufens

Zum Abschluss dieses Kapitels schauen wir uns noch einen weitaus weniger bekannten und doch eleganten Weg an, Dringlichkeit zu wecken. Viele Menschen handeln in dem Glauben, dass sie nur dann Ressourcen investieren, wenn sie sich aktiv dafür entscheiden, etwas zu kaufen. Dabei blenden sie gerne die unangenehme Wahrheit aus, dass alles seinen Preis hat – nicht nur das Handeln, sondern auch das Nicht-Handeln. Eine nicht getroffene Entscheidung kann uns genauso teuer zu stehen kommen wie eine falsche. Würden wir beide Preisschilder direkt miteinander vergleichen, würden wir in vielen Situation sehr viel schneller ins Handeln kommen. Der Haken ist jedoch, dass sich die Kosten des Nicht-Handelns, auch Opportunitätskosten genannt, meist schwammig hinter langfristigen Szenarien verstecken. Die Folgen betreffen uns erstmal nicht, und wir bekommen nur schwer ein Gefühl für deren Kosten. Sie mögen vielleicht gewichtig sein, doch sie tun im Moment nicht weh. Also können wir sie so lange ignorieren wie das Löchlein im Zahn, bis uns die Kosten des Zauderns irgendwann unsanft wecken.

Nehmen wir meine erste Website als Freelancer als Beispiel. Ich wollte sie unbedingt selbst gestalten, und mein jugendlicher Dickkopf wusste einfach alles besser als die Experten aus meinem Freundeskreis. Einer von ihnen bot mir sogar an, mir zum Freundschaftspreis von 1500 Euro eine Website nach meinen Vorstellungen zu gestalten. Damals dachte ich mir: »Das ist mir zu viel Geld. Ich mache es einfach selbst, dann ist es gratis.« Rückblickend war diese Entscheidung eine der dümmsten in meiner bisherigen unternehmerischen Laufbahn. Die Texte saßen zwar schon nach ein bis zwei Tagen, doch die meiste Zeit verbrachte ich über Wochen damit, mir die Haare zu raufen und das Internet nach Lösungen für all die neuen Technikprobleme zu durchforsten, die täglich auftauchten. Insgesamt sind dabei stolze 130 Stunden aufgelaufen. Multipliziere ich die mit meinem damaligen Nettostundensatz von 85 Euro, dann hat mich meine Eigenbrötelei schließlich mehr als 11.000 Euro gekostet. Ein Großteil dieser Summe hätte stattdessen auf meinem Konto landen können, hätte ich mich in der Zeit auf das konzentriert, was ich wirklich konnte: texten. Ich hätte in kürzerer Zeit eine noch bessere Website gehabt, mein Umfeld hätte nicht unter meiner Laune leiden müssen, und die professionelle Website hätte wahrscheinlich auch eine längere Lebensdauer gehabt. Denn einige Monate nach »Fertigstellung« frustrierte mich mein Bastelwerk so sehr, dass ich es aufgab und doch einen Profi buchte.

Hätte mir damals eine erfahrene Stimme die Kosten meines Alleingangs beziehungsweise des Nicht-gleich-beim-Profi-Kaufens vorgerechnet, wäre ich davon bestimmt erstmal nicht amüsiert gewesen. Doch es hätte mir zu denken gegeben und mein Bewusstsein so geschärft, dass ich mir den Spießrutenlauf letztendlich geschenkt hätte.

Bei dieser Strategie geht es nicht um Verknappung im üblichen Sinne, sondern um eine – im Idealfall – subtilere Form von Dringlichkeit. Wir lenken das Denken unserer Zielgruppe dorthin, wo es sich selbst nicht so gerne hin traut, und führen ihr die Kosten des Nicht-Kaufens vor Augen. Denn alles, was wir Menschen durch unsere eigenen Augen sehen, ist immer nur eine Perspektive. Die wollen wir erweitern, indem wir einen Blick in die Zukunft werfen. Damit schaffen wir ein Bewusstsein für diese Konsequenzen und machen sie erlebbar. Was uns eben noch kaltließ, geht uns plötzlich nahe. Wir schauen uns gewissermaßen das Problem hinter dem Problem an. Was steht auf dem Spiel? Warum kann das Thema nicht länger warten? Was sollten sich die Menschen klarmachen, damit sie keinen Tag länger warten wollen? Welche Konsequenzen drohen, wenn die Zielgruppe nicht handelt? Oder schlimmer noch: Was sind die Folgen einer Fehlentscheidung?

Wir legen den Finger in die Wunde und lenken den Blick dorthin, wo es wehtut. Klingt düster und unangenehm, oder? Ja, dünnes Eis … Aber das ist kein Gedankengang, den wir nicht gewohnt sind. Wir begegnen ihm in jedem Roman, in jeder Serie und auf jeder Kinoleinwand: Was passiert, wenn die Heldenfigur scheitert? Wenn Harry Potters Zauberstab umknickt? Wenn Katniss Everdeen sich kaufen lässt? Und wie spannend wäre *Der Herr der Ringe*, wenn sich die Hobbits genauso gut ihrem Garten widmen könnten, ohne dass Schlimmeres passieren würde? Bei großen Geschichten droht jedoch nicht weniger als ein spektakulärer Weltuntergang, wenn unsere Heldinnen und Helden scheitern. Erst der Gedanke an die Folgen des Nicht-Handelns oder Scheiterns treibt Figuren und Handlung voran und sorgt für Kribbeln in unseren Hirnen. Die Spannung der Geschichte entsteht durch die starken Kontraste zwischen Idealzustand auf der einen und Müßiggang sowie Worst-Case-Szenario auf der anderen Seite. Die gleichen Gesetze gelten auch für die Heldenreise unserer Zielgruppe. Allerdings – und das ist ein wichtiger Unterschied – soll bei uns nicht gleich die ganze Welt untergehen. Wir wollen keinen Horrorfilm in die Köpfe des Menschen bringen, sondern sie für mögliche Folgen sensibilisieren.

Den **Kosten des Nicht-Kaufens** kommen wir mit zwei einfachen Fragen auf die Schliche:

1. Was wird geschehen, wenn die Zielgruppe weitermacht wie bisher? Welche negativen Konsequenzen (neue Probleme und Hindernisse, Gefahren oder Verluste) können drohen?

2. Was wird *nicht* geschehen, wenn die Zielgruppe weitermacht wie bisher? Welche Chancen, Gelegenheiten und Vorteile können ihr entgehen?

Diese beiden Fragen sind sehr mächtig. Nimm sie ruhig einmal mit auf ein Gehirn-Gassi, lass sie ein paar Tage an Dir arbeiten und sammle alle Impulse, die Dir dazu einfallen. Und alternativ zum Nicht-Kaufen könnte die Zukunft noch einen anderen Preis von der Zielgruppe verlangen: Was sind die **Kosten einer Fehlentscheidung beziehungsweise eines Fehlkaufs**? Wie kann sich das Leben der Zielgruppe entwickeln, wenn sie sich für den Wettbewerb entscheidet? Da wir unsere gesamte Energie darin investieren, ein möglichst brillantes Angebot zu entwickeln, gehe ich davon aus, dass unser Angebot auch das einzig wahre für die Zielgruppe ist und jede Alternative zu weniger Erfüllung oder sogar zu schmerzhaften Konsequenzen führen kann. Hier leiten uns die Fragen:

1. Welche Nachteile drohen, wenn die Zielgruppe sich für den Mitbewerber entscheidet? Womit muss sie rechnen? Welche Gefahren lauern dort? Worauf muss sie vielleicht verzichten?

2. Abgesehen von Deinem Angebot und dem Deines Konkurrenten, welche Möglichkeiten hätte die Zielgruppe noch, um ihr Problem zu lösen oder zu ihrem Ergebnis zu gelangen? Und welche Gefahren und Nachteile lauern auf diesem Weg?

Wie wir in Zutat 5 besprochen haben, sollten wir uns nicht zu direkten Angriffen auf den Mitbewerber hinreißen lassen. Stattdessen beziehen wir Stellung zu Geschäftspraktiken, Features und den Schwächen alternativer Angebote. Vielleicht fehlt ein wichtiger Teil in der Leistung, die Werte stimmen nicht oder die Qualität ist so unbefriedigend, dass die Person am Ende zweimal kaufen muss. Antworten auf die zweite Frage könnten zum Beispiel sein: Die Person »bastelt« sich selbst eine Lösung zusammen wie ich mit meiner Website. Oder noch schlimmer: Sie investiert einen Berg an Ressourcen in eine Lösung nach Eigenregie, um am Ende kläglich zu scheitern und ganz ohne Ergebnis dazustehen.

Zieht sich Dir bei diesen Argumenten der Magen zusammen? Dann hast Du wahrscheinlich einen fein kalibrierten moralischen Kompass. Keine Sorge, nur weil wir diese Gedanken erforschen, bedeutet das noch längst nicht, dass wir sie in aller

Konsequenz so auch in unsere Texte schreiben. Auf die Gefahr, mich zu wiederholen: Diese Zutat verlangt jede Menge Fingerspitzengefühl, um die Dosierung zu finden, die zu Dir und Deiner Zielgruppe passt.

Der Vertriebstrainer Dirk Kreuter spricht in diesem Zusammenhang von der »geistigen Brandstiftung«.[20] Auch wenn ich ihn und seine Arbeit nicht genauer kenne, finde ich das Bild hinter dem Begriff sehr aussagekräftig, um die Wirkung dieser Strategie zu beschreiben. Es ist, als würden wir mit den Fragen und Argumenten von vorhin ein paar Zweifel in der Gedankenwelt der Zielgruppe entzünden, die ihr anschließend keine Ruhe mehr lassen. Die können den Menschen Feuer unterm Hintern machen und sie zur Handlung bewegen. Wenn wir jedoch zu viel Zunder aufs Feuer werfen, kann das leicht außer Kontrolle geraten. Ehe wir uns versehen, haben wir das gesamte Haus abgefackelt und nur verbrannte Erde bei der Zielgruppe hinterlassen.

Diese Strategie ist so mächtig und gleichzeitig gefährlich, weil sie das Potenzial bietet, die Menschen systematisch zu verunsichern. Überall, wo sie hinblicken, scheinen Fettnäpfchen und Gefahren zu lauern. Erste Unsicherheiten können zu Ängsten heranwachsen und schließlich in nackter Panik gipfeln. Am Ende stehen zum Teil irrwitzige Schreckens- und Katastrophenszenarien.

Wie wir am Anfang unserer Reise besprochen haben, ist die Angst keine gute Ratgeberin. Früher oder später löst sie sich auf, die Menschen können wieder klar sehen und durchschauen das plumpe Spiel mit der Angstmacherei. Negativbeispiele begegnen mir leider täglich. Da steht unsere berufliche Zukunft vor dem Aus, unsere Wohnung stürzt ein und die Familie verlässt uns, wenn wir nicht sofort das nächste Mindset-Coaching kaufen. Das ist nicht nur von der Haltung im wahrsten Sinne des Wortes erbärmlich. Wo so viel Druck und Drama notwendig sind, hat jemand seine Hausaufgaben mit den ersten sechs Zutaten nicht gemacht.

Ein anderes Beispiel flog mir neulich zu, als ich auf dem Weg in den Urlaub den Flughafen betrat. Wie von der Airline empfohlen, reihte ich mich rund zweieinhalb Stunden vor Abflug in die Warteschlange ein, um mein Gepäck aufzugeben. Die Airline fertigte zu dieser Zeit gleich drei oder vier Flüge gleichzeitig ab. Entsprechend lang war auch die Schlange, als drei junge Leute die Reihen abklapperten und brennende Streichhölzer an die Gedankenwelt der Reisenden hielten. Ihre Botschaft klang etwa so: »Wir kämpfen derzeit mit einem ungewöhnlich hohen Passagierandrang. Aufgrund der langen Wartezeiten haben zuletzt einige Reisende ihren Flug verpasst oder sie mussten ihr Gepäck zurücklassen. Denn bedenken Sie, dass Sie auch noch durch die Sicherheitskontrolle müssen, und die Gepäckabgabe ist grundsätzlich nur bis zu 45 Minuten vor Abflug möglich. Wir bieten Ihnen daher ein Business-Upgrade an, mit dem Sie bequem an der Schlange vorbei zum Expressschalter können.« Da ich schon tiefenentspannt im Urlaubsmodus war, fingen meine Gedanken an dem Tag kein Feuer, und schon 45 Minuten später saß ich mit meinem Buch im Boardingbereich und schlürfte an einem Cappuccino. Alles war entspannt gelaufen, auch ohne Upgrade. Stattdessen hatte ich die Entscheidung getroffen, um diese Airline in Zukunft einen Bogen zu machen. Denn die versuchte Panikmache hatte Fragen in mir aufgeworfen: Wie kann ein ungewöhnlich hoher Andrang bei seit Monaten geplanten Urlaubsflügen entstehen? Und warum sollte ich als Kunde dafür aufkommen, wenn die Airline ihrer Verantwortung nicht gerecht wird, mich und meine Boxershorts rechtzeitig in den Flieger zu setzen? Die Argumentation stank zum Himmel und hinterließ einen bitteren Beigeschmack – insbesondere als die Airline schließlich einzelne Passagiere aus der Warteschlange fischte, die von allen Anwesendem die frühesten Abflugzeiten hatten, und sie kostenfrei zum Expressschalter begleitete.

Hüte Dich vor solchen Maschen, denn sie machen oft mehr kaputt, als sie bringen. Doch natürlich würde ich diese Zeilen nicht schreiben, wenn wir die Kosten des Nicht-Kaufens so gar nicht einsetzen könnten. Auf die Haltung kommt es an.

Ja, diese düsteren Gedankengänge sind nicht immer schön. Wenn wir ihnen folgen, mag es am Wegesrand müffeln, und wir stolpern über den ein oder andere Hundehaufen. Doch erinnere Dich, dass wir auf diesen Gedankengängen wandern, um zu vermeiden, dass unsere Zielgruppe letzten Endes mit der Nase in diesen Häufchen landet. Wir warnen sie vor, damit sie unbeschadet ihren optimalen Weg findet, ohne dass etwas am Schuh kleben bleibt.

Wenn ich die Zielgruppe also auf unliebsame Folgen hinweise, dann mit dem Ziel, sie als Reisebegleiter aufzuklären und meine Gedanken sowie Erfahrungen als Experte mit ihnen zu teilen. Gelingt mir das mit Ehrlichkeit, Feingefühl und ohne unnötiges Drama, dann wird die Zielgruppe es mir vielleicht sogar danken, weil ich sie auf wertvolle Punkte hingewiesen habe.

Würde ich für die Airline von vorhin arbeiten, würde ich das Business-Upgrade aus der Haltung verkaufen: »Haben Sie Lust, sich dieses Jahr einen besonderen Start in den Urlaub zu gönnen? Mit dem vergünstigten Business-Upgrade lassen Sie Stress und Schlange hinter sich, legen in unserer Lounge noch kurz die Füße hoch und genießen in unseren XXL-Sitzen schon vor dem Start den ultimativen Urlaubskomfort. Was ist schon der kleine Aufpreis im Vergleich zum gesamten Urlaub? Darf ich Ihnen in der Lounge schon mal Ihren Lieblingscocktail zubereiten lassen?«

Fühlt sich ganz anders an, oder? Ein bisschen mehr Hin-zu-Methode kombiniert mit einer Dosis Sinnlichkeit – da braucht es gar keine Schmerzspritze. Ich glaube, nächstes Mal buche ich das Upgrade sofort …

Opportunitätskosten in Worte kleiden

Egal wie düster die Gedanken aus unserer Sicht auch scheinen mögen, wie sie sich für die Zielgruppe anfühlen, ist eine Frage unseres Stils, unserer Haltung und wie wir die Gedanken in Worte kleiden. Dazu müssen wir die Menschen nämlich nicht über viele Seiten indoktrinieren. Manchmal reicht schon ein Satz, der den Blick aufs Thema für einen Augenblick verändert und klarmacht, was auf dem Spiel steht. Ich habe Dir dazu fünf Möglichkeiten mitgebracht:

Beispielrechnung

Dieses Vorgehen habe ich Dir schon am Beispiel meiner Website illustriert. Wenn es sich anbietet, bringe ich die Kosten des Nicht-Handelns in klaren Zahlen, Daten und Fakten auf den Punkt. In meinem Beispiel stand ein Invest von 1500 Euro einem eigenen Aufwand von 11.000 Euro gegenüber. Wer muss da noch nachdenken?

Einer meiner Kunden hat sich auf Recruiting-Filme spezialisiert. Er unterstützt Unternehmen mit psychologisch fundierten Filmen bei der Personalgewinnung. Teil seines Marketings ist ein Vakanzkostenrechner, also ein kleines Tool, mit dessen Hilfe die Zielgruppe sich ausrechnen kann, welche wirtschaftlichen Schäden dem Unternehmen monatlich durch die unbesetzte Stelle entstehen beziehungsweise welche Gewinne und Vorteile ihm entgehen. Denn auch hier lebt die Zielgruppe häufig in dem Glauben, dass es erst dann um Geld geht, wenn sie sich entscheidet, zu investieren.

Frage Dich bei Deinem Projekt, wie Du die Kosten des Nicht-Kaufens beziffern kannst. Je spezifischer, desto nachvollziehbarer und überzeugender ist Deine Rechnung.

Punchlines

Ich habe mich darauf spezialisiert, diese Essenz der Kosten des Nicht-Handelns herauszuarbeiten und in wenigen Worten auf den Punkt zu bringen. Dabei sind mehr als einmal sehr bedeutungsschwangere Sprüche entstanden.

In einem meiner persönlichen früheren Projekte drehte sich alles um Kreativität und Selbstverwirklichung. Die Zielgruppe sprudelte nur so vor großen Ideen und kühnen Visionen, litt jedoch stark darunter, dass keine der Ideen Früchte trugen. Wenn Du ständig neue geniale Einfälle hast, kann das zwar Glückshormone freisetzen, doch langfristig frustriert es ganz schön, wenn nichts davon Früchte trägt. Das war die Wunde, in die ich den Finger legen durfte:

Eine Idee ohne Umsetzung ist ein sterbender Gedanke.

Gerade einmal acht Wörter, die in der Situation der Zielgruppe ordentlich Punch haben. Sie können sich anfühlen wie ein Schlag ins Gesicht oder – weniger brutal – wie ein beherztes Wachrütteln. Sie erinnern daran, was auf dem Spiel steht: Die schönen und brillanten Ideen werden sich still und leise aus der Welt verabschieden.

Ein anderes Beispiel brachte eine Unternehmerin in einem meiner Programme, die die Magie des Copywritings erst spät in ihrer Karriere erkannte:

Wenn Du denkst, ein Copywritingkurs sei teuer, dann starte mal ein Business ohne Copywriting-Know-how!

Habe ich ausreichend Raum, kann ich die Punchline noch leicht kommentieren und vertiefen, doch die Worte wirken am stärksten, wenn sie nachwirken können, ohne dass andere Wörter ihr die Show stehlen. Übrigens kann diese Zeile auch die Form einer aufwühlenden Frage haben, die die Menschen direkt anspricht. Etwas plump, direkt und doch sehr wirksam:

Wo siehst Du Dich in fünf Jahren? Und was wird Deine Konkurrenz in den nächsten fünf Jahren wohl alles erreichen?

Wenn Menschen in meinem NLP-Seminar zum Beispiel auf der Suche nach dem eignen Kurs sind und sich dabei auf schädliche Weise mit anderen vergleichen, frage ich gerne:

Du kannst alles werden, was Du willst. Doch willst Du wirklich alles werden, was Du sein kannst?

Zitate

Eine starke Zeile muss nicht immer zwischen unseren beiden Ohren entstehen, manchmal ist sie schon längst in der Welt. Wir müssen sie nur finden. Seitdem ich 16 bin, sammle ich Zitate in einer Textdatei, die mittlerweile mehrere 100 Seiten hat. Wann immer mir beim Lesen eine kraftvolle Weisheit entgegenspringt, notiere ich sie. Und wann immer ich nach einer starken Zeile suche, wende ich mich an die kluge Datei. Alternativ helfen hier auch Zitatdatenbanken aus dem Internet. Mein Tipp: Je weniger bekannt und abgedroschen das Zitat ist, desto schöner die Wirkung. Und natürlich sollte es zum Thema passen.

Verkaufen wir zum Beispiel eine Beratung zum Thema professionelle PR und Markenpflege, kann uns Warren Buffet erinnern, was auf dem Spiel steht: »Es braucht 20 Jahre, um einen guten Ruf aufzubauen, und fünf Minuten, um ihn zu ruinieren.« Außerdem kann er dafür sorgen, dass Menschen bei der Wahl des Angebots genauer hinschauen: »Wenn Sie Dinge kaufen, die Sie nicht brauchen, müssen Sie bald Dinge verkaufen, die Sie brauchen.«

Ist die Zielgruppe gut darin, sich viel vorzunehmen, aber nur wenig umzusetzen, kann uns Friedrich Nietzsche behilflich sein: »Und überhaupt – auch das geringste Schaffen steht höher als das Reden über Geschaffenes.«

Henry Ford hat uns viele weise Worte geschenkt. Er kann uns zur Seite stehen, wenn wir effektive Werbung entwickeln und die Menschen davor bewahren wollen, Hoffnungsmarketing zu betreiben: »Ich weiß, die Hälfte meiner Werbung ist hinausgeworfenes Geld. Ich weiß nur nicht, welche Hälfte.«. Ja, das letzte Zitat ist bekannter, und wir können es aufgreifen und ergänzen durch ein: »Doch, wir wissen es! Wir durchleuchten mit Dir Dein Marketing und machen mehr von dem, was wirklich funktioniert. Gleiches Invest, doppelter Umsatz – klingt zu gut, um wahr zu sein? Ich hol meine Brille, dann können wir loslegen!«

Das Spannende an dieser Arbeit mit Zitaten ist, dass die Zitatgeber die Spielverderber und Miesepetras sind. Wir springen lediglich darauf auf, kommentieren und machen den Menschen Mut, den einen Schritt in die richtige Richtung zu gehen.

Checklisten

Sie sind ein wunderbares Tool, um alles Wichtige im Blick zu behalten. Und besonders wertvoll sind sie dann, wenn sie von uns als Autoritäten des Fachs stammen. Die Menschen vertrauen auf unser Insiderwissen, wenn es um wichtige Entscheidungen und Investitionen geht.

Ich könnte als Werbetexter zum Beispiel auf meiner Website ein kostenfreies PDF anbieten oder eine Unterseite einrichten mit dem Titel »Die 10 Tipps, woran Du einen genialen Copywriter erkennst«. Darin würde ich den Fokus, neben einigen allgemeineren Tipps, natürlich besonders auf meine Qualifikation legen. Ich könnte zum Beispiel anführen, warum ein Hintergrund in NLP und Hypnose besonders fruchtbar für gutes Copywriting ist. Außerdem sammle ich all die negativen Erfahrungen (Schwächen, Nachteile und Gefahren), die meine Kundinnen und Kunden bei früheren Anbietern gemacht haben. Solche Kosten einer Fehlentscheidung können zum Beispiel sein, dass mein Mitbewerber ihren Ton nicht getroffen hat, die Texte eher lieblos abgearbeitet hat oder nie erreichbar war. Natürlich frage ich sie auch nach all den Punkten, die sie besonders an mir schätzen. Daraus entwickele ich eine Checkliste, an deren Ende ich als einzig logische Wahl übrig bleibe.

Storytelling

Ist logisch, oder? Erzähle einfach eine Geschichte davon, wie so eine Transformationsreise auch weniger cool ausgehen kann. Im Storytelling klingt es noch dramatischer: Erzähle von einer Tragödie. Bestes Beispiel dafür sind Deine eigenen Erfahrungen oder Negativtestimonials Deiner Kundinnen und Kunden, die Du hier auch direkt zu Wort kommen lassen kannst. Das könnte zum Beispiel so klingen:

»Anfangs dachte ich einfach nur: Texten kann doch jeder. Also suchte ich mir auf einem Portal jemanden mit guten Bewertungen und günstigem Wortpreis. Auweia! Ich habe noch nie so viel Wischiwaschi und Larifari auf einer Seite gelesen. Hohle Phrasen und zusammenhangloses Blabla ergeben halt viele Worte und damit ein höheres Honorar. Als mir eine Freundin einen Tag später ihre Website von einem Profi zeigte, überkam mich der blanke Neid. Das wollte ich auch! Geld ist halt nicht alles. Lieber lass ich's einmal krachen als fünfmal nur halbe Sachen zu machen!«

Ja, diesen Text habe ich erfunden, doch meine beiden Hände reichen nicht aus, um all die Menschen aus meinem Bekanntenkreis aufzuzählen, die schon ähnliche Erfahrungen gemacht haben. Erkennst Du, wie diese kleine Geschichte uns mit auf eine Reise nimmt und uns eine wichtige Lektion in Sachen »Kosten einer Fehlentscheidung« erteilt? Ähnlich wie beim Zitat sorgt diese Abwicklung über Dritte dafür, dass wir als Absender nicht die direkte Quelle der verunsichernden Brandstiftung sind.

Ich will diesen Punkt nicht zu sehr vertiefen, weil das hier kein Buch zum Thema Storytelling ist. Auf Einsatz und Wirkung von Geschichten im Verkauf gehe ich in meinen Programmen tiefer ein. Doch ein letzter Hinweis darf hier nicht fehlen: Gut erzählte Geschichten schenken uns Erfahrungen, die wir selbst nicht machen müssen. Für einen Augenblick können wir in die Gedanken und Gefühle anderer Menschen eintauchen und ihre Erfahrungen nachempfinden. So kann eine passende Geschichte unser Problembewusstsein schärfen und uns für einige Themen und Aspekte sensibilisieren. Nachdem ich zum Beispiel von einem Freund gehört habe, bei dem ein paar kleine Flammen eine ganze Wohnung zerstört haben, kenne ich den Wert eines Feuerlöschers in der Wohnung. Oder ich könnte Dir die Geschichten einer früheren Kollegin erzählen, die auf tragische Weise in die Berufsunfähigkeit geglitten ist. Nachdem ich eine entsprechende Versicherung für solche Fälle vorher selbstbewusst belächelt habe, ist die Berufsunfähigkeitsversicherung für mich seit dieser Erfahrung ein absolutes Muss.

Die bewusstseinsverändernde Wirkung intensiver Geschichten kennst Du auch von besonders bewegenden Filmen. Erinnere Dich nur an einen Kinobesuch, bei dem Du auch Stunden nach dem Ende des Films anders über Dich, die Welt und Dein Leben gedacht hast. Das ist die Magie guter Geschichten. Welche kannst Du erzählen, die Deine Zielgruppe anders denken, fühlen und handeln lässt?

Zu soft oder zu pushy – triffst Du den richtigen Ton?

Zum Abschluss meiner Argumentation nehme ich erst einmal Abstand vom Text und neutralisiere meine Geschmacksknospen, um anschließend mit neutralem Blick nochmals zu lesen. Dabei frage ich mich: Welches Gefühl bleibt ganz zum Schluss? Gelingt es mir, einen verständlichen, lösungsorientierten und glaubwürdigen Gesamteindruck zu hinterlassen? Ist alles stimmig, oder habe ich an der ein oder anderen Stelle zu dick aufgetragen?

Achte bei diesem letzten Kontrollschritt besonders darauf, dass der Text zur Zielgruppe und zu Deiner Marke passt. Hast Du irgendwo zu dick aufgetragen, kannst Du das mit etwas Abstand genauer erkennen. Ich sehe mich beim Texten gerne wie einen Pinsel schwingenden Künstler, der wild Farbe aufträgt und dann ein paar Schritte zurücktritt, um die Gesamtwirkung sehen zu können.

PRAXISTRANSFER

Da ich eine One-Man-Show bin, kann ich mir ausrechnen, wie viele Klienten ich überhaupt parallel betreuen kann. Mit 20 Menschen hätte ich wahrscheinlich schon eine stattliche Auslastung. Daher könnte ich perspektivisch auf meiner Website angeben, wie viele offene Slots aktuell verfügbar sind, um über Verknappung Dringlichkeit zu schaffen.
Geht meine Auslastung zeitweise zurück, könnte ich ein Bündel von Boni zu einem Abschluss hinzugeben. So zum Beispiel eine Reihe von Trance-Tapes zu unterschiedlichen Themen, mit denen die Menschen sich auch über unsere Zusammenarbeit hinaus entwickeln können.
Auf thematischer Ebene habe ich eine Punchline entwickelt, die sehr aufwühlend ist. Erinnern wir uns, dass die Zielgruppe die Interessen anderer immer wieder über die eigenen stellt und sich so dauerhaft selbst ausbeutet. Ich könnte mit folgender Frage den Ernst ihrer Lage betonen: *Wie viel kannst Du opfern, bis Du nichts mehr zu geben hast?*
Das kann ganz schön aufrütteln, daher würde ich die Frage gleich im Anschluss mit Feingefühl aufgreifen: *Klingt ganz schön hart, oder? Doch bei manchen Menschen leidet auf Dauer die Gesundheit, und sie verlieren die Freude an ihrer Selbstständigkeit, weil sie immer wieder ihre eigenen Grenzen verletzen. Genau hier setzt mein Programm an …*

BONUS: AUFMERKSAMKEIT UND NEUGIER

Wer interessieren will, muss provozieren.
– Salvador Dalí

Was ist mit der Aufmerksamkeit? Ist die nicht auch Teil der sieben Grundzutaten? Diese Frage begegnet mir regelmäßig in meiner Community, und sie ist naheliegend, denn Aufmerksamkeit ist heute eine mindestens genauso wertvolle Ressource wie Vertrauen. Ob berührende Worte, verlockende Vorteile und wertvolle Angebote – von all dem erfährt keiner, wenn uns niemand zuhört. Ohne Aufmerksamkeit ist im Marketing alles nichts. Und doch betrachte ich Aufmerksamkeit nicht als eine Zutat, sondern als das *Mmh* – ein Zeichen, dass unser Gericht der Zielgruppe schmeckt. Lass uns etwas weiter ausholen.

Wertvolle und wertlose Aufmerksamkeit

In den meisten Medien haben wir weniger als drei Sekunden, um den Menschen klarzumachen: Es lohnt sich, wenn Du mir einen Augenblick Deiner Zeit schenkst. Um das zu demonstrieren, lassen sich Menschen und Werbetreibende immer verrücktere Ideen einfallen: knuddelige Tiere, lustige Tänze, Schockmomente, Tabubrüche und viel nackte Haut. Diese Aufmerksamkeitshascherei sorgt langfristig nur dafür, dass die Skepsis steigt und die Menschen noch mehr abstumpfen. Konsumenten entziehen sich den Werbereizen und verteidigen ihren Fokus mit Adblockern, geräuschunterdrückenden Kopfhörern und Bezahlangeboten. Denn während Aufmerksamkeit eine der wertvollsten Ressourcen für die Werbung ist, ist unser persönlicher Fokus eine der wichtigsten Ressourcen für Produktivität und Wohlbefinden. Schon heute ist es eine seltene Superkraft, sich eine Stunde am Stück ohne Ablenkungen auf ein Thema konzentrieren zu können. Mit ihrer Aufmerksamkeit schenken uns die Menschen also eine Ressource, die kostbarer ist als Geld (im Englischen heißt es sogar *to pay attention* – mit Aufmerksamkeit *bezahlen*). Und sie vertrauen darauf, dass wir respektvoll damit umgehen.

Wenn ich nun einen Welpen ins Bild halte, meinen Briefkasten in die Luft jage, mir eine Sahneorte ins Gesicht drücken lasse oder mein T-Shirt vor der Kamera ausziehe, halten die Menschen vielleicht kurz inne, doch wie nachhaltig ist diese Form der Aufmerksamkeit? Die Beispiele wirken deswegen, weil sie die primitiven Teile unseres Hirns ansprechen, die gerne auf Autopilot fahren. Im Stammhirn sitzt unser Überlebensinstinkt. Es reagiert auf Themen wie Gefahren, Nahrung und Sex. Das Limbische System ist das neuronale Netzwerk der Emotionen. Es reagiert intuitiv auf starke emotionale Erregung. Bespielen wir diese beiden Teile, dringen wir zwar leichter zu den Menschen durch, doch die Frage ist: Was passiert dann? Diese Aufmerksamkeit ist zwar schön und gut für uns, doch was haben die Menschen davon?

Gewinne ich so wahllos die Aufmerksamkeit, wischen mich die Menschen weg, sobald ich zum Thema Copywriting überleite. Es betrifft ihre Welt nicht, und sie haben nicht einmal ein Problembewusstsein. Damit wären wir beim zentralen Stichwort: Ohne **Relevanz** ist dieses Spiel nur sinnloser Aufmerksamkeitsdiebstahl. Die Aufmerksamkeit ist wertlos. Darum garantieren auch virale Postings und hohe Reichweite längst keine Umsätze und unternehmerische Erfolge. Diese Art der Effekthascherei ist ein magischer Trick, um nicht nur Werbebudgets, sondern auch Image- und Markenwerte zu verbrennen. Relevanz bedeutet also, dass unsere Botschaft die Zielgruppe mit dem passenden Bewusstsein erreicht. Sie sollte ihre Lebenswelt direkt betreffen. Das ist wertvolle Aufmerksamkeit. Wie wir sie gewinnen, ist ein eigenes Thema.

Relevanz – am Türsteher vorbeikommen

Jeder Mensch hat ein ausgeklügeltes Filtersystem, einen Türsteher, der ihn vor Reizüberflutung schützt und dafür sorgt, dass nur die für ihn relevanten Reize in sein Bewusstsein dringen. Nach aktuellen Schätzungen der Bewusstseinsforschung strömen täglich pro Sekunde 11 Millionen Sinneseindrücke auf uns ein. Unser bewusster Verstand kann davon jedoch nur 40 pro Sekunde aktiv verarbeiten.[21] Alles Übrige filtert unser Unterbewusstsein.

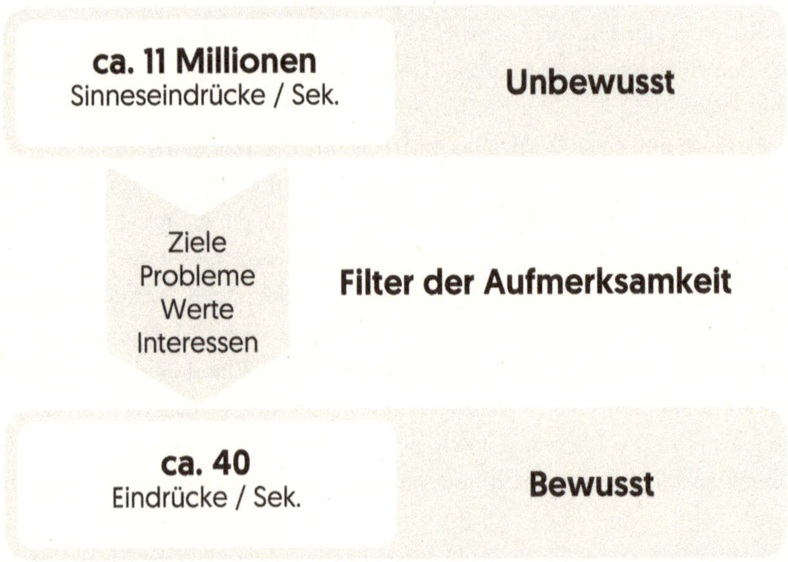

Und das ist ein Segen! Denn stell Dir nur mal vor, alle Reize aus Deiner Umgebung würden permanent ungefiltert in Dein Bewusstsein drängen. Du wärst komplett lahmgelegt und könntest Dich auf nichts weiter konzentrieren. Der Türsteher ist also auf unserer Seite und sorgt überhaupt erst dafür, dass wir uns konzentrieren können. Unsere Wahrnehmung ist extrem selektiv, sie blendet aus und hebt hervor. Am Türsteher kommt nur das vorbei, was für uns relevant ist.

Ein hervorragendes Beispiel für diese selektive Wahrnehmung ist der sogenannte Cocktailparty-Effekt. Stell Dir vor, Du bist auf einer Party und unterhältst Dich mit einigen Freunden. Leichte Musik, klirrende Gläser und ein Meer von Stimmen umgeben Dich, doch all diese Reize blendet Dein Gehirn aus, damit Du Dich ganz auf Dein Gespräch fokussieren kannst. Ruft jetzt jedoch im Getümmel jemand Deinen Namen, dringt diese Stimme sofort zu Dir durch, weil diese Info für Dich relevant ist. Die Sinneseindrücke kommen also alle beim Türsteher an, doch der lässt nur das durch, was uns und unsere Lebenswelt betrifft, zum Beispiel wenn es um aktuelle Probleme und Ziele geht.

Vielleicht kennst Du diesen Effekt vom Autokauf. Marke, Ausstattung, die richtige Farbe – eben hast Du Dich noch intensiv mit allen Details beschäftigt, und nun lacht Dich Dein Modell plötzlich an jeder Straßenecke an. Fast könntest Du meinen, der Hersteller hätte Deine Gedanken gelesen und das Auto nun mit Absicht überall

in Deiner Nachbarschaft platziert. Doch die Autos sind nicht mehr geworden, sondern Deine Wahrnehmung hat sich darauf fokussiert und lässt nun mehr von diesen Reizen in Dein Bewusstsein durch, weil sie für Dich gerade relevant sind. Mit einer smarten Zielsetzung kannst Du Dein Filtersystem also für Deine Arbeit einspannen. Suchst Du zum Beispiel gerade nach einer Formulierung oder einem Wort, lässt Dein Türsteher verstärkt all die Infos in Dein Bewusstsein, bei denen es um spannende Worte geht, ob Du liest, durch den Supermarkt spazierst oder einen Film anschaust. Er spielt Dir also die Bälle zu. Dadurch texten wir manchmal auch dann noch, wenn wir längst nicht mehr am Schreibtisch sitzen.
Die effektivste Strategie, wertvolle Aufmerksamkeit zu erregen, ist alles andere als spektakulär, sondern überraschend einfach: Wir identifizieren die Kanäle und Medien, wo sich Deine Zielgruppe befindet, und knüpfen an ihre Lebensrealität an. Die gute Nachricht: Nachdem Du Deine Gedanken in Teil II dieses Buches sortiert hast, verfügst Du bereits über alles, was Du brauchst, um die Aufmerksamkeit Deiner Zielgruppe zu gewinnen:

- Achte auf die **Bewusstseinsstufen**.
- Baue eine Brücke zur **Lebenswelt** der Menschen: Inwiefern betrifft mich das? Was habe ich davon? Gib Raum zur Identifikation.
- **Würze** Deine Botschaft auf neue und ungehörte Art und Weise.

Je nachdem, wie ausgeprägt das Problembewusstsein der Menschen bereits ist, gewinnen wir ihre Aufmerksamkeit, indem wir aktiv Probleme, Lösungen und Angebote ansprechen. In unserer Contentwelt können wir den Fokus um verwandte und emotionale Themen erweitern wie:

- Sorgen und Ängste
- Mythen und Halbwahrheiten
- Limitierende Überzeugungen
- Beeindruckende Leistungen und Ergebnisse
- Geheimnisse, Hacks und Abkürzungen
- Mutige Behauptungen als Provokation

Einer der häufigsten Tipps im Copywriting besteht darin, die Neugier der Menschen zu wecken. Das mag zwar smart klingen, bringt uns jedoch im Alltag nicht unbedingt weiter, denn wie geht das denn überhaupt mit der Neugier? Die Antwort liegt auch hier in der Relevanz.

Neugier ist Unvollständigkeit, die nach Vollständigkeit sucht.

Wir alle haben Themen, die uns beschäftigen, und offene Fragen, die nach einer Antwort verlangen. An diese offenen Baustellen wollen wir mit unseren Worten anknüpfen. Ist die Baustelle noch klein, das Problembewusstsein also noch sehr gering, dürfen wir sie erst einmal mit unserem Content ausbauen.

Du merkst: Alles, was wir im weiteren Verlauf tun, führt uns immer wieder zu den sieben Zutaten zurück. Haben wir unsere Gedanken sortiert, können wir hier deutlich leichter anknüpfen. Und wenn wir etwas dicker auftragen wollen, haben wir noch ein Ass im Ärmel.

Musterunterbrecher – den Türsteher verführen

Normal is boring, sagen die Amerikaner. Was wir schon kennen, kribbelt nicht mehr im Hirn. Wir schalten auf Durchzug und widmen uns dem nächsten *shiny object*. Denn das Außergewöhnliche übt einen verführerischen Reiz auf uns aus. Das ist auch der Grund, warum wir nur ein stumpfes Gähnen ernten, wenn wir die gleichen Phrasen und Versprechen wie der Rest des Marktes nutzen. Die meisten Menschen sind längst abgestumpft. »Du komms' hier nich' rein! Solche wie Dich kenn ich schon!« sagt der Türsteher in solchen Fällen.

Doch das kann uns nicht passieren! Wir kennen die Zutaten für Relevanz, starke Wertversprechen und würzige Botschaften. Und sollten wir dennoch an der ein oder anderen Stelle mal mehr Pepp benötigen, können wir dem Gewöhnlichen mit einer ungewöhnlichen Aufmachung zu mehr Aufmerksamkeit verhelfen.

Dazu nutzen wir sogenannte Musterunterbrecher (engl. *Pattern Interrupt*). Das Wort sagt schon alles: Es geht darum, mit Erwartungen, Gewohntem und festen Denkmustern zu brechen und so zu überraschen. Wir machen Gewöhnliches ungewöhnlich, damit der Türsteher denkt: »Moment mal! Was ist denn hier los? So kenn ich das aber nicht. Das muss ich mir mal genauer anschauen!«

Ein einfaches Beispiel für Musterunterbrecher: Du scrollst durch einen Social-

Media-Kanal und plötzlich steht da ein Bild auf dem Kopf. Du musst Deinen Hals verrenken, um es genauer zu betrachten. Damit unterbricht das Bild das Muster aller anderen Beiträge im Feed. Es fällt aus der Reihe und damit ins Auge. Bei vielen Kanälen kannst Du die Kraft origineller Bilder nutzen und zum Beispiel mit verrückter Kleidung, einzigartigen Locations oder kuriosen Szenen punkten.

Doch auch Deine Worte können diese Kraft in Eigenregie entfachen, zum Beispiel mit Sprachbildern, einer einzigartigen Tonalität oder provokanten Botschaften. Gerade Provokation kann Menschen wachrütteln, weil sie mit Erwartungen und manchmal auch Tabus bricht. Doch ob bizarr, originell oder verrückt – die Botschaften sollten nicht nur wirken, sondern auch zur Marke passen. Denn Aufmerksamkeit kommt mit einem hohen Preis, wenn dadurch Image und Vertrauenswerte bröckeln.

Bestes Beispiel dafür, wie Provokation fruchten kann, ist der Smoothie-Anbieter True Fruits. Der bewarb seine beiden neuen Chia-Samensäfte mit Sprüchen wie *2 Samenspender aus gutem Hause / Bei Samenstau schütteln / Oralverzehr – schneller kommst Du nicht zum Samengenuss* und *Besamt & befruchtet.* Genau mein Humor! Doch das sieht nicht jeder so, weshalb einige Plakatanbieter die Werbung verweigerten. Das Unternehmen ließ sich davon nicht kleinkriegen und nutzte die Zensur für weitere Publicity.

Ungewöhnliche Botschaften können die Menschen aus ihrem Film reißen und sie dazu verleiten, genauer hinzuschauen. Wollen wir solche Botschaften entwickeln, bringen uns folgende Fragen auf vielversprechende Fährten:

› **Was erwartet die Zielgruppe? Und wie kannst Du damit brechen?** Viele erwarten in meiner Welt Tipps, um besser zu schreiben und hochwertige Ergebnisse zu erzielen. Meine Philosophie des *Trau Dich, Scheiße zu schreiben!* überrascht, weil sie so ganz anders ist, als die meisten erwarten.

› **Welche Überzeugungen gelten in Deiner Branche als sicher? Wie kannst Du damit brechen?** In der Getränkewelt weiß mittlerweile jeder, dass Plastikmüll »böse« und eine Gefahr für unsere Ozeane ist. Statt mit dem strammen Zeigefinger zu mahnen, gewinnt True Fruits die Aufmerksamkeit mit der kontraintuitiven Botschaft *Sag JA zu Plastik! Glas kann kaputt gehen. Plastik bleibt für im Meer und ewig* (die eigensinnige Schreibweise passt zur Marke). Als Bildmotiv dienen lauter Plastikflaschen des Wettbewerbs.[22] Ein zweites Plakat gleich daneben mit einer True-Fruits-Glasflasche und der Headline

Glasklare Entscheidung löst das Spiel auf. Obwohl auch das Hauptmotiv in der unteren rechten Ecke die Glasflasche zeigt, ergänzt die Marke das Motiv auf ihrem Instagram-Account mit dem Hinweis: *Achtung: Diese Werbung könnte von dummen Menschen missverstanden werden.* Provokation will gekonnt sein und verlangt viel Fingerspitzengefühl. Wichtig ist vor allem, dass das Stilmittel zur Marke passt und sich diese auch bei zuweilen starkem Gegenwind treu bleibt.

› **Können wir mit Wortwahl und Grundtenor der Branche brechen?** Während in meiner Welt viele von Kaufinteresse, Umsatzwachstum und Conversionsteigerung sprechen, habe ich mir meine eigene Welt von *leckeren Texten* und *knusprigem Copywriting* geschaffen. Wortwahl und Sprachbilder stechen heraus aus dem Einheitsbrei und sorgen für ein Lächeln im Hirn. Wir entwickeln also eine ungewöhnliche Verpackung für gewöhnliche Botschaften.

› **Kannst Du mit Tabus und unausgesprochenen Regeln brechen?** In unserem Kulturkreis sind zum Beispiel Sex und Politik Tabus in der Werbung. Manchmal ist direkte Konfrontation die stärkste Art der Provokation. True Fruits macht meisterhaft eine Arschbombe in diese Fettnäpfchen, indem das Unternehmen beide Themen sogar als Grundzutaten für einige Kampagnen nutzt. Shitstorms sowie Rassismus- und Sexismusvorwürfe verschaffen der Marke Aufmerksamkeit weit über die Motive hinaus.[23] Ob es das wert ist, kann letzten Endes nur die Marke entscheiden.

Wenn Du mir auf meinen Kanälen folgst, dann weißt Du, dass ich eine Schwäche für liebevolle Provokation und Ey-das-hast-Du-jetzt-nicht-ernsthaft-gesagt-Statements habe. Ein gelegentlicher Mutausbruch kann beim Thema Musterunterbrecher nicht schaden. Du darfst also gerne wild, verrückt und kreativ denken. Wichtig ist dabei, dass Du die Brücke hin zur Relevanz für Deine Zielgruppe schlägst. Je sicherer ich mir bin, dass alle Leute, die ich gerade erreiche, für mein Angebot empfänglich sind, desto mehr Verrücktheit lasse ich einfließen, um mich vom Einheitsbrei des Marktes abzuheben.

Aufmerksamkeit = Originalität + Relevanz

Mit dieser Formel kommen wir dem Phänomen Aufmerksamkeit wohl am nächsten. Wir suchen nach dem Kern, der die Menschen in Bezug auf unser Thema am meisten interessiert, und verpacken ihn auf ungewöhnliche Weise mit Provokation oder viel Emotion.

SYNTHESE

Lass uns die Zutaten aus Teil II zusammenbringen, um ihren Kern optimal zu verankern:

Zutat 1: Menschen kaufen eine Veränderung. Sie wollen Probleme lösen und Ergebnisse erzielen. Wenn wir unsere Wirkung in einem starken Transformationsversprechen auf den Punkt bringen, gewinnen wir Aufmerksamkeit und wecken Neugier.

Zutat 2: Damit Worte zu Taten führen, dürfen wir die Menschen motivieren. Ein Weg-von-Motiv zündet den Antrieb, ein Hin-zu-Motiv entfacht eine Sogwirkung. Jetzt kommt Bewegung ins Spiel.

Zutat 3: Wie meine Texte beginnen, entscheidet sich zwischen Interesse und Gleichgültigkeit. Daher frage ich mich vor jedem ersten Wort: Wo stehen die Menschen gerade, und was muss ich ihnen sagen, um sie auf die nächste Stufe zu bringen?

Zutat 4: Interesse und Motivation sind da, jetzt regen wir zum Träumen an! Auf Kanal WHID malen wir die Vorteile aus und geben den Menschen smarte Gründe, um ihre emotionale Entscheidung rational zu rechtfertigen.

Zutat 5: Werte und Motive bestimmen Farbe und Tonalität unserer Texte. Wie sollen sich Sprache und Botschaft anfühlen, damit sie in den Menschen resonieren?

Zutat 6: Alles fühlt sich gut an, nur der kritische Geist funkt noch dazwischen. Also untermauere ich meine Behauptungen mit Beweisen, mache die Bahn frei und stärke die drei Dimensionen des Vertrauens für ein gutes Bauch- und Hirngefühl.

Zutat 7: Mit Boni, Verknappung oder einem Blick in die Zukunft gebe ich einen liebevollen Schubser in Richtung Entscheidung und zeige den Menschen, dass jetzt der optimale Zeitpunkt ist, zu handeln.

BEISPIELTEXT AUF BASIS DER SIEBEN ZUTATEN

Hier findest Du meinen Entwurf für eine Argumentation, wie wir sie zum Beispiel leicht angepasst in einem Werbebrief oder auf einer Website einsetzen könnten. Die Grundform zeigt, wie die unterschiedlichen Zutaten zusammenkommen. Der Text setzt voraus, dass die Menschen mich zuvor bereits über andere Kanäle kennengelernt haben, wo ich Vertrauen aufbaue und das Problembewusstsein schärfe.

Zur Vertiefung habe ich für Dich ein Video produziert, in dem ich den Text und meine Gedanken dazu Zeile für Zeile erläutere. Du findest es unter **www.textedie-verkaufen.de/lecker.**

Schluss mit Nervkunden und Preisdrückerei

So verkaufst Du Deinen wahren Wert – souverän, charmant und in Deinem Stil

Gefeilsche, Psychospielchen und unverschämte Forderungen – fühlst Du Dich im Businessalltag auch manchmal wie Klopapier? Du gibst ständig 110 Prozent, doch statt einem Danke erntest Du nur Gezanke? Gib dieser Welt den Abschiedskuss! Entdecke die Kraft der Hypnose für höhere Preise und bessere Kundenqualität.

Großes Herz = großer Wert = fairer Preis

Lass uns vorab klarstellen: Großzügigkeit und Hingabe sind im Business keine Schwäche, sondern Dein größter Trumpf! Sie zeigen, dass Du Deiner Zielgruppe verantwortungsvoll großen Mehrwert liefern willst. Allerdings sollte der sich auch im Preis widerspiegeln. Genau hier knabbern die Zweifel an vielen Selbstständigen: »Bin ich gut genug? Darf ich das überhaupt? Kauft noch jemand bei höherem Preis?« Viele opfern sich auf, verkaufen sich unter Wert und sabotieren damit sich und ihr Business. Am Ende steht die Frage:

**Wie viel kannst Du opfern,
bis Du nichts mehr zu geben hast?**

Klingt ganz schön hart, oder? Doch das Thema ist für viele Selbstständige nicht trivial. Denn am Ende sind zwar die Kunden happy, doch sie stehen ständig unter Strom und manchmal sogar am Rande ihrer Existenz …
Was also machen all jene anders, die stolze Preise verlangen, ständig ausgebucht sind und auch noch Zeit für die schönen Dinge im Leben haben? Die Antwort liegt nicht nur in ihrem Marketing, sondern auch unter der Oberfläche: in ihrem Unterbewusstsein.

Kauf's Dir selbst ab, bevor Du's anderen verkaufst.

Wir fahren Fahrrad mit Gegenwind und Bremsschirm im ersten Gang – so ist es, wenn wir wachsen und wirken wollen, aber unser Unterbewusstsein nicht an Bord ist. Es bremst, lähmt und sabotiert uns, selbst wenn für unseren bewussten Verstand längst alles klar ist.
Hier liegt die Schwäche vieler Marketing- und Verkaufstrainings: Sie vermitteln logisches Wissen, das zwar smart klingt, doch in der Praxis oft nur wenig bringt – aus zwei Gründen:

1. Die vermittelten **Strategien passen nicht zu den Menschen** und ihrer Persönlichkeit. Verraten wir unsere Werte, rebelliert das Unterbewusstsein zurecht.
2. Wissensvermittlung allein **kratzt nur an der Oberfläche**. Denn etwas zu wissen, heißt noch lange nicht, es zu fühlen und letzten Endes auch umsetzen zu können.

Würdest Du Dein Angebot kaufen, wenn Du die Zielgruppe wärst? Und wie sehr bist Du davon *überzeugt*, dass Du auch den großen Wert lieferst, den Du versprichst? *Erlaubst* Du Dir, das zu glauben? Oder ist da eine kleine Stimme, die immer wieder zweifelt, nörgelt und sabotiert?
Ist Dein Unterbewusstsein nicht an Bord, funkt es dazwischen mit Zweifeln und einem lähmenden Gefühlscocktail. Ist es hingegen überzeugt von Deinem Angebot, Deinem Wert und Deinem Preis, verleiht es Dir eine einzigartige Überzeugungskraft und extremen Rückenwind.
Genau hier setzt mein neues Programm an.

Charismatisch überzeugen – das Hypnosementoring

Sechs Monate lang begleite ich Dich dabei, den wahren Wert Deines Angebots zu erkennen und souverän nach außen zu kommunizieren. In **zwölf digitalen Hypnosesessions** machen wir Dein Unterbewusstsein zum mächtigen Verbündeten. Diese Vorteile erwarten Dich:

- **Faire Preise überzeugend kommunizieren:** Du kennst Deinen wahren Wert und kommunizierst ihn mit starken Strategien und gutem Bauchgefühl.
- **Selbstvertrauen und Charisma:** Du verkaufst auf charmante Weise und strahlst dabei Selbstsicherheit, Autorität und Glaubwürdigkeit aus.
- **Höhere Kundenqualität:** Du richtest Dein Marketing so aus, dass Du mehr Menschen anziehst, mit denen Du gut und gerne zusammenarbeitest.
- **Mehr Lebensqualität:** Du setzt klare Grenzen, legst Spielregeln für Dein Business fest und schaffst Raum für Me Time sowie regelmäßige Auszeiten.
- **Tiefgreifende Veränderung:** Mit Hypnose verankerst Du Wissen, Erfahrungen und Überzeugungen nachhaltig auf unbewusster Ebene.

Außerdem genießt Du während unserer gesamten Zusammenarbeit durchgehenden E-Mail-Support. **Lass Dich nicht länger in Förmchen pressen! Bereit für Business-Design, das zu Dir und Deiner Persönlichkeit passt?**

Die überlegene Art der Veränderung

Als mehrfach zertifizierter **Hypnosecoach** habe ich bei vielen Koryphäen des Fachs gelernt und kombiniere dieses mächtige Tool für Dich mit meinem Know-how rund um **Copywriting, Verkaufspsychologie** und **Branding** – eine einzigartige Mischung für einen intelligenten Ansatz und eine faszinierende Reise:

1. **Onboarding-Session:** Im 90-minütigen Start-Call analysieren wir Dein Business, ermitteln Dein Persönlichkeitsprofil und klären Deine individuellen Ziele.
2. **Unwiderstehliches Angebot:** Gemeinsam arbeiten wir den Wert Deines Angebots heraus. Wir halten fest, was Dich auszeichnet, und bringen Deine Botschaft in starken Worten auf den Punkt.
3. **Philosophie und Spielregeln:** Wie soll sich die Zusammenarbeit mit Dir anfühlen? Wir richten Dein Business an Deiner Persönlichkeit aus und leiten daraus eine Philosophie ab, die Krampfkunden abstößt und Traumkunden anzieht.
4. **Strategie und Überzeugungskraft:** Wir entwickeln einen Fahrplan für Marketing und Verkauf, der zu Dir passt und kontinuierlich einen Strom von Menschen zu Dir führt, die gerne Deine Preise bezahlen.
5. **Dein innerer Kompass:** Jeden Aspekt Deines Business verankern wir tief in Deinem Unterbewusstsein, sodass es Dich langfristig als weise Instanz auf Deinem Kurs hält.

Klingt nach einem Abenteuer nach Deinem Geschmack?

Dann buche jetzt Dein **unverbindliches Kennenlerngespräch**, bei dem wir ein Gefühl füreinander bekommen und ich Dir persönlich die unterschiedlichen Programmpakete vorstelle. Du kannst Dir also alles im Anschluss nochmal entspannt durch den Kopf gehen lassen.
Bitte beachte, dass ich aufgrund der sehr individuellen Betreuung jeweils nur 20 Menschen parallel betreuen kann. **Aktuell sind sechs Plätze offen.** Ich freue mich, Dich und Deine Welt kennenzulernen.
PS: Willst Du vor unserem Gespräch schon mal an der faszinierenden Welt der Hypnose schnuppern? Mit dem Code ***Yummy*** bekommst Du 50 Prozent Rabatt auf eine Trance-Session Deiner Wahl in meinem Shop.

Wichtig: Drei Fälle, für die ich **nicht** *zu haben bin*

1. **»Das muss sehr schnell gehen …«**
Auch wenn Hypnose sehr kraftvolle Veränderung ermöglicht, braucht auch unsere Arbeit Zeit, um an die Wurzel vorzudringen und nachhaltige Früchte zu tragen. Für Über-Nacht-Erfolge solltest Du lieber an einer Wunderlampe reiben.

2. **»Mach mich bitte erfolgreich …«**
Bei der Hypnose mache ich die Veränderung nicht *für* Dich, sondern ich unterstütze Dich und Dein Unterbewusstsein dabei, die Veränderung selbst vorzunehmen. Je aktiver Du mitwirkst, desto größer unsere Durchbrüche.

3. **»Ich will in erster Linie schnelles Geld ...«**
Nur wo echter Wert ist, können wir diesen auch herausarbeiten. Ich unterstütze daher keine Unternehmen, die Menschen schaden oder minderwertige Qualität bieten. Auf Wunsch berate ich jedoch gerne bei der Entwicklung von Angeboten mit echtem Mehrwert.

TEIL III

SCHREIBEN

ANRICHTEN UND SERVIEREN

Schreibe jeden Satz so, dass man neugierig auf den nächsten wird.
– William Faulkner

Stell Dir vor, wir bereiten eine feine Gaumenfreude vor. Sie besteht aus mehreren Gängen, und wir haben viel Zeit darin investiert, die Zutaten zu einem unwiderstehlichen Genuss zu verarbeiten. Ein himmlischer Duft liegt in der Luft, und die Speicheldrüsen der Gäste bereiten ihren oralen Tempel auf ein Ereignis ultimativer Lust vor. Doch dann tun wir das, was gefühlt 50 Prozent der Buchstabenbenutzer ihren Texten antun: Sie knallen alles auf einen Teller, schmeißen diesen auf den Tisch und erwarten nun, dass die Gäste genüsslich darüber herfallen. Aus ihrer Sicht sollte das selbstverständlich sein, denn immerhin haben sie jede Zutat einzeln gekostet und liebevoll zu einem Geschmacksfeuerwerk verfeinert. Doch aus Perspektive der Gäste sieht das kulinarische Highlight nun aus wie ein großer Brei, der ihnen den Appetit verdirbt.

Niemand liest gerne hässliche Texte.

Das Auge isst nicht nur mit, es liest auch mit. Schon der erste Blick auf einen Text entscheidet, ob wir ihn lesen wollen oder nicht. Kommt er als dichte, undefinierte Wortmasse daher, die jeden verfügbaren Weißraum mit Buchstaben füllen will, denkt sich unser Hirn: »Bitte nicht! Darauf hab ich nun wirklich keine Lust. Lass uns etwas lesen, das appetitlicher aussieht!« Präsentiert sich unser Text hingegen fein strukturiert und liebevoll garniert in mehreren Gängen, hat unser Hirn den ersten Happen schon verputzt, bevor wir überhaupt registriert haben, dass wir lesen.

Stimmen Zutaten und Würze, können wir diesen Effekt nutzen, um unsere Zielgruppe Gang für Gang durch unsere Texte gleiten zu lassen. Der englischsprachige Raum spricht in diesem Zusammenhang auch vom *Slippery Slide*, einer glatten Rutschbahn, die die Menschen hinabgleiten, während sie unsere Zeilen lesen. Der Text sollte also so appetitlich sein, dass die Menschen kaum mehr zu bremsen sind und wie bei ihrer Lieblingsserie oder ihrem Lieblingsbuch von einer Folge beziehungsweise einer Seite zur nächsten jagen. Diesen Effekt zu erzielen, ist eine besondere Copykunst. Die erreichen wir mit zwei Schritten, um die sich dieser dritte Teil des Buches dreht:

› **A. Strukturieren und signalisieren**

Wir bauen einen Text mithilfe von Überschriften, Teasertexten, Aufzählungspunkten und anderen Elementen so auf, dass sich die Inhalte leicht scannen lassen. Denn die meisten Menschen überfliegen einen Text vorab, um sich einen ersten Eindruck vom Inhalt zu verschaffen. Dann erst entscheiden sie, ob er ihre Zeit wirklich wert ist. Also nutzen wir verschiedene Bausteine unserer Textarchitektur, um die Inhalte »snackable« zu machen. Sie sollen leicht über die Lippen gehen und möglichst gut verdaulich sein. Dazu gehört auch, die besonders leckeren Inhalte schon in unseren Überschriften klar zu präsentieren, auch wenn ein Teil von uns sie lieber erst im Text verraten will. Grundsätzlich zählt hier die Haltung: Der Text soll schon auf den ersten Blick so wertvoll und unwiderstehlich wirken, dass wir ihn einfach lesen müssen.

Neben der Struktur durch eine gut gewählte Architektur können wir auch Signalisierungen zur Hilfe nehmen, um bestimmte Inhalte hervorzuheben. Dazu bieten sich zum Beispiel die *Kursivschrift*, die Unterstreichung, die VERSALSCHRIFT oder der S p e r r s a t z an. Da diese Mittel jedoch aus meiner Sicht mal zu laut, mal zu leise sind oder das Textbild sprengen können, rate ich Dir zur klassischen **Fettung**, um wichtige Worte oder Satzteile zu betonen. Gehe damit jedoch sparsam um. Denn wir wollen den Menschen einen **zweiten Leseweg** (das ist der Fachbegriff) durch unsere Texte bieten. Der sollte eine Abkürzung sein, die die Highlights auf den Punkt bringt. Übertreiben wir es jedoch damit, geht die Wirkung nach hinten los. Bestimmt kennst Du auch diese Spezialisten, die früher in der Schule ganze Seiten mit dem Markierstift gelb eingefärbt haben. Letzten Endes fielen dabei in erster Linie die Worte auf, die nicht in die Signalfarbe getunkt waren. Wenn das die wichtigen Worte waren, ist das zwar eine mögliche, aber gleichzeitig auch sehr umständliche Strategie der Signalisierung. Frag Dich beim Lesen lieber, was wirklich wichtig ist, und fokussiere Dich dabei auf die Kernaussagen, um Deine Zielgruppe nicht zu verwirren oder zu überfordern.

Sieh diesen Schritt also gerne als einen Extraservice, den wir unserer Zielgruppe bieten. Wir präsentieren ihnen die leckersten Häppchen vorab auf dem Silbertablett, damit sie Appetit auf das gesamte Menü bekommen.

› B. Sog erzeugen

Beim zweiten Schritt geht es nicht um die äußeren, sondern um die inneren Werte Deiner Texte. Mit kleinen Kniffen schreiben wir den Text so, dass jeder Satz Lust auf den nächsten macht. Stell Dir vor, Deine Worte und Sätze hätten kleine Ärmchen. Alles ist fest miteinander verbunden, und die Menschen denken überhaupt nicht daran, aus dem Text auszubrechen.

Um diese Verbindungen herzustellen, nutzen wir Vorausdeutungen, Versprechen und nicht zuletzt auch unsere kleinsten Verbündeten: die Satzzeichen. Während wir uns also im ersten Schritt auf den groben Überbau fokussieren, geht es im zweiten Schritt auch um ein paar stilistische Fragen mit raffiniertem Tiefgang.

SCHRITT A:
STRUKTURIEREN UND SIGNALISIEREN

Ob Website, Werbebrief oder Newsletter – ähnlich wie es inhaltlich mit den sieben Zutaten ist, setzen sich Texte auf formeller Ebene aus den gleichen sieben Elementen zusammen. Je länger Dein Text ist, desto mehr der Elemente solltest Du einsetzen, um Deine Botschaft snackable und verführerisch zu präsentieren.

1. Die Headline

Überschrift, Schlagzeile oder Königin des Textes, für den ersten Satz gibt es viele Namen, und sie betonen unterschiedliche Eigenschaften. Die Headline ist der Kopf des Textes und damit das Erste, was wir lesen. Damit trägt sie eine gewaltige Verantwortung. Mit ihr steht und fällt der gesamte Text. Selbst ein noch so brillanter Inhalt welkt einsam und unerkannt dahin, wenn die Menschen sich nach dem ersten Satz gelangweilt abwenden. Das gilt nicht nur für die geschriebene Form, denn auch die ersten Worte eines Werbefilms, Radiospots oder der Betreff einer E-Mail haben die Funktion einer Headline: Sie sollen die Menschen ins Thema saugen, fesseln und auf die Rutschpartie schicken. So folgen sie dem zweiten Satz, der zum dritten verführt und schlittern immer weiter, bis sie plötzlich beim Call to Action ankommen. Die Headline sollte den Punch einer guten Schlagzeile haben, um sich ihren Weg durch die laute Welt zu bahnen. Doch wie bekommt sie diese Kraft?

So wie jeder Verkaufstext ein Ergebnis verspricht, gibt auch die Headline ein Versprechen darüber ab, was uns im Text erwartet. Der sollte das unbedingt einlösen, ansonsten fühlt sich die Zielgruppe getäuscht und begegnet uns sowie unseren Botschaften in Zukunft zurecht mit Skepsis. Dieses Versprechen wollen wir also in möglichst leckere Worte kleiden, damit die Headline ihren Punch entfaltet. Bevor wir uns genau anschauen, wie das gelingt, hier nochmal kompakt und zusammengefasst, was in den bisherigen Zeilen steckte. Eine gute Headline sollte:

- **Aufmerksamkeit** und **Neugier** wecken,
- die Zielgruppe dort **abholen**, wo sie seht,
- **Lust** auf den Text und den nächsten Satz **machen** und
- ein starkes **Versprechen** abgeben, das der Text auch einlöst.
- Ihre optimale **Länge**: 5 bis 15 Worte

Der Weg zur starken Headline

Wenn Du Dich tiefer mit dem Thema Headline auseinandersetzt, wirst Du bei Deinen Recherchen auf Hunderte Vorlagen für Überschriften stoßen, die teilweise sogar die Hälfte des Wortlauts vorgeben. Die können Dir hilfreiche Krücken sein, wenn Du erste Gehversuche im Copywriting machst, doch von einem dauerhaften Einsatz rate ich Dir entschieden ab.

Denn auch wenn Dir mit einigen der Formeln starke Ergebnisse gelingen können, haben sie immer auch zwei Gefahren im Gepäck. Zum einen können sie wie ein enges Korsett wirken, das das Thema erstickt. Wenn das zwickt, drückt und sich einfach nicht passend anfühlt, engen wir auch die Botschaft in ihrer Kraft ein. Zum anderen können Formeln (Wen wundert's?) formelhaft und mechanisch klingen.

Einige der Muster haben wir schon Hunderte Male gehört; die Texte wirken lieblos, einfallslos, seelenlos. Ein Beispiel, bei dem sich mein ganzer Körper schüttelt, ist die abgedroschene Formulierung: *Wir/Ich helfe(n) (Zielgruppe), (Ziel) zu erreichen ohne (Nachteil).* Was auch als Positionierungssatz bekannt ist, mag hinter den Kulissen eine leise Berechtigung haben, gehört jedoch nicht in die Außenkommunikation.

Dein Thema ist einzigartig, deswegen wollen wir es nicht in Förmchen zwängen und ihm nichts von außen überstülpen, sondern das zentrale Versprechen von innen heraus entwickeln. Statt schematisch 100 Formeln durchzuprobieren, gelange ich seit Jahren deutlich schneller und entspannter zu Überschriften mit Punch und Persönlichkeit, indem ich von meinen Grundzutaten ausgehe.

Ich orientiere mich bei der Headline-Entwicklung an den fünf zentralen Stationen unserer Transformationsreise und am Problembewusstsein der Zielgruppe:

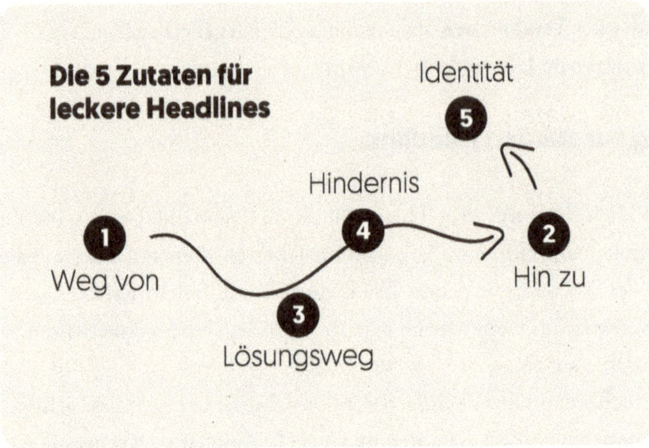

1. **Weg von:** Probleme, Schmerzen, Ängste, Dringlichkeit
2. **Hin zu:** Ergebnis, Unique Value Proposition, einer oder mehrere Benefits
3. **Lösungsweg:** Strategie, Methodik, Erlebnis
4. **Hindernis:** Einwände, Sorgen, limitierende Überzeugungen
5. **Identität:** Spiel mit Ziel-, Erlebnis- oder Anti-Identität

Abhängig von Angebot, Werbemedium und Zielgruppe wähle ich aus diesen Kernelementen jene aus, die in der jeweiligen Situation den stärksten Punch entwickeln. Ist das Bewusstsein noch sehr gering, erkunden wir erstmal das Problem. Ist die Zielgruppe schon bestens informiert, lege ich den Akzent auf Einwände oder die Dringlichkeit. Gibt es mehrere Wege, hole ich mir ein Feedback des Marktes, indem ich vielversprechende Varianten gegeneinander teste.

Bestimmt merkst Du: Auch bei der Headlinefindung geht es darum, die Gedanken erst einmal zu sortieren, um aus dieser Klarheit leichter schreiben zu können. In der Praxis verbringe ich rund 75 Prozent meiner Zeit mit den Fragen: Was will ich eigentlich sagen? Und was ist der emotionale Kern meines Themas? In diesem Zusammenhang bringt mich Fühlen übrigens oft weiter als Denken. Die anderen 25 Prozent widme ich der Frage: Wie kann ich das besser sagen? Ich spitze meine Botschaft zu und nutze dazu unsere Gewürzkiste:

- Stimmt der **Rhythmus?** Geht die Headline leicht über die Lippen, oder holpert es noch?
- Bin ich konkret und **spezifisch** genug? Oder kann ich hineinzoomen und mein Versprechen mit konkreten Zahlen noch glaubwürdiger machen?
- Vermittele ich **Bilder** und Emotionen? Kann ich noch mehr Kopfkino hereinbringen? Mit einem anderen Verb? Vielleicht kann die Headline auch eine aufwühlende Frage sein, die so viel Neugier weckt, dass sie von selbst in den Text saugt?
- Kann ich mit einem **Stilmittel** arbeiten oder einzelne **Worte** durch kraftvollere Varianten austauschen?

Dieses System aus Zutaten und Würze bringt Orientierung in den Headlineprozess. Erst schnibbeln, dann kochen. Und vielleicht hast Du auch schon vom Titeltipp berühmter Textgenies gehört: »Schreib die Headline erst zum Schluss.« Da steckt viel Weisheit drin! Denn woher soll ich wissen, was ich sagen will, bevor ich lese, was ich schreibe?

Bei vielen Projekten starte ich mit einer ersten Idee für den Kern des Textes. Ich setze also eine provisorische Überschrift über den Text, damit da schon mal was steht. Doch während ich in die Tasten haue, kommt der Kern weiter zum Vorschein. Manchmal fühle ich mich dabei wie Michelangelo, der seinen David aus dem Marmor haut. Wort für Wort lege ich frei, was unter der Oberfläche brodelt. Dabei stoße ich regelmäßig auf Bilder, Reime und flotte Sprüche, die Headlinepotenzial haben. Indem ich die erste Zeile aufs Ende hinausschiebe, hat die Überschrift Zeit zu reifen. Häufig fällt sie von alleine ab, während ich das Thema schreibend erforsche. Gelingt das mal nicht so leicht, helfe ich mir mit folgenden Zutatenkombinationen auf die Sprünge.

Zutaten zusammenfügen

Die folgenden Minirezepte bringen System ins Headlinespiel, wenn Du mal nicht auf die Muse warten kannst. Im Gegensatz zu den eben besprochenen floskelhaften Formeln handelt es sich hierbei um lose Bausätze, die Du auf Deine Weise auch in beliebiger Reihenfolge kombinieren kannst. Bei genauer Betrachtung besteht jede starke Headline aus einer Kombination der immer gleichen fünf Elemente. Unser Ziel ist eine möglichst spezifische und dennoch knackige Überschrift. Übrigens bieten Zutaten wie Weg-von- und Hin-zu-Motive den Vorteil, dass sich dahinter oft wichtige Keywords verbergen. So schmeckt Deine Headline nicht nur den Menschen, sondern auch der Suchmaschine.

[Ergebnis] + [Lösungsweg]

- *In 5 Minuten in den Schreibflow: 10 bewährte Strategien, um schneller und origineller zu texten*
- *Goldbraun-knackige Fritten – das Geheimrezept vom Belgier für pure Kartoffelmagie*
- *Athletisch-knackiger Körper – mit 20 Minuten Training und richtiger Ernährung zur Wunschfigur*

[Weg von] + [Lösungsweg] + [Identität]

- *Nie wieder tote Gartenpflanzen – die Programme von Wurzelwerk machen Dich zum Gemüseguru*
- *Raus aus dem generischen Geschwafel – Youris Podcast begleitet Dich auf dem Weg zum Textgenie*
- *Sprenge die lästigen Kippenketten – werde mit nur einer Hypnosesitzung zum Nichtraucher*

[Ergebnis] - [Hindernis]

- *Steigere Deine Reichweite bei Instagram – ohne Striptease, Tanz und Firlefanz*
- *In nur 24 Stunden für immer rauchfrei – ohne Disziplin und Selbstüberwindung*
- *So schreibst Du verkaufsstarke Texte, auch wenn Du in Deutsch eine Niete warst*

[Weg von] + [Hin zu] + [Lösungsweg]

- *Raus aus dem Herzschmerz, rein in die Lebensfreude mit dem 30-Tage-Liebeskummer-Coaching*
- *Von der Schlaftablette zur Rampensau: Der 12-Wochen-Intensivkurs für Standup-Comedians*
- *Wirkung statt Wischiwaschi – die 7 Zutaten für Texte, die verkaufen*

[Benefit] + [Feature / Lösungsweg]

- *Sympathischere Kunden und höhere Preise – ist modernes Copywriting Deine neue Superkraft?*

- *Starker Rücken, schlanke Taille – mit EMS-Training entspannt zur Wunschfigur*
- *Kristallklarer Sound, flexibel im Einsatz – unser USB-Mikro ist der Begleiter für moderne Podcaster*

[So / Wie / Was / Warum] + [Ergebnis / Lösungsweg]

- *So formulierst Du in 5 Minuten 10 Headlines, die Deine Zielgruppe zum Sabbern bringen*
- *Über Nacht von 2 Schachteln Zigaretten auf 0 – so habe ich es geschafft*
- *Wie ich in einer Stunde mit einem Satz 3000 Euro verdiente*
- *Wie preisgekrönte Werbetexter systematisch auf geniale Ideen kommen*
- *Warum brillante Texter häufig auch ein Musikinstrument spielen*

2. Die Subheadline

Passen nicht alle wichtigen Infos in eine Headline, kannst Du Dir mit ihrer kleinen Schwester aushelfen. Die Subheadline (wörtlich übersetzt *Unterüberschrift* oder auch *Untertitel*) steht in der Informationshierarchie eine Stufe unter der Hauptüberschrift und bietet Dir spannende Möglichkeiten, Deine Headline inhaltlich zu ergänzen, zu verstärken oder auch zu kommentieren. Du kannst sie also für kreative Spielereien nutzen oder eine zusätzliche Zutat darin unterbringen:

Besser verstehen, motivieren und inspirieren [Benefits]
Der Persönlichkeits-Code – die 10 Programme, die jeden Menschen steuern

Bye bye Blockaden, hallo Schreibflow! [Weg-von & Hin-zu]
10 bewährte Strategien, um entspannter und origineller zu texten

Ohne Talent oder Eins in Deutsch [Hindernisse]
Mit diesen 7 Zutaten schreibst Du leckere Texte, die Hirne zum Sabbern bringen

Die Subheadline steht in der Regel in kleiner Schriftgröße mal direkt unter, mal direkt über der Headline. Ich persönlich mag es, sie in gleicher Größe wie die Headline zu setzen, dafür jedoch einen dünneren Schriftschnitt zu wählen, um die Hierarchie zu verdeutlichen. Insbesondere wenn sie wichtige Infos für das Gesamtverständnis liefert, will ich, dass sie niemand übersieht.

Leider sehe ich immer wieder, dass die Subheadline so klein geschrieben ist, dass sie im Layout untergeht. Je prominenter ich sie platziere, desto stärker fällt sie auf. Natürlich sind Satz und Layout eigene Disziplinen, für die es Spezialisten gibt, doch gerade in diesen wichtigen Fragen lasse ich es mir als Texter nicht nehmen, ein Wörtchen mitzureden. Denn was bringen uns die durchdachtesten Textkonzepte, wenn die Botschaft nicht rüberkommt?

Punkt am Ende der Headline?

Über diese Frage habe ich schon mit vielen Layout-, Grafik- und Brandinggenies konstruktiv gestritten. Manche setzen gerne einen Punkt ans Ende der Headline, weil es hübsch aussieht. Doch wenn Du an den Slippery Slide zurückdenkst, ahnst Du wahrscheinlich, warum ich dabei regelmäßig aus der Haut fahre.

Der Punkt ist das STOPP-Schild der geschriebenen Sprache. Er sorgt für eine Pause, einen Moment des Innehaltens. In den meisten Situationen wäre ein Punkt daher Sabotage an unserer Headline, nutzen wir doch beim Schreiben jede unserer Synapsen, um die Menschen in unseren Text zu saugen und sie über unsere Zeilen ins Glück gleiten zu lassen. Ein Punkt ist da das Letzte, was wir an dieser Stelle wollen, denn er hemmt den Lesefluss.

Grundsätzlich rate ich also davon ab, einen Punkt ans Ende der Headline zu setzen. Jedoch gibt es eine Ausnahme: Wenn die Headline ein Statement ist, eine Provokation oder eine kräftige Punchline, die nachwirken soll, dann ist der Punkt unser bester Freund. Das würde ich zum Beispiel bei dieser Headline so handhaben:

Der ultimative Tipp gegen Schreibblockaden
Trau Dich, Scheiße zu schreiben.

In diesem Fall könnte ich auch mit einem Ausrufezeichen arbeiten, doch das wäre mir zu aufdringlich und zu sehr von oben herab. Der Punkt verstärkt das Statement und wahrt eine gewisse Augenhöhe. Gleichzeitig weckt die Headline so viel Neugier, dass wir herausfinden wollen, was es damit auf sich hat. Ohne Punkt würden die Menschen hastig zum nächsten Satz hüpfen. Wir würden dem Statement die Show stehlen. Doch das STOPP-Schild schafft eine kleine Pause, damit der Satz nachwirken und seine volle Kraft entfalten kann.

3. Der Teaser

Das englische Verb *to tease* bedeutet übersetzt *sticheln, ärgern* oder sogar *quälen* und genau das tut der Teaser (ohne jemandem ernsthaften Schaden zuzufügen). Er zieht die Zielgruppe mit unwiderstehlichen Ankündigungen in seinen Bann und damit tiefer in den Text. Headline und Teaser bilden zusammen den Verkaufstext für Deinen Text. Sie stellen vor, was drinsteckt, ohne zu viel zu verraten. Inhaltlich dreht sich alles um die Fragen: Was erwartet mich? Was habe ich davon, wenn ich diesen Text bis zum Schluss lese?

Manche bezeichnen den Teaser auch als Anleser – wir beißen an und probieren ein Häppchen Text, um zu prüfen, wie er schmeckt. Nach einem guten Teaser sind wir angefixt und haben großen Appetit auf mehr. Hier die wichtigsten Eckdaten:

› **Ziel:** Die Headline zieht die Menschen an, der Teaser will sie verführen und tiefer in den Text saugen. Deswegen verspricht er zum Beispiel verlockende Vorteile oder die Antworten auf brennende Fragen. Dazu gleich mehr.

› **Länge:** etwa 30 bis 60 Wörter, also nur wenige Zeilen, damit er möglichst leicht verdaulich ist (das ist etwa so lang wie der Text zum vierten Aufzählungspunkt *Einsatz*)

› **Format:** Fette den Teaser, damit er sich abhebt und ins Auge fällt. Diese Formatierung ist gelernt. Die Menschen wissen intuitiv, dass der fettgedruckte Teil das Wesentliche umreißt.

› **Einsatz:** Du kannst den Teaser sowohl als ersten Absatz Deines Haupttextes einsetzen als auch in Form einer Kurzbeschreibung – zum Beispiel wenn Du mehrere Texte in einer Übersicht präsentierst. Nicht alle Texte verlangen nach einem Teaser. Sind sie kurz genug, erschließen sich die wesentlichen Inhalte auch so auf den ersten Blick. Meine Faustregel: Ab einer Textlänge von 500 Wörtern hilft der Teaser beim Scannen.

Das macht den Teaser verführerisch

Als Leser finde ich gute Teaser so richtig gemein, weil ich dann nicht anders kann, als alles stehen und liegen zu lassen, um sofort den ganzen Text zu lesen. Als Texter ist es mir hingegen ein Vergnügen, den Teaser bis an den Rand mit Neugier zu füllen. In meinem Podcast starte ich zum Beispiel jede Folge mit rund 50 Wörtern, die den Wert der Folge umreißen und Lust auf mehr machen. Hier ein paar der Geheimzutaten, die ich dabei einsetze:

1. Ich greife die **häufigsten Fragen** auf, die sich meine Zielgruppe zum Thema stellt.
   Die fünf Gründe, warum Menschen nicht kaufen
   Woran liegt es, wenn meine Zielgruppe nicht kauft? Ist der Preis zu hoch? Mache ich doofe Anfängerfehler? Oder ist mein Angebot vielleicht einfach zu schlecht? STOPP! Bevor die Zweifel Dich zerfressen, prüfe Deine Kommunikation einfach systematisch auf diese fünf Schwachstellen. Sobald Du sie behoben hast, steigt die Kauflaune!

2. Ich beende den Teaser mit einem **Cliffhanger**, der keine Ruhe lässt.
   Traue keinem Superlativ!
   Das Beste, das Superste, das Ultimativste – Superlative machen gigantische Versprechen, die Augen zum Funkeln und Hirne zum Kribbeln bringen. Doch auch wenn sie auf den ersten Blick prunkvoll und pompös klingen, haben Superlative auch ihre Schattenseiten, und sie können im Copywriting sogar gefährlich nach hinten losgehen.

3. Ich weise auf einen **besonders wertvollen späteren Punkt** hin.
   Aufdringlich, schmierig und widerlich schreiben? Mit diesen 15 Tipps vergraulst Du jeden!
   **Ironie-Modus eingeschaltet* Willst Du eine schmierige Schleimspur bei Deiner Zielgruppe hinterlassen, damit sie Dich abstoßend findet und am liebsten nie wieder sehen will? Dann spitze jetzt Deine Ohren für 15 herrliche Tipps, mit denen auch Du garantiert eklige Werbetexte schreibst, die Menschen zum Kotzen bringen. Bei Tipp 8 bin ich selbst aufs Klo gerannt.*

4. Ich nutze den Effekt der unerwarteten **Umdeutung** am Ende.
   Hilfe! Andere klauen meinen Content. Was kann ich tun?
   Letzte Woche schrieb mir Maria: »Youri, Hilfe! Andere klauen meine Inhalte. Das ist so mies! Was soll ich machen?« Oh, liebe Maria, ich fühle Deinen Schmerz … Kopierwriter sind die Zecken der Textwelt! Doch mit ein paar smarten Kniffen kannst Du Deinen Inhalten einen Kopierschutz verpassen. Und: Content-Klau ist zwar dreist und widerlich, doch im Grunde auch ein Kompliment!

5. Ich spiele unterhaltsame **Spielchen**.
   Hypnotische Sprache im Verkauf – subtil, kunstvoll und elegant beeinflussen
   Hypnose ist Sprache in ihrer wirkungsvollsten Form. Worte fliegen in Dein Ohr und können gewaltige Veränderungen bewirken. Dieses Wundermittel aus Therapie und Coaching hat auch im Copywriting eine magische Wirkung! Ein feines Thema für Fortgeschrittene. Findest Du alle sieben hypnotischen Sprachmuster, die ich in diesem Text eingesetzt habe?

Der Weg zum perfekten Teaser

Ähnlich wie Headlines schreibe ich auch den Teaser erst zum Schluss, wenn ich weiß, worum genau es geht und was ich alles im Text erzähle. So gelingt es mir auch viel leichter, Vorausdeutungen einzubauen. Ich prüfe den Text zum Schluss auf die wertvollsten Goldnuggets und bringe diese in den Teaser. Einfach, oder? So sorgen übrigens auch große Drehbuch- und Romanautoren für Spannung: Sie schreiben das Ende zuerst, und weil sie das kennen, können sie sehr viel leichter teasern und Dich bewusst auf falsche Fährten locken.

4. Die Zwischenheadline

Sie sind eine große Sünde: ewige Fließtexte und lange Satzketten ohne Weißraum zum Durchatmen. Das Auge schleppt sich von einem Absatz zum nächsten (wenn es überhaupt Absätze gibt) und hat keine Chance, zwischendurch mal zu verschnaufen. Je anstrengender das Lesen, um so größer ist die Gefahr, dass die Menschen zwischendurch aussteigen. Selbst wenn Headline und Teaser noch so verlockend waren: Ist der weitere Text dröge und fade, verdirbt er uns schnell den Appetit.

Deswegen teilen wir ihn in leckere Häppchen, die jeweils leicht verdaulich sind. Meine Faustregel für Werbetexte: Ein Absatz sollte etwa fünf bis sieben Zeilen am Stück haben, und alle zwei bis drei Absätze sollten wir den Text mit einer Zwischenheadline unterbrechen. Die funktioniert in ihrer Grundstruktur ähnlich wie die Gesamtüberschrift, mit dem feinen Unterschied, dass sie lediglich die ihr folgenden Absätze anteasert.

Um eine Zwischenheadline zu formulieren, fragen wir uns also einfach: Worauf dürfen wir uns in den nächsten Absätzen freuen, und wie können wir das mit wenigen Worten schmackhaft machen?

Damit sorgt eine Zwischenheadline für frische Spannung zwischendurch. Ist unser Hirn gut durch die ersten Absätze des Textes gekommen, kann es sich an der neuen Überschrift kurz ausruhen und frische Motivation für die nächsten Absätze tanken.

Die kleinen Überschriften zwischendurch unterstützen also bei den beiden Schritten vom Anrichten und Servieren: Sie sorgen zum einen dafür, dass wir von einem Absatz über die Zwischenheadline in den nächsten Absatz gleiten und dabei neue Fahrt aufnehmen – ähnlich wie bei einer Achterbahn, die auf geraden Strecken neu beschleunigt. Zum anderen tragen sie wesentlich dazu bei, den Text leicht verdaulich zu machen. Will ich wissen, worum es geht, sollte mir ein guter Text schon beim bloßen Scannen der Zwischenheadlines verraten, welche Leckerbissen auf mich warten. Das gilt nicht nur für längere Texte wie Werbebriefe oder Advertorials, sondern auch für Websites.

Zwischenheadlines portionieren den Text in verdauliche Happen, sie lockern ihn auf und machen ihn damit snackable. Außerdem teasern sie die Folgeinhalte an und regen damit unseren Appetit an, weiter durch den Text zu gleiten. Sie sorgen also für optimalen Lesefluss und Textgenuss. Darüber freut sich übrigens nicht nur das menschliche Hirn, sondern auch für die Suchmaschine ist die ein oder andere Zwischenheadline ein willkommener Ort, um ein zentrales Keyword zu platzieren.

5. Die Bulletpoints

Sie sind die kleinen Helden starker Texte: Nummerierungen und Aufzählungspunkte (engl. *Bulletpoints*). Ihre Qualitäten leuchten ein:

- Du kannst mit ihnen Kerninhalte wie Benefits und Features wortwörtlich **auf den Punkt bringen**,
- Infos kompakt und **snackable präsentieren**,
- den **Sog intensivieren** und die Neugier weiter anheizen,
- Prozesse und Abläufe **Schritt für Schritt erklären** und
- die wesentlichen Highlights eines Themas **zusammenfassen**.

Bringst Du dabei noch einen zweiten Leseweg ein, wie ich es in diesem Fall getan habe, kann das Auge gierig-glücklich über die Zeilen hüpfen und sich über die zentralen Goldnuggets freuen.

Manche Copywritinglegenden brüsteten sich mit Texten, die nur aus einer Headline, einem Teaser und einer Liste von 50 Aufzählungspunkten bestanden. Darin überschütteten sie ihre Zielgruppe mit einer Flut von Benefit-Feature-Kombinationen und setzten am Ende einen starken Handlungsaufruf. Vorausgesetzt das Problembewusstsein der Zielgruppe ist weit genug entwickelt, kann es ein interessantes Experiment sein, einen Werbetext so aufzubauen. Denn das Auge der Menschen bleibt beim ersten Scannen vor allem an Headlines, Bulletpoints, Fettungen, Buttons und einem letzten Punkt hängen, den wir uns gleich noch genauer anschauen. Für unsere moderne Welt sehe ich diese Strategie allerdings eher skeptisch.

Auch wenn der »Mehr Benefits = mehr Wertaufbau«-Gedanke dahinter nachvollziehbar ist, können zu viele Infos auf einmal uns den Appetit verderben. Wenn wir nicht vorkauen, filtern und führen, ist die Gefahr groß, dass auch viele irrelevante Punkte zwischen den Zeilen stehen. Haben wir unsere Hausaufgaben gemacht und die zentralen Kaufmotive unserer Zielgruppe identifiziert, können wir uns ganz auf die Infos konzentrieren, die sie wirklich interessieren, und so vermeiden, dass sie gelangweilt und genervt aussteigen.

Praxistipps für starke Bulletpoints

- Verfasse mehr Punkte, als Du brauchst, und wähle **nur die besten** aus.
- Begrenze Deine Listen auf **maximal fünf Punkte**, damit sie übersichtlich bleibt.
- Hebe Schlüsselwörter durch **Fettungen** hervor.
- Setze die wichtigsten Punkte an den **Anfang und** ans **Ende**.
- Achte auf eine **einheitliche Struktur**. Dazu mehr im nächsten Absatz.

Die zwei Wege, Aufzählungen zu formulieren

Stell Dir vor, in einer Liste von Bulletpoints erstreckt sich ein Punkt über drei Zeilen, ein anderer hat nur drei Worte, und in einem fängt plötzlich eine Geschichte an. Wahrscheinlich würdest Du schnell den Über- und Durchblick verlieren. Dabei liegt die eigentliche Stärke einer Liste in ihrer klaren Struktur. Machen wir die zunichte, verlieren auch unsere Bulletpoints ihre Wirkung. Daher lege ich Dir ans Herz, Dich innerhalb einer Liste auf eine von zwei möglichen Strukturen festzulegen. Diese Einheitlichkeit zeugt von Professionalität und erhöht den Lesefluss.

1. **Wir gestalten die Liste wie einen Satz.** Genau so habe ich es bei der ersten Gruppen von Aufzählungspunkten auf Seite 195 getan. Der erste Punkt beginnt mit *Du kannst*, daraufhin verbinde ich die Punkte am Ende mit einem Komma und leite den letzten mit einem *und* ein. Die Punkte lesen sich wie ein Satz, lassen sich jedoch durch die Aufteilung über fünf Bulletpoints schneller und leichter erfassen, als wenn ich sie alle hintereinander auf zwei bis drei Zeilen formuliere. Durch diese Satzkonstruktion ist es übrigens ganz normal, dass einige Punkte zu Beginn groß- und andere kleingeschrieben sind. Diese Variante ist besonders dann interessant, wenn ansonsten jeder Punkt auf die gleiche Weise monoton mit *Du kannst* oder einer ähnlichen Einleitung beginnen würde.
2. **Jeder Punkt steht für sich und folgt einem einheitlichen Stil.** Auf diese Weise habe ich die Aufzählung auf Seite 195 zu den Praxistipps formuliert. Jeder Punkt ist ein eigener Satz, der auf einen Punkt endet. Gleichzeitig folgen alle fünf Sätze einem einheitlichen Schema: Sie beginnen in diesem Fall zum Beispiel mit einem aktivierenden Verb (*verfasse*, *begrenze*, *hebe* et cetera). Dadurch wirkt die Liste in sich stimmig und folgt einem gewissen Rhythmus, den Dein Gehirn schnell versteht.

6. Zitate und Punchlines

Sie sind kleine Oasen, an denen sich das Auge ausruhen kann: Zitate anderer Menschen oder Deine eigenen Punchlines (so nenne ich Sätze im Text, die besonders kraftvoll sind). Wenn Du sie hervorhebst, sicherst Du Dir damit gleich zwei wertvolle

Vorteile: Auf formeller Ebene gibst Du Deinem Text durch Rechtsbündigkeit mehr Farbe und Luft zum Atmen. So habe auch ich es an einigen Stellen hier im Buch getan. Auf inhaltlicher Ebene kannst Du Deinen eigenen Schlüsselbotschaften eine Bühne geben, damit sie noch stärker wirken können.

Mit Zitaten anderer holst Du eine Stimme von außen in Deinen Text hinein, die Deinen Worten zusätzliches Gewicht verleihen kann. Die Aussagen von Experten, Berühmtheiten und anderen Autoritätspersonen können den Inhalt Deiner Texte und Deine Autorität untermauern. Das führt dazu, dass ein Teil ihres Images auf Dich abfärbt und Du sowohl kompetenter als auch vertrauenswürdiger wirkst.

- Ein gutes Zitat **unterstreicht** Deine zentralen Aussagen,
- **lockert** Dein Textbild **auf**,
- bietet **Mehrwert** in eloquenter und komprimierter Form und
- lässt Dich im **Glanz einflussreicher Personen** baden.

Achte dabei stets darauf, dass sich das Zitat auch wirklich harmonisch in Deinen Text einfügt. Wenn sich die Verbindung zum Inhalt/Thema nicht erschließt, kann das verwirren.

Passende Zitate findest Du zum Beispiel, indem Du entsprechende Datenbanken im Netz mit Schlüsselwörtern zu Deinem Thema durchforstest. Grundsätzlich gilt dabei: Je weniger abgenutzt ein Zitat ist, desto stärker seine Strahlkraft. Manche sind mittlerweile leider so abgedroschen, dass sie die Menschen eher langweilen als inspirieren. Um in jedem Fall ein paar frische Zitate griffbereit zu haben, kannst Du eine eigene Datenbank pflegen. Wann immer Dir ein kraftvoller Satz begegnet, halte ihn für Dich mit ein paar wesentlichen Schlagwörtern fest, damit Du ihn später leichter finden kannst.

7. Der Call to Action (CTA)

Nach unserer Rutschpartie über Headlines, Teaser und Bulletpoints gelangen wir jetzt ans Ziel unserer Reise: Wir gehen den entscheidenden Schritt, um ins Handeln zu kommen und die Transformationsreise zu starten. Zuvor haben wir alle wichtigen Zutaten in unsere Texte gemischt, um die Menschen auf diesen Moment vorzubereiten. Nun gilt es, sie zum Handeln aufzurufen – das ist die Bedeutung hinter *Call to Action.*

Auch wenn dieser Schritt logisch ist, erlebe ich in der Praxis immer wieder, dass manche Texte genau an dieser Stelle schwächeln. Sie eiern und drucksen herum, statt klar und deutlich zu führen. Hin und wieder erlebe ich sogar, dass der Call to Action komplett fehlt. Auf meine Rückfrage bekomme ich dann eine Antwort wie: »Die Leute wissen doch von sich aus, was jetzt zu tun ist.« Natürlich ahnen sie, was am Ende kommt, doch sie haben sich an unsere Führung gewöhnt und erwarten, dass wir diese Rolle bis zum Schluss ausführen. Bleibt der entscheidende Impuls am Ende aus, lässt vielleicht sogar die Motivation nach, und die kreativen Hirne finden Ausreden, warum sie hier abbrechen und ihre Entscheidung einfach nochmal aufschieben könnten. Damit das nicht geschieht, begleiten wir die Menschen mit unserer Argumentation bis zum letzten Klick.

Den Call to Action vorbereiten

Um die Menschen nicht mit einem zu harschen Ton zu überrumpeln, sondern sie mit unseren letzten Worten maximal zu motivieren, kannst Du vor dem Call to Action weiter ausholen und ein kleines Best-of präsentieren:

- Erinnere an die wertvollsten **Benefits,** oder bring sogar noch einen neuen ein.
- Stelle lebhaft in Aussicht, womit ab sofort Schluss ist (**Weg von**).
- Male aus, welche Chancen jetzt zum Greifen nah sind (**Hin zu**).
- Fühle Dich sinnlich in den Wunschzustand ein (**Ergebnis**).
- Präsentiere den einen letzten Schritt, der jetzt noch gemacht werden muss, um diesen Zustand zu erreichen (**CTA**).

Damit der Text sich rund anfühlt, knüpfe ich mit meinem Wortlaut an das anfängliche Versprechen aus der Headline an. So haben die Menschen das gute Gefühl, dass sich der Kreis am Ende schließt, und der Call to Action wirkt wie der logische nächste Schritt in die angestrebte Richtung.

Bei einigen längeren Medien wie Landingpages oder E-Mails kann der Call to Action auch schon deutlich früher stehen und sich einige Male im Verlauf des Textes wiederholen. Das funktioniert besonders dann, wenn das Bewusstsein der Zielgruppe schon weiter fortgeschritten ist. So kann jeder selbst entscheiden, ob er gleich den nächsten Schritt gehen will oder ob er sich mehr Infos wünscht und Deiner Argumentation noch weiter bis zum Schluss folgt.

Formulierung für Aktivierung

Ob Buttons, Links oder gedruckter Text, der Call to Action sollte im Wortlaut aktivieren und zum Handeln motivieren. Dazu stehen uns einige Möglichkeiten zur Verfügung, die zum Teil subtil und zum Teil auch kreativer und gewagter sein können:

1. Wir setzen auf die Aktivierungskraft starker **Verben**: *anfragen, gestalten, konfigurieren, ausprobieren, anschauen, dabei sein, entdecken, durchstarten* et cetera.

2. **Wir kombinieren Substantiv + Verb**, sodass ein kleines Kommando entsteht: *Vorteile entdecken, Details einblenden, Größe wählen, Gespräch vereinbaren, Termin buchen, Rezension schreiben* et cetera.

3. Der Call to Action betont das **Ziel der Handlung** und gibt manchmal eine Richtung an: *In den Warenkorb, Auf meine Wunschliste, Zu Favoriten hinzufügen, Einem Freund empfehlen, Mit meinen Fans teilen, Zum nächsten Schritt gehen* et cetera.

4. **Ein zweites Verb bringt zusätzliche Emotion** ins Spiel: *stöbern und freuen, lesen und lernen, buchen und wohlfühlen, sichern und jubeln, testen und staunen* et cetera.

5. Wir formulieren den Call to Action aus Perspektive der Zielgruppe, also als offene **Suggestion**. Hier ist wichtig, dass der Ton auch zum Absender passt. Diese Art der Formulierung kann zwar kraftvoll und kreativ sein, doch manche Menschen können sich davon bevormundet oder unter Druck gesetzt fühlen: *Gönn ich mir – Sofort her damit! – Lass uns loslegen! – Lass uns sprechen – Gib mir mehr – Verrate es mir – Nun sag schon! – Das bin ich mir wert – Bin dabei – Will ich! – Hol ich mir – Da sag ich nicht Nein* et cetera.

Vielleicht verdrehst Du bei diesem Hinweis die Augen, doch das Wörtchen *Jetzt* kann Deinem Call to Action zusätzliche Aktivierungskraft verleihen, auch wenn wir es heute kaum noch wahrnehmen und es abgedroschen wirken mag.

Übrigens gibt es in manchen Bereichen Vorgaben für Call to Actions. So muss dieser zum Beispiel im letzten Schritt eines Bestellvorgangs unmissverständlich darauf hinweisen, dass die Menschen mit dem nächsten Klick eine kosten- beziehungsweise zahlungspflichtige Bestellung aufgeben.[24] Informiere Dich also vorab, ob entsprechende Regelungen auch auf Deinen Call to Action zutreffen.

8. Das Postskriptum (PS)

Neben Headlines, Teaser, Bulletpoints und sonstigen Fettungen ist das Postskriptum der letzte Punkt, an dem die Menschen beim Scannen hängenbleiben. Kein Wunder, denn durch seine besondere Position am Ende des Textes fällt es aus der Reihe und wie ein leckerer Snack direkt ins Auge. Eine willkommene Gelegenheit also für uns, es zum Beispiel bei E-Mails oder Briefen fest in unsere Argumentation einzubringen.

Das PS geht zurück auf das lateinische Verb *postscribere*, das so viel bedeutet wie *nachschreiben, dahinter schreiben*. Es stammt noch aus Zeiten, in denen wir unsere Worte von Hand oder per Schreibmaschine zu Papier brachten. Dabei gab es keine Taste zum Löschen. Wer einen wichtigen Punkt vergaß, konnte ihn in Form eines Postskriptums ans Ende setzen, statt den gesamten Text neu schreiben zu müssen. Für mehrere Punkte nutzen wir zusätzliche Ps – PS, PPS, PPPS et cetera.

Obwohl wir das PS genau genommen heute nicht mehr bräuchten, ist es im Alltag immer noch sehr beliebt. Du kannst damit zum Beispiel am Ende eines Textes nebensächliche Infos einfließen lassen (*PS: Ich bin nächste Woche im Urlaub und erst ab dem 23. August wieder im Büro.)*.

Im Copywriting wollen wir natürlich nicht mit Nebensächlichkeiten langweilen, sondern den Raum geschickt nutzen, um unsere Argumentation abzurunden. Wie wäre es zum Beispiel mit ein paar Benefits, die wir bisher nicht erwähnt haben? Oder hier noch ein paar Alternativen:

Sorge für **Dringlichkeit**. Durch die Position nach dem Call to Action ist das PS wie geschaffen, um zum Beispiel auf einen Bonus oder eine Verknappung hinzuweisen.

› *PS: Den ersten 50 Bestellungen legen wir ein Rezeptbuch gratis hinzu.*
› *PS: Bei unserer letzten Aktion waren alle Artikel innerhalb von zwei Stunden vergriffen. Markiere Dir den Verkaufsstart morgen um 10 Uhr also dick im Kalender.*

Lass andere Menschen mit **Erfahrungsberichten** zu Wort kommen.

- *PS: Vor zwei Tagen schrieb mir Berthold Beispielmann: »Ich wünschte, ich hätte dieses Buch schon zehn Jahre früher gekauft! Stattdessen habe ich mich von einem Gratistipp zum nächsten gehangelt, jeden Anfängerfehler gemacht und dabei viel Deppensteuer zahlen müssen.«*

Schließe einen Loop beziehungsweise **beende einen Gedanken**, der noch offen ist.

- *PS: Hier kommt die Auflösung zu meiner Challenge aus dem zweiten Absatz: Im Text hatten sich insgesamt 15 Rechtschreibfehler versteckt. Hast Du alle gefunden?*
- *PS: Na, hast Du gerade das Gefühl, da fehlt noch was? Dann liest Du extrem aufmerksam, denn ich hatte Dir im Titel fünf Tipps versprochen, doch bisher nur vier geliefert. Hier kommt der letzte, der für mich den größten Unterschied gemacht hat …*

Übertreibe es nicht mit den Snacks

Das Postskriptum ist ein leckerer Appetithappen in unserem Gesamtgericht. Damit das so bleibt, sollten wir es nicht übertreiben. Manchmal lese ich Texte mit einem PS, einem PPS und einem weiteren PPPS. Ich habe sogar schon Newsletter erhalten, in denen die Postskripta länger waren als der Hauptteil der E-Mail. Zugegeben, machst Du das einmal, kann das ulkig sein. Und auch ein zweites PPS hier und da ist vollkommen okay. Übertreibst Du es jedoch dauerhaft, kannst Du damit den wertvollen Effekt zerstören. Denn die Formulierung hinter den beiden Buchstaben ist im Idealfall kurz, knapp, wertvoll und leicht verdaulich. Den Snack nehmen wir gerne mit. Zu viele davon sorgen für Komplexität, blähen auf und können den Appetit verderben. Gehe also sorgsam mit diesem wertvollen Tool um.

SCHRITT B:
SOG ERZEUGEN

Nachdem wir den rutschigen Abhang strukturell und formal vorbereitet haben, polieren wir die Bahn im zweiten Schritt auch auf inhaltlicher Ebene für ein entspanntes Textvergnügen. Unser Ziel ist eine Kettenreaktion aus Faszination und Neugier zu schaffen, die die Menschen von einem Satz zum nächsten trägt. Mit den drei folgenden Strategien gelingt Dir ein unwiderstehlicher Sog:

1. Trenne, was zusammengehört

Wenn Du im Deutschunterricht gut aufgepasst hast, könnte Dich dieser Tipp empören!

Hast Du damals auch gelernt, zusammengehörende Gedanken in Absätze zu gliedern, damit alles fein sortiert und strukturiert ist?

Vergiss das!

Mit dieser Regel brechen wir im Copywriting ganz bewusst. Und das kann wehtun …

Denn wir teilen Absätze genau an dem Knotenpunkt, der die wichtigsten Infos verbindet – mit einer besonderen Magie!

Durch diesen Bruch entsteht automatisch ein Cliffhanger am Ende der Zeile. Unser Gehirn will wissen, wie es weitergeht, und springt genussvoll von einem Absatz zum nächsten.

Genauso mache ich es gerade in den letzten Zeilen. Doch mein Rat:

Nutze diese Art des Schreibens zum Beispiel in Newslettern oder Social-Media-Beiträgen, wenn Du ausreichend Raum zur Verfügung hast. In einer Mail können die

Menschen zum Beispiel entspannt weiter scrollen und merken dabei gar nicht, wie sie den Text verschlingen. Der wirkt nämlich nicht wie ein großer Brocken, sondern eher wie eine feine Kette kleiner Appetizer, die sich ganz entspannt snacken lassen.

Wie Du merkst, habe ich an dieser Stelle auch schon damit aufgehört. Ansonsten würde mir der Verlag auf die Finger klopfen, weil dieses Buch in Windeseile 500 Seiten lang wäre und zur Hälfte aus Weißraum bestünde. Edel, wenn Du mich fragst, doch nicht gerade umweltfreundlich. Zum Glück wirkt diese Strategie auch in geringerer Dosierung. Schaffe einfach hier und da einen Moment der Spannung, indem Du Absätze aufbrichst, deren Teile eigentlich zusammengehören. Die Hirne Deiner Zielgruppe verbinden sie gerne, denn sie ernten dabei kleine Dopaminschübe.

2. Baue Cliffhanger mit Verkupplern

Während wir bei der ersten Strategie den Text so aufbrechen, dass die Cliffhanger organisch entstehen, bauen wir jetzt bewusst Formulierungen ein, die eine verkuppelnde Wirkung haben. So zum Beispiel:

› *Und / aber / doch dann …*
› *Lass uns genauer hinschauen …*
› *Und das war noch nicht alles …*
› *Erst eine Woche später stellte sich heraus …*
› *Was dann passierte, glaubst Du mir nie …*

Spürst Du, wie diese Andeutungen Fragen in uns aufwerfen, die nach einer dringenden Antwort verlangen?

3. Lies die Gedanken der Menschen

Eine besondere Magie entfalten unsere Texte dann, wenn sie sich anfühlen wie ein Dialog. Wenn wir das Gefühl haben, wir führen eine lebendige Unterhaltung mit jemandem auf der anderen Seite, persönlich, nahbar und mit viel Emotion. Doch blicken wir der Realität ins Auge: Wenn wir nicht gerade mit den Menschen chatten, sind unsere Texte faktisch eine Einbahnstraße.

Obwohl wir im Moment des Schreibens keine unmittelbare Reaktion der Menschen bekommen, können wir mit unserer Sprache einen Dialog simulieren, indem wir die Reaktion der Menschen antizipieren. Kurzum: Wir lesen ihre Gedanken. Dazu nehme ich immer wieder kurz Abstand von meinem Text und frage mich, was den Menschen wohl gerade beim Lesen durch den Kopf geht. Wie fühlen sie sich bei meinen Botschaften? Woran erinnern meine Worte sie? Was fehlt ihnen vielleicht noch, oder was erwarten sie als nächstes? Diese Elemente arbeite ich heraus und webe sie in meine Texte ein. Das funktioniert übrigens besonders gut mit Fragen. Sie spielen den Ball herüber und binden die Person auf der anderen Seite aktiv mit ein. So kann ich den Text zum Beispiel mit folgenden Elementen ergänzen:

- *Hättest Du das geahnt?*
- *Vielleicht geht es Dir wie 90 Prozent meiner Kunden, die sich an dieser Stelle fragen …*
- *Das wirkt erst einmal wie eine gute Idee, oder?*
- *Bestimmt kannst Du Dir denken, was jetzt kommt …*
- *Klingt ganz schön dick aufgetragen, oder? Das dachte ich anfangs auch, bis …*

Grundsätzlich gilt hier: Je besser wir unsere Zielgruppe kennen, desto meisterhafter können wir den Dialog gestalten. Kommt zum Beispiel so sicher wie der Sonnenaufgang an einer Stelle immer der gleiche Einwand, kannst Du den Punkt direkt ansprechen und aus dem Einwand sofort die Luft rauslassen. Dabei entsteht auch ein besonderes Gefühl der Verbundenheit, denn Du sprichst den Menschen aus der Seele.

4. Kündige an und deute voraus

Diese Strategie kennst Du bereits vom verführerischen Teaser: Da wir beim Schreiben schon wissen, was später im Text wartet, können wir besondere Highlights anteasern und so eine Vorfreude entfachen, die den Sog verstärkt. Wenn es sich anbietet, kannst Du auch Gamification-Elemente einbringen und Deinem Text eine spielerische Komponente verleihen:

- *Im letzten Drittel des Textes wartet eine Überraschung auf Dich.*
- *In diesem Artikel über Kommasetzung habe ich fünf Kommafehler versteckt. Findest Du sie alle?*
- *Von den drei Testimonials, die ich Dir gleich vorstelle, hat mich das zweite beim ersten Lesen zu Tränen gerührt.*

Vorausdeuten kannst Du dann am einfachsten, wenn Du weißt, was als nächstes folgt. Daher frage ich mich gerne, wenn das grobe Textgerüst steht, was ich ankündigen kann und was Potenzial für eine spielerische Komponente hat.

FEILEN UND SCHLEIFEN

Schreiben ist leicht. Man muss nur die falschen Wörter weglassen.
– Mark Twain

Das oben genannte Zitat ist die perfekte Einleitung für unseren Endspurt. Welche sind denn die falschen Worte? Dieser Frage gehen wir nach, um jedes Hindernis und auch den kleinsten Knubbel auf unserer Rutsche zu entfernen. Wir wollen vermeiden, dass die Menschen irgendwo anecken oder bestimmte Formulierungen ihnen den Spaß und damit den Appetit verderben.

Für diesen letzten Arbeitsschritt nehme ich erst einmal Abstand von meinem Text, um ihn danach mit frischem Blick betrachten zu können. Hier gilt:

Der letzte Schliff formt den ersten Eindruck.

Dieser Moment, wenn Du eine Mail verschickst und in der gleichen Sekunde merkst, dass Du den Namen der Person falsch geschrieben hast ... Solche Patzer führen uns immer wieder vor Augen, wie wichtig der letzte Schliff ist. Ich darf mich täglich selbst bei meiner Arbeit bremsen und an diesen Schritt erinnern. Nachdem ich stunden- und tagelang an einem Text gearbeitet habe, brenne ich manchmal so sehr darauf, ihn endlich mit der Welt zu teilen, dass ich den letzten Schliff gerne unter den Tisch fallen lasse ... und das schon wenige Sekunden später bereue.

Beim Feilen und Schleifen geht es neben einem abschließenden Rechtschreibcheck vor allem um ein paar stilistische Fragen. Haben wir unsere Gewürzkiste gekonnt eingesetzt, sind die folgenden Punkte nur noch ein sehr leckeres Sahnehäubchen. Nachdem wir eben schon auf Absatzebene für Sog gesorgt haben, tauchen wir nun auch noch auf Satz-, Wort- und Zeichenebene ab.

1. Wirf jedes überflüssige Wort raus

So lang wie nötig, so kurz wie möglich – nach diesem Motto trennen wir uns von jedem Wort, das nicht auf das primäre Ziel unseres Textes einzahlt. So hältst Du Deine Sätze kurz, straff und knusprig. Jede ausufernde Formulierung birgt die Gefahr, Hirne anzuöden und zu überfordern. Variiere also im Rhythmus und teile Sätze mit mehr als 15 Wörtern in zwei Teile.

2. Schluss mit Passiv, nur Aktiv aktiviert

Es wirkt unsicher, unpräzise und unpersönlich – das Passiv schadet Deinen Texten auf so viele Weisen. Es schafft Distanz, raubt Aktivierungspotenzial und schaltet ganz nebenbei das Kopfkino aus. »Die Firma wird jetzt gegründet.« Was passiert vor Deinem inneren Auge, wenn Du diesen Satz liest? Gähnen und Grillenzirpen. Kein Tempo, keine Handlung, keine Emotion. Wer tut denn hier was? Fällt das Unternehmen vom Himmel? Warum verheimlicht uns der Satz, wer da was macht? Will sich hier jemand vor der Verantwortung drücken? Hier stimmt doch was nicht!

Lass uns stattdessen schreiben: »Susanne gründet heute ihre erste eigene Firma.« Klar, mit diesem Beispiel gewinne ich noch keine Literaturpreise, doch in meiner Botschaft steckt jetzt ein Mensch, und damit kommt automatisch eine Prise Emotion rein. Das schafft Raum für Identifikation, und das öde Standbild von vorhin verwandelt sich in einen lebendigen Kinostreifen.

Ähnlich gefährlich sind übrigens alle Umschreibungen mit »man«. Im *Persönlichkeits-Code* gehe ich tiefer auf die Schattenseiten dieser reaktiven Sprache ein. »Man sollte mal überlegen, ob es nicht eine gute Idee sein könnte …« Was passiert, wenn Du in einem Meeting solche Sätze hörst? Genau: gar nichts! Keiner macht einen Finger krumm, weil sich niemand angesprochen fühlt. Und doch begegne ich den faden »Man-Konstruktionen« jeden Tag. Wie soll die Sprache Menschen begeistern und bewegen, wenn ihr der Mut fehlt, selbstbewusst auf den Punkt zu kommen? Und wie sicher fühlen sich die Menschen, wenn der Reiseguide sich nicht traut, eine klare Richtung anzugeben?

Wer textet, führt. Aktive Sprache gehört selbstverständlich zu dieser Rolle dazu.

3. Verbanne fade Floskeln

Das verkauft sich wie geschnitten Brot. Das ist in aller Munde. Das geht weg wie warme Semmeln. Bist Du noch wach? Diese Floskeln solltest Du besser nicht beim Autofahren hören, denn sie schläfern Hirne ein und treiben den LarifariFaktor Deiner Texte nach oben.

Floskeln sind verbrauchte Wörter, wie Fotos, die zu lange in der Sonne gelegen haben. Blass, spröde, staubig. Vielleicht waren sie früher mal frisch und knackig, doch heute sind sie so lecker wie ein Löffel Asche. Du weißt ja: Unser Gehirn mag das Neue, das Aufregende, das Originelle, das Verrückte und Außergewöhnliche. Also geben wir ihm genau das, indem wir faden Floskeln neue Würze verleihen. Häufig reicht es schon, nur ein Wort zu verändern, um vom Blabla zum Aha zu gelangen.

Dabei kannst Du mit Kreativität und Persönlichkeit punkten. Bei mir heißt es zum Beispiel: *Das geht weg wie belgische Fritten, Eine Arschbombe ins Fettnäpfchen machen* oder *Den Tag nicht vor dem Feierabendbier loben.* So nutzt Du öde Floskeln als Sprungbrett für kreative Ergüsse. Du bleibst besser in Erinnerung und textest Deiner Zielgruppe ein Lächeln ins Hirn.

4. Schließe Frieden mit Füllwörtern

Einer meiner früheren Lehrer war der Meinung, Füllwörter hätten im geschriebenen Text nichts zu suchen, und empfahl mir, sie unerbittlich herauszustreichen. Dazu gehören zum Beispiel Wörtchen wie ja, halt, mal, eigentlich, wohl, eh, wirklich oder echt. In unserer mündlichen Sprache kommen sie ganz natürlich vor. Sie sorgen für eine lockere und menschliche Note, die auch Deinem Text guttun kann. Doch gleichzeitig können Füllwörter Unsicherheit wecken und von mangelndem Selbstvertrauen zeugen. Sie wirken zögerlich und alles andere als souverän und sind damit Gift für Texte, die überzeugen sollen.

Halten wir fest: Ein Wort ist an sich weder gut noch schlecht, sein Einsatz macht den Unterschied. Da ich im ersten Entwurf gerne spontan schreibe, wie ich spreche, lasse ich auch Füllwörter ungefiltert einfließen. In einem zweiten Schritt mache ich dann meinen Füllworttest: Ich entferne das betroffene Wort und prüfe, ob in meiner Aussage ohne Füllwort etwas verlorengeht. Bereichert es meine Sprache durch wertvolle Facetten, setze ich es wieder ein. Geht hingegen nichts verloren, bleibt es draußen.

- Das ist ein *wirklich* erstklassiger Text. (Kann raus, wirkt stärker ohne)
- Dieses Powerwort hat mich *echt* fasziniert. (Kann raus, verliert nichts)
- Du weißt *ja*: Kaufmotive färben unsere Werbesprache. (Bleibt, wirkt sonst zu hart)
- Floskeln vermisst *doch nun wirklich eh* keiner. (Bleiben alle, verliert sonst Emotion)

5. Passen Emojis zu Ton und Stil?

Sie sind bunt, lebendig und treffen die Themen voll auf den Punkt. An vielen Stellen wäre unsere Kommunikation kalt und fade ohne die quirligen Minigesichter. Emojis können unseren Botschaften besonderen Charakter verleihen und sind für viele nicht mehr wegzudenken. Eine Teilnehmerin meiner Programme bezeichnete ihre Lieblingsemojis sogar als Teile ihres Alphabets. Ich verbinde mit ihnen fünf zentrale Vorteile:

- **Sympathie:** Emojis verleihen Texten eine menschliche Note.
- **Aufmerksamkeit:** Sie fallen ins Auge und wirken intuitiv.
- **Emotionalität:** Sie vermitteln Gefühle und schaffen Stimmungen.
- **Illustration:** Emojis bereichern das visuelle Gesamtbild mit Farbe und Struktur.
- **Ausdruckskraft:** Sie bringen manches kompakter auf den Punkt als Worte.

Diese Aufzählung klingt, als dürften Emojis ab sofort in keinem Text mehr fehlen. Das will ich allerdings etwas differenzierter betrachten, denn Emojis sind immer auch eine Frage von Stil und Tonalität. Sie müssen sowohl zur Marke als auch zu Zielgruppe, Thema und Botschaft passen. Grundsätzlich empfehle ich, in den folgenden zwei Fällen lieber Abstand von Emojis zu nehmen.

Stell Dir vor, wir würden die Kommunikation rund um medizinische oder juristische Themen mit Emojis schmücken. In manchen Fällen könnte das ein willkommener Musterunterbrecher sein, um sich vom gewohnten Ton der Branche abzuheben.

Allerdings verlangt das nach einer starken Haltung und viel Fingerspitzengefühl, denn wir tanzen hier auf dem schmalen Grat zwischen Sympathie und Seriosität. Nicht jeder erlebt die Themen auf Anhieb so wie wir. In manchen Fällen kann kühle Sachlichkeit genau das sein, was sich die Zielgruppe wünscht.

Der zweite Fall verlangt nach unserem sprachlichen Feingefühl. In meinem Alltag begegne ich immer wieder ausdrucksstarken Texten, die in der Kombination mit Emojis viel von ihrer Kraft verlieren. Da hat sich jemand eine Botschaft in leckeren Worten auf den Punkt gebracht und sie dann mit Emojis ergänzt. Doch in ihren quirlig-bunten Outfits ziehen die Minigesichter die gesamte Aufmerksamkeit auf sich. Sie stehlen den Worten die Show und zwingen ihnen eine Bewertung auf. Nehmen wir als Beispiel mein Statement: *Trau Dich, Scheiße zu schreiben.* Schon ein Punkt oder ein Ausrufezeichen am Ende macht einen Unterschied. Stell Dir nun vor, wir setzen jeweils unterschiedliche Emojis ans Ende der Zeile: ein zwinkerndes Gesicht, ein lächelndes Gesicht mit offenem Mund und kaltem Schweiß, ein Nerdgesicht, ein Emoji mit Sonnenbrille oder eins mit Heiligenschein. Jedes dieser kleinen Icons taucht mein Statement in eine eigene Farbe und steuert damit die Interpretation. Hier zählen die Fragen: Was will ich eigentlich sagen? Was soll rüberkommen? Wie soll sich meine Botschaft anfühlen? In erstaunlich vielen Fällen wirken die Worte viel kraftvoller und souveräner, wenn sie ohne Emojis für sich alleine stehen.

Ich gehe beim Einsatz von Emojis ähnlich vor wie bei den Füllwörtern: Ich probiere das ein oder andere Emoji aus und achte dabei genau darauf, wie sich Ton und Farbe meiner Botschaft verändern. Bereichert ein Emoji die Wirkung meiner Worte und passt es grundsätzlich zur Marke sowie zur Zielgruppe, darf es bleiben. Büßen die Worte jedoch ihre Wirkung ein, bekommt die Botschaft einen ungewünschten Beigeschmack oder tragen die Emojis schlicht nichts bei, verzichte ich auf ihren Einsatz.

6. Schaffe Dynamik mit Satzzeichen

Kleine Zeichen mit großer Wirkung – unsere Satzzeichen sind unverzichtbare Helden, wenn es darum geht, unsere Textrutsche weiter zu polieren. Beim Fokus auf Absätze, Sätze und Worte bekommen sie häufig nur wenig Beachtung. Doch in ihnen schlummert ein gewaltiges Potenzial für Dynamik, Rhythmus und Lesefluss. Mit geschickter Zeichensetzung kannst Du beim letzten Schiff häufig noch das ein oder andere Prozent Wirkung freisetzen. Lass uns die acht Kandidaten genauer unter die Lupe nehmen:

- Der **Punkt** wirkt wie ein Stoppschild. Er unterbricht den Lesefluss und sorgt für einen Moment des Innehaltens, wodurch wichtige Botschaften an Kraft gewinnen.
  Beim Abnehmen kommt es auf die Basics an. Vergiss all den Hokuspokus und verrückte Diäten. Iss bewusster. Beweg Dich mehr. Das ist das ganze Geheimnis.

- Das **Komma** sorgt für Tempo, Rhythmus und flüssige Übergänge.
  Copywriting ist eine unbezahlbare Fähigkeit, wenn Du Marketing betreibst, weil Du dabei nicht nur lernst, messerscharf zu denken, sondern auch, wie Du Deine Gedanken sortierst, in Worte kleidest und ihnen eine einzigartige Würze verleihst.

- Das **Semikolon** steht dann, wenn ein Komma zu weich und ein Punkt zu hart wirkt. In Werbetexten kommt es selten vor.
  Der letzte Schliff formt den ersten Eindruck. Doch viele vernachlässigen den letzten Überarbeitungsschritt; ja bei manchen fällt er ganz unter den Tisch.

- Das **Ausrufezeichen** verleiht Deiner Aussage Nachdruck, hebt sie hervor und rüttelt die Menschen ein bisschen durch. Bitte nutze es dosiert. Übertreibst Du es, kann es sich für die Menschen anfühlen, als würde sie der Text anschreien.
  Texten ist schwierig? Eine hohe Kunst, die viel Talent verlangt? Das ist Schwachsinn! Bullshit! Gedankenmüll! Wer denken kann, der kann auch schreiben! Alles Übrige ist Training.

- Das **Fragezeichen** spielt den Ball an Deine Zielgruppe und lässt sie mitdenken. Und grundsätzlich ist die Frage ein starkes Stilmittel, um den Text aufzulockern, Spannung zu erzeugen und das Denken zu lenken.
  Vor meiner ersten Hypnosesitzung war ich aufgeregt: Wie fühlt sich das an? Wirkt es auch bei mir? Bekomme ich in Trance überhaupt noch etwas mit? Zwei Stunden später kam ich aus dem Grinsen nicht mehr raus.

- Der **Gedankenstrich** (mein Lieblingszeichen) sorgt für eine gedankliche Pause. Du kannst damit Gedanken einschieben, auf eine Bühne heben oder kommentieren.

Denken, schreiben, würzen – diese drei Schritte führen zu leckeren Texten. Und manchmal füge ich – verrate das bitte keinem – noch meine Geheimzutat hinzu: Verrücktheit.

› Die **Auslassungspunkte** wirken so, als würden wir kurz den Atem anhalten. Sie schaffen eine kleine Pause und sorgen für Neugier, weil wir wissen wollen, was sie auslassen und wie der Text weitergeht. Außerdem vermitteln sie eine Unmittelbarkeit, als wären wir live beim Denken dabei.
Lange dachte ich, Copywriting sei eine Blackbox … Ich wusste nie, wo ich anfangen sollte … Doch dann bekam ich dieses eine Buch in die Hände, und alles veränderte sich …

› Der **Doppelpunkt** ist für uns einer der wichtigsten Komplizen überhaupt. Mit ihm kannst Du präsentieren, ankündigen oder enthüllen – und all das sehr effektvoll! Ich nenne ihn auch gerne Tadaaa-Zeichen, denn er signalisiert: Achtung, jetzt kommt eine knackige Essenz.
Großartige Textgenies haben eine geheime Zutat: ihren Wortschatz. Ist doch logisch: Je mehr Wörter Du kennst, desto nuancierter kannst Du Dich ausdrücken. Daher gilt: Wann immer Dir ein würziges Wort begegnet, sammle es!

7. Lies Deinen Text laut vor

Nachdem Deine Augen ganze Arbeit geleistet haben, nutzt Du nun Dein Ohr als letzte Kontrollinstanz. Viele Menschen hören beim Lesen eine kleine Vorlesestimme im Kopf. Daher kann es hilfreich sein, den Text im letzten Schritt einmal laut vorzulesen. Fließen die Worte entspannt dahin oder bleibst Du irgendwo hängen? Bringt ein zu langer Satz Dich außer Puste? Entfalten Deine Worte einen feinen Singsang? Beim lauten Lesen spürst Du jeden letzten Stolperstein auf, räumst ihn zur Seite und sorgst damit für eine geschmeidige Rutschpartie.

GENDERN IN DER WERBESPRACHE

Sternchen, Doppelpunkte, Lücken oder doch lieber Doppelnennung? Gendergerechte Sprache ist ein kontroverses Thema. Während sich manche in ihrem Ausdruck bevormundet sehen, fühlen sich andere endlich anerkannt. So viel steht fest: Gendern ist kein Schwarz-weiß-Thema, sondern eine Frage der Haltung und vor allem auch der Zielsetzung. Wie Du mit diesem Thema umgehst, liegt in Deiner Hand. Insbesondere für den Kontext der Werbesprache teile ich an dieser Stelle meine Gedanken und Strategien mit Dir, weil sie Dir eine hilfreiche Inspiration sein können. Bevor wir zu meinen konkreten Impulsen kommen, lass uns in ein kleines Experiment eintauchen.

Die Ärzte besuchen den Patienten am Krankenbett. Der Käsehändler verteilt Häppchen an die wartenden Kunden. Drei Schornsteinfeger stehen hintereinander auf einer Leiter.

Welche Bilder malen Dir diese Sätze in den Kopf? In meinen Seminaren bekomme ich auf diese Frage sehr spannende Antworten. Während einige wenige bei den ersten beiden Sätzen auch weibliche Ärzte und Kundinnen sehen, malen sich beim dritten Beispiel nahezu alle drei Männer auf der Leiter aus. Sprache gestaltet Wirklichkeit und sorgt für Kino in unseren Köpfen – das ist die Essenz dieses Buches. Wir denken in Bildern, und mit unseren Texten wollen wir diese Bilder so gut es geht kontrollieren. Zur optimalen Wirkung gehört also auch, dass sich die Zielgruppe in unseren Bildern wiederfindet. Haben unsere Worte hingegen eine ausgrenzende Wirkung, wird es schwierig, eine tiefe Beziehung zu den Menschen aufzubauen. Wie wir unsere Worte wählen, hat enormen Einfluss darauf, welche Botschaft ankommt. Überlassen wir die Wahl unserer Worte und Bilder also nicht dem Zufall.

Soweit die theoretischen Gedanken … Doch wie sieht das in der Praxis aus? Ich bin dabei regelmäßig hin- und hergerissen zwischen zwei wichtigen Interessen: Auf der einen Seite will ich für möglichst präzises Kopfkino sorgen und in meinem Umgang mit dem Thema Gendern auch Haltung und Werte des Unternehmens ausdrücken, das mich beauftragt. Auf der anderen Seite ist die reibungslose Rutschpartie in meinen Werbetexten das oberste Ziel. Hier gilt:

Die Form sollte nicht vom Inhalt ablenken.

Ich habe mich schon öfter dabei ertappt, dass ich einen Text anfangs mit viel Neugier begonnen habe, doch zwischendurch immer wieder den Faden verloren habe, weil Lücken, Sternchen und Doppelpunkte meine Aufmerksamkeit auf sich gezogen haben. Ich dachte ständig: »Wow, hier hat sich jemand ganz schön viele Gedanken ums Gendern gemacht.« Aufgrund der zahlreichen Ablenkungen konnte ich am Ende nur noch mit Mühe sagen, worum es überhaupt ging. Die auffällige Form kann für Stolpersteine auf der Rutsche sorgen, daher will ich auch mein Textbild so klar und einfach wie möglich halten. Nichts soll vom Inhalt ablenken.

Um beide Interessen miteinander zu verheiraten, mixe ich in meiner Praxis vier Strategien miteinander. Dabei will ich alles vermeiden, was formal zu sehr aus dem Rahmen fällt oder unnatürlich und altbacken klingt. Neben den Genderzeichen mache ich zum Beispiel einen Bogen um Pluralformen (Mitarbeitende, Studierende et cetera), Doppelnennungen (Mitarbeiterinnen und Mitarbeiter, Kundinnen und Kunden) oder stilistische weniger geeignete Sammelbegriffe (Leserschaft, Kundschaft). Stattdessen setze ich auf die folgenden vier Strategien. Nicht immer lässt sich jede Situation auch mit jeder Strategie lösen. Doch im Zusammenspiel der Möglichkeiten und mit etwas Kreativität gelange ich immer wieder zu schönen Lösungen. Bis auf den dritten Tipp schließen übrigens auch alle Strategien die Menschen ein, die sich keinem der beiden Geschlechter zugehörig fühlen.

1. Lege den Fokus auf die Tätigkeit statt auf die Person

Die meisten sprachlichen Herausforderungen entstehen, weil wir in Kategorien denken und den Fokus auf die Personenbezeichnung legen. Verschieben wir diesen jedoch auf die Tätigkeit, gelingen uns spannende Alternativen, die zudem ein starkes Verb beinhalten, das die Aktivierungskraft der Texte erhöht.

- Texter: *wer im Alltag schreibt, weiß …; alle, die gerne texten …*
- Marketingmitarbeiter: *an alle, die Marketing lieben …; wer im Marketing arbeitet …*
- Teilnehmer: *wer heute mit dabei ist …; alle, die am Seminar teilnehmen …*
- Verkäufer: *wer verkauft, kennt das …; alle, die sich für die Welt des Verkaufs interessieren …*

2. Sprich die Menschen direkt an, wo es nur geht

Indem Du die Menschen direkt ansprichst, so wie ich Dich gerade, kannst Du zu großen Teilen auf Kategorien verzichten. Außerdem vermeidest Du dabei gestelzte und distanzierte Sprache. Du gibst mir stattdessen das Gefühl, dass es gerade nur Dich und mich gibt. Dazu reicht ein Beispiel:

Statt: *Antragstellerinnen und Antragsteller, die Interesse an einer Wandladestation haben, können sich auf unserer Website ein entsprechendes Antragsformular herunterladen.*

Besser: *Haben Sie Interesse an einer Wandladestation? Dann laden Sie sich jetzt das Antragsformular auf unserer Website herunter.*

3. Verteile männliche und weibliche Formen im Text

Dieser Ansatz ist etwas unkonventionell, doch ich setze ihn regelmäßig bei Projekten ein, wenn ich keinen anderen Weg finde. Statt in jedem Fall beide Varianten der Personenbezeichnung zu präsentieren, mische ich männliche und weibliche Formen kunterbunt miteinander. Das kann zum Beispiel so aussehen:

1. *Dieser Kurs ist genau richtig für Texterinnen, Copywriter, Redakteurinnen, Journalisten und alle, die gerne Spaß mit Buchstaben haben.*
2. *Unser Angebot richtet sich an Kuratoren, Galeristinnen, Künstler und alle, die Fotografie lieben.*
3. *Ob Verkäufer oder Werbetexterin, ob Mediaberaterin oder Grafikdesigner – bei diesem Event finden alle Impulse, die ihre Praxis bereichern.*

Zugegeben, eine sehr explizite Nennung wie im zweiten Beispiel kann dazu führen, dass sich die Menschen fragen, ob sie denn damit auch gemeint sind. Um diesen Eindruck zu umgehen, kannst Du nochmal zusammenfassend enden oder wie im dritten Beispiel eine Klammer bilden, die ein breiteres Spektrum von Personengruppen einschließt.

Ich mag diese Strategie, weil sie auf unkomplizierte Weise für gemischtes Kopfkino sorgt.

4. Verwende genderneutrale Worte

Setze Worte ein, die von sich aus genderneutral sind und Dich damit gar nicht erst zum Spagat zwingen. Diese Strategie ist mein Favorit, weil sie die Kreativität ganz schön ankurbelt und so zu originellen Wortkombinationen führt, die Du auf Dauer sogar zu Deinem Markenzeichen machen kannst.

1. Texter: *Textgenie, Textprofi, Texttalent*
2. Berühmte Copywriter: *Copywritinglegenden*
3. Kunden: *Zielgruppe, Personen, Menschen (in Kombination mit einem Verb)*
4. Leser: *Leseratten*

Mein Tipp: Lege für die Praxis eine kleine Liste an flexiblen Wortbestandteilen an, die von sich aus genderneutral sind wie *Profi*, *Star*, (Menschen-)*Magnet*, *Guru*, *Genie*, *Liebling*. Spannende Denkrichtungen können auch Körperteile sein (*Superhirn, rechte Hand*) oder Ausflüge in die Tierwelt (*Sparfuchs, Rennpferde, alte Hasen*).

MEINE ZEHN BESTEN TIPPS FÜR MEHR SCHREIBFLOW

Der furchteinflößendste Moment ist immer der, bevor Du anfängst.
– Stephen King

Mein Hirn ist verstopft, der Bildschirm bleibt weiß, und der Cursor blinkt mich höhnisch an. Mit jedem erbarmungslosen Ticken der Uhr rückt die Deadline näher, und Frust steigert sich über Angst bis hin zur blanken Panik. Puh! Lass uns dieses Kopfkino ausknipsen und als Schwarz-Weiß-Film für die Nachwelt konservieren, denn auf den nächsten Seiten gibst Du Schreibblockaden den Abschiedskuss und der Muse einen dicken Zungenkuss! Die ist ab heute gerne zu Gast bei Dir, wenn Du auch nur einige der folgenden Tipps in Deinen Alltag integrierst.

Ein wichtiger Bonustipp vorab: Wann immer Du spürst, dass die Worte nicht fließen wollen, frage Dich, ob Deine Gedanken schon klar sind. Erst denken, dann schreiben. Liegen alle Zutaten bereit, doch der Knoten bleibt, dann wird's Zeit für Tipp eins.

1. Hirn aus, Hand an – schreib einfach drauflos

GedankenSafari, so nenne ich das, wenn ich ein Thema schreibend erkunde. Ich schnappe mir meine Tastatur, haue in die Tasten und folge den Worten, wohin auch immer sie mich führen. Dabei nehme ich den erstbesten Gedanken und schreibe ihn hin. Dann den zweiten und den dritten und ehe ich mich versehe, steht da schon ein kleiner Text. Die Buchstaben fließen, eine Idee führt mich zur nächsten, und meist endet der wilde Ausflug mit einem Schatz an Gedanken, die ich erstmal sortieren muss. Ups … zu viel geschrieben!

Eine ähnliche Wirkung hat die Strategie der Morgenseiten, die die Managementtrainerin Vera Birkenbihl auch treffend als »Kläranlage des Geistes«[25] bezeichnete. Du schnappst Dir morgens direkt (!) nach dem Aufstehen einen Stift und zwei A4-Seiten und schreibst sie mit allem voll, was Dir durch den Kopf geht, ohne darüber nachzudenken. Das befreit und es kann sehr faszinierend sein, die eigenen Gedanken später mit Abstand auf dem Papier zu sehen.

2. Setze Dir klare Grenzen

»Wie? Ich will doch endlich mehr schreiben! Warum sollte ich mir die Grenze setzen?« Ja, dieser Tipp wirkt kontraintuitiv. Doch seine Magie liegt darin, dass er den Druck rausnimmt. Größere Projekte können ganz schön furchteinflößend wirken. Brechen wir sie jedoch mit der Magie der kleinen Schritte runter, sind sie plötzlich leichter verdaulich. Du nimmst Dir einfach vor, jeden Tag 1000 Wörter zu schreiben. Jedes gute Textprogramm zeigt Dir das an. Beim Autorenprogramm Scrivener, mit dem ich gerade diese Zeilen schreibe, zeigt Dir sogar ein Fortschrittsbalken an, wie viel von Deinem Tagespensum Du schon geschafft hast. Ich liebe es! Spielerisch geht's so viel leichter.

3. Mach Termine zur Routine

Blocke regelmäßig Termine fürs Schreiben im Kalender. Seit dem Beginn meiner Selbstständigkeit widme ich täglich die ersten beiden Stunden des Tages von 6 Uhr bis 8 Uhr meinem wichtigsten Projekt. Keine Mails und auch das Smartphone schläft noch in der Schreibtischschublade. Ob Thomas Mann, Leo Tolstoi oder William Faulkner – mit dieser Strategie bist Du in bester Gesellschaft großer Textgenies, die sich einschlossen und abkapselten, um stundenlang am Stück zu schreiben. Eine feste Routine entlastet Deinen Geist und befreit die mentale Bandbreite für neue Ideen.

4. Gestalte das Außen und damit Dein Innen

Deckenhöhe, Wandfarbe, Lichtstimmung, Geräuschkulisse und Raumduft – Deine Umgebung beeinflusst Dein Fühlen, Denken und Schreiben. Überlasse daher nichts dem Zufall und arrangiere Dein Umfeld so, dass es Dich optimal in den Schreibflow bringt.

An welchen Orten kommst Du auf gute Ideen? Welche fördern Deine Konzentration? Schreib regelmäßig an neuen Orten und entdecke, was sie mit Dir machen. Gestalte Deinen Schreibort so, dass Du Dich wohlfühlst. Das ist kein Luxus, denn immerhin verbringst Du dort einen Großteil Deiner Lebenszeit. Dieser Ort bestimmt Deine Produktivität, Deine Motivation und auch Deine Inspiration.

Zum Außen gehört auch Deine Kleidung. Ich texte mit Anzug und Krawatte zum Beispiel anders, als wenn ich wie gerade nur in Boxershorts am Schreibtisch sitze. Gestalte Deine Umgebung mit allen fünf Sinnen. Ich sorge zum Beispiel beim Schreiben für eine besondere Lichtstimmung, mache mir meinen Lieblingstee, lege positiven Pianojazz oder atmosphärische Fokusmusik auf und schmeiße meinen Aromaöl-Diffusor mit Lavendelöl an (ja, in meinem Büro riecht's häufig wie bei der Thai-Massage). Bei dem Setting sagt die Muse niemals Nein zum Date.

5. Bring Dich in den richtigen Zustand

Das ist der wohl am meisten unterschätzte Tipp überhaupt: Zustandsmanagement. Manche Menschen setzen sich gestresst und mit mieser Laune an den Schreibtisch und erwarten allen Ernstes, sie würden in diesem Zustand lustige, charmante oder kreative Texte schreiben. Muss ich dazu noch mehr sagen?

Wenn die Worte nicht fließen, frage Dich: Bin ich gerade im richtigen Zustand, um das Ergebnis zu erzielen, das ich mir wünsche? Und wenn nicht, dann verändere ihn.

Texten ist Ganzkörperarbeit.

Manchmal ist Stress gut. Ich gelange auf Knopfdruck in Höchstform, wenn eine Deadline naht (mehr dazu im *Persönlichkeits-Code*). Ich höre auf zu grübeln und haue mutig in die Tasten. Dabei entstehen die schönsten Perlen. Doch auf Dauer schlaucht das.

Außerdem kann Wut ein besonders konstruktiver Zustand sein. Sie schaltet den inneren Kritiker aus, durchbricht jede Hemmung und unterstützt uns dabei, auch heikle Themen klipp und klar in Worte zu fassen. Hier ist Energie in Bewegung, die wir aufs Papier lenken können.

6. Schreib mehr von Hand

Auch wenn ich mit meinen vielen Tools und Geräten ein Hightech-Texter bin, liegt auf meinem Schreibtisch immer ein Papierblock mit einem Stift. Mehrfach täglich greife ich danach, um mit meinen Gedanken zu spielen, Ideen zu notieren und damit mein Hirn zu entlasten. Natürlich ginge das auch digital, doch die gute alte Klauenkunst stimuliert mein Gehirn auf besondere Art und bringt eine andere Denkqualität mit sich.

Wenn ich kreativ arbeite, fließen die Worte ungehemmter. Anders als auf dem Bildschirm wirken sie in Handschrift noch nicht so »fertig«, und ich bin motivierter, auch Unperfektes zu notieren. Dazu gehören übrigens nicht nur Worte. »Mit den Händen denken« – so nennt es eine gute Freundin von mir, wenn sie ihre Gedanken mit Sketchnotes illustriert. Meine Erfahrungen sind ähnlich: Wenn ich visuell denke, zum Beispiel auch in Mindmaps, überrascht mich mein Gehirn mit ganz anderen Ideen. Übrigens erleben manche diesen Effekt über den auditiven Kanal: Sie diktieren ihre Gedanken einem Programm und erstellen im Flow eine erste grobe Fassung, die sie später redigieren können.

7. Fülle Deine Innenwelt mit Inspiration

Texten heißt, Innenwelten nach außen bringen. Wenn innen allerdings Flaute ist, dürfen wir diese Welt erst einmal anreichern, indem wir lesen, recherchieren und interessiert bleiben. Bevor ich verstanden habe, wie wertvoll so ein ausgeprägter Wissensdurst ist, hat mich meine Neugier immer wieder um den Verstand gebracht. Doch heute weiß ich: Je reicher die Innenwelt, desto reicher sind auch die Texte.

Dazu gehört nicht nur eine inhaltliche Recherche zum Thema, über das wir schreiben, sondern auch eine ausgeprägte Allgemeinbildung und vor allem ein umfangreicher Wortschatz. Denn wofür wir keine Worte haben, das können wir nur schwer benennen. Je breiter unser Wortschatz, desto präziser, nuancierter und facettenreicher könnten wir unsere Gedanken in Worte kleiden.

8. Lass los und gewinne Abstand

Anspannen und loslassen, unser Geist funktioniert wie ein Muskel. Und doch nähern sich manche Menschen einem guten Text mit so viel Anspannung, dass sie am Ende verkrampft in den eignen Gedanken festhängen wie in einem Spinnennetz. Bevor es so weit kommt, schmeiß alles hin, lass den Text los und geh raus.

Die Ideen kommen, wenn Du gehst.

Geh zum Sport oder geh spazieren, Hauptsache Du bekommst den Kopf frei und bleibst in Bewegung. Viele brillante Ideen und flotte Sprüche sind mir zum Beispiel auf dem Laufband und mit Hanteln in den Händen gekommen. Loslassen sorgt für Magie zwischen Deinen Ohren, denn auch wenn Dein bewusster Verstand nicht mehr am Thema nagt, so arbeitet Dein Unterbewusstsein hinter den Kulissen weiterhin an einer Lösung. Wenn es sie Dir dann präsentiert, fühlt es sich an wie ein Geistesblitz. Der bewusste Verstand ist da manchmal wie ein Blitzableiter. Er ist laut, engstirnig und manchmal sehr tollpatschig. Wenn er schweigt, haben auch die leisen Stimmen aus der Tiefe eine Chance, sich Gehör zu verschaffen.

Wie auch immer Du sie ausgestaltest: Mach mehr Pausen. Und zwar nicht erst dann, wenn Du fast vom Stuhl fällst, sondern so lang Dein Akku noch genug Saft hat, um entspannt die nächste Tankstelle anzufahren. Ich nutze jede Gelegenheit für kleine Inkubationspausen zwischendurch und schmeiße dabei nebenbei entspannt den Haushalt. Denn manchmal formt sich der eine lang gesuchte Satz von alleine zwischen meinen Ohren, während ich gerade spüle, putze oder bügele.

9. Erzähl's jemand anderem

Die Gedanken kommen leichter in Fluss, wenn wir sie mit anderen teilen. Suche Dir einen Sparringspartner, der Ideenpingpong mit Dir spielt, Dir Fragen stellt und Dich weg von Deinen ausgetrampelten Denkpfaden bringt.

Besonders bewährt haben sich auch die Strategien *Erklär es einem siebenjährigen Kind* oder *Schreib es in einem Brief an einen Dir wichtigen Menschen.* Der erste Ansatz zwingt Dich dazu, einfach und bildhaft zu denken, um so den Kern des Themas besser greifen zu können. Bei der zweiten Strategie geht es darum, fachliche Scheuklappen abzulegen. Du schreibst automatisch persönlicher, offener und emotionaler, wenn Du Dich an vertraute Menschen richtest.

10. Tricksen mit Skizzen

Dieser Tipp ist inspiriert vom Philosophen Slavoj Žižek. Der hat ein großartiges Mindset entwickelt, um den inneren Kritiker und Schweinehund zu überlisten: Er setzt sich nicht einfach an den Schreibtisch und sagt sich: »So, jetzt *muss* ich aber mal schreiben.« Stattdessen erzählt er sich selbst, dass er einfach nur Notizen macht und zwanglos ein paar Gedanken skizziert. Damit trickst er den Widerstand aus. Das tut er so lange, bis er das entstandene Material nur noch zusammensetzen muss.[26] Ganz schön smart, oder?

Darin steckt auch unsere Haltung des Experimentierens. Manchmal fahren wir endlose Runden im Gedankenkarussell und verstricken uns in lauter Was-wäre-wenn-Szenarien, statt einfach zu schreiben und auszuprobieren. Wir haben ungezwungen Spaß mit Gedanken und Buchstaben – die perfekte Haltung, um den kreativen Geist und die Muse zusammenzubringen.

LUST AUF EINEN NACHSCHLAG?

Wie fühlen sich Bauch, Herz und Hirn gerade bei Dir an? Ich habe das Gefühl, die letzten rund 220 Seiten hätte nur ich geredet. Daher freue ich mich, nun auch mal etwas von Dir und Deiner Welt zu lesen. Ich bin schon ganz gespannt auf Deine Gerichte und Deine individuelle Würze.

Mit diesem Buch hast Du das Fundament für starkes Copywriting gelegt. Du hast jetzt alles in Deiner Hand, um alleine zu schwimmen und Dich in Deinem eigenen Tempo weiterzuentwickeln. Und noch eine gute Nachricht: Dieses Buch ist erst der Anfang, der Spaß mit Buchstaben geht jetzt erst so richtig los! Nun heißt es denken, schreiben und experimentieren. Denn Schreiben lernst Du am besten durch Schreiben. Wenn Du Dir dabei weitere Inspiration wünschst, verwöhne ich Dich mit meinem Podcast *Texte, die verkaufen* auch weiterhin mit leckeren Impulsen.

Und natürlich begleite ich Dich auf Wunsch gerne persönlich dabei, die Inhalte aus diesem Buch zu vertiefen, in die Praxis zu übertragen und an Deinen Copykünsten zu feilen. Ob Du die Welt der Kaufmotive tiefer erforschen willst oder Dir individuelles Feedback auf Deine Texte wünschst, in meinen Programmen findest Du gewiss das, was Dich jetzt weiterbringt.

Bist Du bereit, einen Schritt weiter zu gehen, lade ich Dich ein, mit mir über den Tellerrand zu schauen. Wie wäre es zum Beispiel mit der Welt des Framings? Dahinter verbirgt sich die Kunst, Bedeutungsfindung zu lenken und kreative Themenwelten wie die meiner leckeren Texte zu schaffen. Oder Du brichst auf in die Welt des Storysellings und entdeckst, wie Du Geschichten einsetzt, um mit Sympathie zu punkten und auf unterhaltsame Weise zu verkaufen. In der Welt der hypnotischen Sprache dreht sich alles um die Kraft der Suggestion. Du erfährst zum Beispiel, wie Du Menschen mit Deinen Worten aufbaust und ihnen gute Gefühle vermittelst. Mit jedem dieser Themen schärfst Du Dein Bewusstsein für Sprache und kannst Deine Worte noch wirksamer einsetzen.

Vom Content Writing bis hin zur Entwicklung Deiner einzigartigen Schreib- und Markenstimme – mein Angebot entwickelt sich ständig weiter. Alle Updates aus meiner Welt findest Du im *LeckerLetter (auf leckerletter.com)*, meinem Newsletter rund um die Welt der leckeren Texte. Leg das Buch gerne kurz zur Seite, und melde Dich jetzt an. Ich warte so lange hier auf Dich … Keine Eile … Ich warte … Erledigt?

Klasse! Immerhin kennst Du ja die Kosten des Nicht-Abonnierens! Der Newsletter sorgt für regelmäßiges Kribbeln in Deinem Hirn. Wenn Dir schon dieses Buch gefällt, wirst Du den Newsletter lieben!

Bevor ich mich gleich noch an ein paar andere erstklassige Menschenwesen richte, bist Du dran: Herzlichen Dank, dass Du bis hierhin gelesen und das Buchstabenabenteuer an meiner Seite gemeistert hast. Ich freue mich, Dich bald in meinen Programmen, Seminaren oder Vorträgen auch mal persönlich kennenzulernen. Bis dahin …

… schreib lecker!

Dein Youri

PS: die Links! Die hätte ich um ein Haar vergessen!
Mein Newsletter: *www.leckerletter.com*
Meine Textwelt: *www.textedieverkaufen.de*
Vorträge, Seminare und mehr: *www.keifens.com*

DANKE

Wie oft nimmst Du Dir Zeit für eine Rückschau? Während uns Alltag und Umwelt anspornen, immer weiter vom einen Gipfel auf den nächsten zu jagen, liegt auch eine große Magie darin, einfach mal stehenzubleiben und zurückzublicken. Wer hat dazu beigetragen, dass mein Herz geleuchtet und mein Hirn gekribbelt haben? Und wer hat mich durch die ein oder andere Lektion begleitet, die zwar anfangs etwas bitter schmeckte, anschließend jedoch eine unvergesslich süße Note auf meinem Gaumen hinterlassen hat?

Mein Buchstabenabenteuer hat dort begonnen, wo ich meine Wurzeln habe. Mein erster Dank gilt meinen Eltern, Pierre und Ingrid. Danke für eure Geduld, euer Vertrauen und eure grenzenlose Liebe. Ihr habt meiner Neugier den Weg geebnet und mich ermutigt, meiner Leidenschaft für Sprache trotz Irrungen und Wirrungen zu folgen. Danke Tatiana, Nadia, Melanie, Micha, Magali und Robin. Ihr alle eröffnet mir einen besonderen Blick auf diese Welt. Danke Raffi für die Würze in meinem Leben und das Gleichgewicht, wenn ich mal wieder in der Welt der Buchstaben versinke.

Danke Thierry für ein halbes Leben umspannende und tiefgreifende Freundschaft und die vielen Wanderungen, die mich geerdet und gleichzeitig zu Höhenflügen inspiriert haben. Danke Jonathan für Inspirationen und Grenzerfahrungen, nach denen mein Leben nicht mehr so war wie zuvor.

Werner Meier, mein erster Aufsatz in der Grundschule ist bis heute ein emotionaler Meilenstein auf meinem Weg. Guido Jacobs, dank Dir war Goethe plötzlich Inspiration statt Frustration. In meiner Unizeit haben nicht nur die Tasten geglüht, sondern auch mein Hirn. Die Reisen in die Tiefe unserer Sprache und mein Gefühl dafür, was alles mit Worten möglich ist, verdanke ich vor allem Prof. Dr. Louis Gerrekens, Prof. Dr. Vera Viehöver, Prof. Dr. Alexandra Pontzen und Dr. Jan Süselbeck.

Danke Corinna Bürgerhausen. Du hast mich dabei begleitet, Farbe in meine Sprache zu bringen und mein Germanistenkrönchen zu richten.

Danke außerdem an alle, die ihr Wissen und ihre Erfahrungen rund um die Welt von Sprache, Verkauf sowie Menschenverstehen mit mir geteilt und mich bei meinem Wachstum begleitet haben: Ulrich Oldehaver, Dr. Richard Bandler, Jan von Berg, Michael Ehlers, Denys Scharnweber, Tobias Beck, Michael Matthiass, Sebastian Froeder,

Stefan Graf, Dr. René Delpy, Hendrik Halstenberg, Yvonne Schönau, Christian Gaertner, Annika Wagenlader, Walter Epp, Wolfgang Kierdorf und Astrid Voss. Außerdem sage ich Danke an alle, die meine Programme und Seminare besucht haben, denn nie zuvor habe ich so viel gelernt wie beim Lehren.

Besonderer Dank gilt Matthias Niggehoff für unsere Freundschaft und unseren unwiderstehlichen Dreiklang aus Schnabulieren, Spazieren und Philosophieren. Du hast mein Verständnis von Psychologie, Philosophie und Persönlichkeit entscheidend bereichert. Danke auch an Niels Koschoreck! Bei Dir habe ich gelernt, ver-rückt zu denken und ver-rückt zu leben. Außerdem habe ich das beruhigende Gefühl entwickelt, dass das Zur-Sprache-Finden ein lebenslanger Prozess bleibt.

Danke auch an den Redline Verlag, der mit seinen besonderen Büchern seit Jahren Kurator für leckere Themen ist. Mein Dank gilt insbesondere dem Team um Michael Wurster für die Geduld, die wertvollen Impulse und jeden guten Rat.

ÜBER DEN AUTOR

Youri Keifens ist Profitexter und Copywriting-Trainer. Im Anschluss an seinen Master of Arts in Germanistik und Anglistik hat er sich auf verkaufseffektive Sprache sowie kreatives Schreiben spezialisiert. Er folgte seiner Faszination für Buchstaben über verschiedene Stationen als freiberuflicher Werbetexter, Chefredakteur und Kreativtrainer. Heute vermittelt er in seinen Programmen die Kunst, mithilfe von Worten das Denken, Fühlen und Handeln anderer Menschen zu gestalten.

Bei seiner täglichen Arbeit bringt er das Best-of zahlreicher Disziplinen zusammen: Neben seiner umfangreichen Ausbildung in Verkaufspsychologie und Storytelling ist er auch lizenzierter NLP-Trainer und mehrfach zertifizierter Hypnosecoach. In seinen NLP-Trainings vermittelt er lebendig und anschaulich, wie Sprache unsere Innen- und Außenwelt verändern kann.

In seinem Podcast *Texte, die verkaufen* teilt er auf unterhaltsame und sehr persönliche Weise seine Gedanken und Erfahrungen rund um die Welt verkaufsstarker Texte. Außerdem ist er gefragter Redner zu den Themen Meta-Programme, Persönlichkeitsentwicklung und jeder Form von Spaß mit Buchstaben. Von ihm ist bereits *Der Persönlichkeits-Code* im Redline Verlag erschienen. Mehr Infos auf *keifens.com*

LITERATUR

Meine Bibliothek rund um Denken, Fühlen und Handeln umfasst mittlerweile mehr als 1000 Bücher. Lesetipps teile ich regelmäßig auf meinen Kanälen. Hier nur die Essenz rund um dieses Buch:

Bauer, Joachim: Wie wir werden, wer wir sind. Die Entstehung des menschlichen Selbst durch Resonanz. Taschenbucherstausgabe, München: Wilhelm Heyne Verlag, 2022.

Berger, Jonah: Die magischen Worte. Was man sagen muss, um zu erreichen, was man möchte. München: Redline Verlag, 2023.

Cialdini, Robert: Die Psychologie des Überzeugens. Wie Sie sich selbst und ihren Mitmenschen auf die Schliche kommen. 7. Auflage, Bern: Verlag Hans Huber, 2013.

Clear, James: Die 1%-Methode – Minimale Veränderung, maximale Wirkung. 20. Auflage, München: Wilhelm Goldmann Verlag, 2020.

D'Souza, Sean: The Brain Audit. Why Customers Buy (And Why They Don't). New Zealand: Psychotactics Ltd., 2009.

Edwards, Ray: How to Write Copy That Sells. New York: Morgan James Publishing, 2016.

Eilert, Dirk W.: Integratives Emotionscoaching mit emTrace. Wie emotionale Veränderung wirklich gelingt. Paderborn: Junfermann Verlag, 2021.

Häusel, Hans-Georg: Brain View. Warum Kunden kaufen. 3. Auflage, Freiburg: Haufe, 2014.

Kahneman, Daniel: Schnelles Denken, langsames Denken. 7. Auflage, Pantheon-Ausgabe, München: Random House, 2014.

Keifens, Youri; Oldehaver, Ulrich: Der Persönlichkeits-Code. Die 10 Programme, die jeden Menschen steuern. München: Redline Verlag, 2023.

Miller, Donald: Story Brand. Wie Sie mit starken Geschichten Ihre Kunden überzeugen. München: Verlag Franz Vahlen, 2020.

Schwartz, Eugene M.: Breakthrough Advertising. Westport: Reprint Edition by Titans Marketing LLC, 2017.

Speer, Philipp: PsyConversion®. 117 Behavior Patterns für eine noch bessere User Experience und höhere Conversion-Rate im E-Commerce. 2. überarbeitete und erweiterte Auflage, Wiesbaden: Springer Gabler, 2021

Sugarman, Joseph: The Adweek Copywriting Handbook. New Jersey: John Wiley & Sons, 2007.

Whitman, Drew Eric: Cashvertising: 100 Geheimnisse der Werbespsychologie, um alles an wirklich jeden zu verkaufen und das große Geld zu machen. Aurinia Transformation, 2020.

ANMERKUNGEN

1 Hinter den drei Buchstaben NLP steckt die Wissenschaft erfolgreichen Verhaltens und persönlicher Exzellenz. Es ist ein Sammelbegriff für Denk- und Verhaltensstrategien, mit denen Du Deinen mentalen Zustand gestalten kannst. So kannst Du Dich zum Beispiel unabhängig von äußeren Umständen motivieren und in jeder Situation souverän und gelassen reagieren. Mehr zu meinen NLP-Trainings findest Du auf www.keifens.com.

2 Buch von Edwards aus dem Literaturverzeichnis, Einleitung S. 14

3 https://seths.blog/2021/09/creativity-and-leadership/#:~:text=And%20creativity%20is%20the%20magical,to%20work–then%20it%27s%20management

4 https://www.linkedin.com/pulse/sales-scripts-written-assembled-orren-prunckun/

5 Buch von Sugarman aus dem Literaturverzeichnis, S. 193 ff.

6 https://www.wurzelwerk.net/gemuesegarten-starten-angebot-2/ (15.08.2023)

7 https://miriamrisse.de/instagram-story-ideen/ (15.08.2023)

8 https://www.frankfurterallgemeine.de/kluge-koepfe (15.08.2023)

9 https://de.wikipedia.org/wiki/Think_Different (12.09.2023)

10 Buch von Schwartz aus dem Literaturverzeichnis, S. 13-26

11 Buch von Bauer aus dem Literaturverzeichnis, S. 13-37

12 https://www.youtube.com/watch?v=ywvCH6VtfYw, https://www.youtube.com/watch?v=Ha7LKGrPZq4

13 Buch von Eilert aus dem Literaturverzeichnis, S. 70-73

14 Buch von Eilert aus dem Literaturverzeichnis, S. 72-73

15 https://www.podcast.de/episode/519831638/NEU%3A+Wie+du+mit+Psychologie+im+Business+endlich+deine+Kunden+verstehst%2C+Vertrauen+aufbaust+und+mehr+Umsatz+machst/ (15.08.2023)

16 https://blog.hubspot.com/marketing/maxims-from-golden-age-advertising (15.08.2023)

17 Buch von Miller aus dem Literaturverzeichnis, S. 64-68

18 Buch von Cialdini aus dem Literaturverzeichnis, S. 50-54

19 https://othmarstrombone.wordpress.com/2015/02/28/we-are-number-two-but-we-try-harder-the-underdog-narrative-of-progressivism/ (15.08.2023), https://slate.com/business/2013/08/hertz-vs-avis-advertising-wars-how-an-ad-firm-made-a-virtue-out-of-second-place.html (28.07.2023)

20 https://www.impulse.de/marketing/geistige-brandstiftung/7295064.html

21 https://austria-forum.org/af/Sparkling_Science/Aufsatzsammlung/Bewusstseinsforschung (15.08.2023)

22 Die Kampagne kannst Du Dir anschauen auf https://true-fruits.com/werbung (28.07.2023)

23 https://www.horizont.net/marketing/nachrichten/sag-ja-zu-plastik-true-fruits-holt-zum-frontal-angriff-gegen-die-konkurrenz-aus-174311 (28.07.2023), https://www.instagram.com/p/BwWfxQqgtDZ/(28.07.2023)

24 https://www.wbs.legal/wettbewerbsrecht/e-commerce/verbindlichkeit-von-online-buchungen-eugh-zu-beurteilung-von-bestell-buttons-59782/ (28.07.2023)

25 https://www.birkenbihl.com/birkenbihl-denkt/abc-listen/klaeranlage-des-geistes/

26 https://www.zeit.de/campus/2016/02/slavoj-zizek-krise-terrorismus-europa/seite-2?utm_referrer=https%3A%2F%2Fwww.google.com%2F (28.07.2023)

STICHWORTVERZEICHNIS